吴良镛院士主编：人居环境科学丛书

黄土高原·河谷中的聚落

陕北地区人居环境空间形态模式研究

Loess Plateau，Settlements in the Valleys：Spatial Patterns of Human Settlements in Northern Shaanxi

周庆华　著

中国建筑工业出版社

图书在版编目（CIP）数据

黄土高原·河谷中的聚落　陕北地区人居环境空间形态模式研究/周庆华著. —北京：中国建筑工业出版社，2008
（吴良镛院士主编：人居环境科学丛书）
ISBN 978-7-112-10392-8

Ⅰ. 黄…　Ⅱ. 周…　Ⅲ. 居住环境-研究-陕北地区　Ⅳ. X21

中国版本图书馆 CIP 数据核字（2008）第 147412 号

责任编辑：石枫华　姚荣华
责任设计：郑秋菊
责任校对：王金珠　王雪竹

吴良镛院士主编：人居环境科学丛书
黄土高原·河谷中的聚落
陕北地区人居环境空间形态模式研究
Loess Plateau, Settlements in the Valleys:
Spatial Patterns of Human Settlements in Northern Shaanxi
周庆华　著

*

中国建筑工业出版社出版、发行（北京西郊百万庄）
各地新华书店、建筑书店经销
北京嘉泰利德公司制版
北京同文印刷有限责任公司印刷

*

开本：787×1092 毫米　1/16　印张：16¼　字数：400 千字
2009 年 1 月第一版　　2009 年 1 月第一次印刷
印数：1—2000 册　　定价：**48.00** 元
ISBN 978-7-112-10392-8
（17316）

内容提要

陕北黄土高原以其深厚的黄土堆积和密集的河谷沟壑分布闻名于世，又以中华文明重要发源地的璀璨历史而受世人关注。西部大开发战略使陕北获取难得的发展机遇，也受到流域生态治理与恢复等更多挑战。人居环境是影响流域生态的重要因素，又深受流域生态的制约。生长在陕北黄土高原的人居环境如同记录着古老历史信息的活化石，隐含着数千年来始终与自然生态共生演化的久远基因，具有人居环境科学研究的原型价值。然而，由于快速工业化和城市化的冲击，人居环境演化历程面临着突变性的推进并呈现许多问题，如城市扩张与流域治理，耕地保护与城乡统筹，空间演化与基因延续等。人居环境受社会、经济、文化、技术、生态等各种动力因素的综合影响，对于生态脆弱而独特的黄土高原而言，生态作用更加突出。因此，从生态动因角度对陕北人居环境空间形态展开研究，解析其内在机制，揭示其演化规律，求索其适宜模式，探寻城市化地域特征，对陕北等生态脆弱地区乃至各类河谷地区人居环境发展具有普遍的现实和理论意义。本书借鉴生态学相关原理，结合流域治理相关成果，通过对陕北人居环境空间形态演化历史的回顾，深入剖析了河谷沟壑地貌所形成的河谷集聚效应、河谷闭合效应、河谷传输效应、河谷交汇效应等相关规律，重点提出了三个层面人居环境空间形态演化的适宜模式，包括宏观层面河谷城镇空间递阶扩张模式、中观层面城乡空间统筹发展模式、微观层面小流域乡村枝状空间模式以及传统窑洞空间形态改进模式等。在理论研究基础上，本书以陕北米脂县为实例，结合水土保持相关工程措施，对有关模式进行了实践性深化，并初步完成了探讨性规划设计工作。

Abstract

The Loess Plateau in the northern part of Shaanxi Province is famous for its heavy deposit of loess and dense distribution of ravines and gullies, and it is also well-known for its long and glorious history as the cradle of ancient Chinese culture. Nowadays the Northern Shaanxi Region has many development chances because of the implementation of the Western Development Strategy of the Chinese Government. At the same time, soil erosion control and ecological environment restoration are the main challenges that face the region. Human settlements have remarkable influences on the ecological environment in valley areas, and vice versa. As the living fossils recording the ancient civilization of China, the human settlements rooted into the Loess Plateau conceive the long-standing genes that co-exist and evolve with the natural environment in the past thousands years, and are worthy of being studied as a prototype of human settlements. Nowadays, because of the impact of rapid industrialization and urbanization, the evolution of human settlements could produce gene variation and that results in a lots of problems, such as city's spatial expansion, the treatment of soil erosion in valley areas, the protection of agriculture land, the coordination development of urban and rural areas, spatial evolution and genes continuation etc.. Generally speaking, human settlements are influenced by various factors such as society, economy, culture, technology, ecology etc.. For the Loess Plateau with fragile and unique ecological environment, the influence of the ecological factor on the development of human settlements is more prominent. Therefore, it is meaningful at both theoretical and practical aspects to research spatial evolution of human settlements from ecological perspective, to explore its inherent evolution mechanism and regularity, to probe its appropriate patterns and to discuss regional characters of urbanization. Furthermore, the findings are valuable guide for the human settlements development in ecological fragile Loess Plateau and other valley areas. In this book, the features of spatial evolution in the past years and aggregation effect, freestanding effect, transmission effect and confluence effect formed by valley topography are analyzed in detail based on literature analysis and field researches. The three appropriate patterns of spatial evolution are put forward at different spatial levels, that is, the hierarchical expansion of towns along valleys at the macro-level, the coordinated spatial development between towns and counties at the middle-level, the branch-shaped spatial development of villages along gullies and the renovation of traditional Yao-dong at the micro-level. Based on the theories researches and engineering measurements of soil erosion control, Mizhi County of the case studies in this book deal with relative patterns further, and the planning and design of spatial patterns are delivered.

“人居环境科学丛书”缘起

18世纪中叶以来，随着工业革命的推进，世界城市化发展逐步加快，同时城市问题也日益加剧。人们在积极寻求对策不断探索的过程中，在不同学科的基础上，逐渐形成和发展了一些近现代的城市规划理论。其中，以建筑学、经济学、社会学、地理学等为基础的有关理论发展最快，就其学术本身来说，它们都言之成理，持之有故，然而，实际效果证明，仍存在着一定的专业的局限，难以全然适应发展需要，切实地解决问题。

在此情况下，近半个世纪以来，由于系统论、控制论、协同论的建立，交叉学科、边缘学科的发展，不少学者对扩大城市研究作了种种探索。其中希腊建筑师道萨迪亚斯（C. A. Doxiadis）所提出的“人类聚居学”（EKISTICS: The Science of Human Settlements）就是一个突出的例子。道氏强调把包括乡村、城镇、城市等在内的所有人类住区作为一个整体，从人类住区的“元素”（自然、人、社会、房屋、网络）进行广义的系统的研究，扩展了研究的领域，他本人的学术活动在20世纪60～70年代期间曾一度颇为活跃。系统研究区域和城市发展的学术思想，在道氏和其他众多先驱的倡导下，在国际社会取得了越来越大的影响，深入到了人类聚居环境的方方面面。

近年来，中国城市化也进入了加速阶段，取得了极大的成就，同时在城市发展过程中也出现了种种错综复杂的问题。作为科学工作者，我们迫切地感到城乡建筑工作者在这方面的学术储备还不够，现有的建筑和城市规划科学对实践中的许多问题缺乏确切、完整的对策。目前，尽管投入轰轰烈烈的城镇建设的专业众多，但是它们缺乏共同认可的专业指导思想和协同努力的目标，因而迫切需要发展新的学术概念，对一系列聚居、社会和环境问题作进一步的综合论证和整体思考，以适应时代发展的需要。

为此，十多年前我在“人类居住”概念的启发下，写成了“广义建筑学”，嗣后仍在继续进行探索。1993年8月利用中科院技术科学部学部大会要我作学术报告的机会，我特邀约周干峙、林志群同志一起分析了当前建筑业的形势和问题，第一次正式提出要建立“人居环境科学”（见吴良镛、周干峙、林志群著

《中国建设事业的今天和明天》，城市出版社，1994）。人居环境科学针对城乡建设中的实际问题，尝试建立一种以人与自然的协调为中心、以居住环境为研究对象的新的学科群。

建立人居环境科学还有重要的社会意义。过去，城乡之间在经济上相互依赖，现在更主要的则是在生态上互相保护，城市的"肺"已不再是公园，而是城乡之间广阔的生态绿地，在巨型城市形态中，要保护好生态绿地空间。有位外国学者从事长江三角洲规划，把上海到苏锡常之间全都规划成城市，不留生态绿地空间，显然行不通。过去在渐进发展的情况下，许多问题慢慢暴露，尚可逐步调整，现在发展速度太快，在全球化、跨国资本的影响下，政府的行政职能可以驾驭的范围与程度相对减弱，稍稍不慎，都有可能带来大的"规划灾难"（planning disasters）。因此，我觉得要把城市规划提到环境保护的高度，这与自然科学和环境工程上的环境保护是一致的，但城市规划以人为中心，或称之为人居环境，这比环保工程复杂多了。现在隐藏的问题很多，不保护好生存环境，就可能导致生存危机，甚至社会危机，国外有很多这样的例子。从这个角度看，城市规划是具体地也是整体地落实可持续发展国策、环保国策的重要途径。可持续发展作为世界发展的主题，也是我们最大的问题，似乎显得很抽象，但如果从城市规划的角度深入地认识，就很具体，我们的工作也就有生命力。"凡事预则立，不预则废"，这个问题如果被真正认识了，规划的发展将是很快的。在我国意识到环境问题，发展环保事业并不是很久的事，城市规划亦当如此，如果被普遍认识了，找到合适的途径，问题的解决就快了。

对此，社会与学术界作出了积极的反应，如在国家自然科学基金资助与支持下，推动某些高等建筑规划院校召开了四次全国性的学术会议，讨论人居环境科学问题；清华大学于1995年11月正式成立"人居环境研究中心"，1999年开设"人居环境科学概论"课程，有些高校也开设此类课程等等，人居环境科学的建设工作正在陆续推进之中。

当然，"人居环境科学"尚处于始创阶段，我们仍在吸取有关学科的思想，努力尝试总结国内外经验教训，结合实际走自己的路。通过几年在实践中的探索，可以说以下几点逐步明确：

（1）人居环境科学是一个开放的学科体系，是围绕城乡发展诸多问题进行研究的学科群，因此我们称之为"人居环境科学"（The Sciences of Human Settlements，英文的科学用多数而不用单数，这是指在一定时期内尚难形成为单一学科），而不是"人居环境学"（我早期发表的文章中曾用此名称）。

（2）在研究方法上进行融贯的综合研究，即先从中国建设的实际出发，以问题为中心，主动地从所涉及的主要的相关学科中吸取智慧，有意识地寻找城乡人居环境发展的新范式（paradigm），不断地推进学科的发展。

（3）正因为人居环境科学是一开放的体系，对这样一个浩大的工程，我们工作重点放在运用人居环境科学的基本观念，根据实际情况和要解决的实际问题，做一些专题性的探讨，同时兼顾对基本理论、基础性工作与学术框架的探索，两者同时并举，相互促进。丛书的编著，也是成熟一本出版一本，目前尚不成系列，但希望能及早做到这一点。

希望并欢迎有更多的从事人居环境科学的开拓工作，有更多的著作列入该丛书的出版。

吴良镛

1998年4月28日

目 录

第1章 引言

1.1　背景与问题

第四纪广阔的黄土堆积，让鄂尔多斯高原最终被深厚的黄土覆盖，200多万年的风雨侵蚀，给这座高原留存下沟壑纵横的痕迹；第四纪人类时代的到来，让黄土高原成为哺育文明的摇篮，5000年上下黄帝及其子孙们的奋争，使这块土地遍布了中华民族历史的遗迹①。

陕北——黄土高原的典型地域，正是以其独特的自然生态环境和深厚的中华文明沉积而闻名于世。陕北人居环境的演化历程，尤其清晰地记录了自然生态与中华文明留下的印记，先民的世代繁衍在这里留下了我国黄河流域人居环境空间形态原型性演化的一系列实证。从毛乌素沙地边缘旧石器时代河套人的生存遗址，到新石器时代龙山文化的聚落分布，从窑洞形态发展的陈列，到城镇山村变迁的轨迹，这些至今依然保持着完整演化历程的人居环境系统，如同凿刻于黄土地上的化石图案，向人们陈述着不同时代的住区特征，记录着各种因素特别是生态动力对人居环境空间形态演化的深刻影响，是人居环境科学原型性研究的理想区域。如果说这一演化历程在强烈的水土流失等自然力和历史上频生的战乱等社会力推动下依然保持着相对稳定和渐变的节奏，那么伴随着21世纪国家能源重化工基地的建设和快速城镇化的发展，正面临着前所未有的突变性进程的到来和强大外力冲击；如果说陕北黄土高原蕴含着许多具有生态和文化优势的地域传统人居基因，如人居环境系统空间形态及生土窑洞形态演化方式等基因链组成结构，那么生土窑洞则正伴随着其固有缺陷在许多地区逐渐被人们抛弃，千百年遗存下来的人居环境空间形态完整痕迹也正快速消弭或逐渐被毁损覆盖；如果说某些突变性发展总是不可避免，但问题是人居环境发展已经开始背离长远轨迹，或许正迷失在最终将遭受大自然报复的方向上。现在应是认真审视我们走过的道路，引导人居环境沿着客观而合理的途径发展的一个历史机遇，抓住这一机遇已变得十分紧迫。

陕北是黄土高原典型地区，水土流失等问题不仅阻碍当地社会、经济、生态协调发展，而且威胁到华北等周边区域的生态安全。因此，流域生态治理成为西部大开发的基础性工作。陕北地区丰富的煤炭、天然气、石油等矿产资源的开发构成了当前经济发展的首要产业，使得陕北作为晋陕蒙接壤区核心地域之一成为21世纪国家重要的能源基地，城镇化快速发展。与此同时，环境污染日益严重，河谷城镇空间大规模扩张，不断吞噬高原上大量宝贵的耕地（图1－1、图1－2），流域生境破碎化加剧，脆弱的生态系统安全受到更严重的威胁，并将最终影响能源产业的可持续发展。陕北黄土高原是我国生态和能源安

① 因为黄土沉积反映了气候和环境的显著变化，我国地质学者普遍认为第四纪始于黄土开始沉积的时间，即距今248万年，而第四纪也正是人类开始出现的地质年代。因此，对于黄土高原而言，第四纪是一个特殊的标志性时代，是黄土和人类共生的时代。

全战略的重要区域，城乡人居环境是宏观生态环境的有机组成部分，人居环境空间形态结构的发展如何有利于而不是有碍于生态战略的实施，如何适应各类流域生态治理工程所带来的多方面变化，是重要的现实问题。

图1－1 无定河河谷良田

同时，由于城镇化的快速发展，城乡人居环境空间结构形态缺乏及时有效的引导，城乡空间资源不能更加合理科学地利用，违法建设现象日益增多，使得城乡空间分异与对立不断加剧：一方面，城镇不断接纳农村人口，规模加大的同时，城市职能也面临调整，空间发展面临新的整合；另一方面，生态承载力制约下的小流域乡村人口数量普遍下降，社会结构、生产方式、文化建设等产生新的变化，乡村聚落空间收缩乃至衰落，耕地闲置或被租赁，窑居空废等（图1－3）。因此，作为我国西部生态脆弱地区的典型代表，陕北不应盲目照搬东部沿海地区城镇化发展的模式，而应结合独特的自然生态环境和社会、经济、文化状况，寻求地域性城镇化发展途径，促进城乡统筹发展，这是包括黄土高原在内的所有生态脆弱地区不可回避的问题。

图1－2 河谷中的耕地与城市建设

以上这些问题都与陕北自然生态条件、社会经济发展、文化与技术进步等多方面有着紧密的关系。其中，与自然生态的关系尤其显得特殊。同时，无论是对河谷川地城镇空间形态的引导，还是对小流域乡村空间环境的整合，都是对流域河谷川地人居环境空间形态演化的触及。因此，在综合考虑其他相关因素的整体研究思想指导下，从自然生态影响作用方面对流域人居环境空间形态演化进行重点探讨，是针对上述问题的

图1－3 米脂县高西沟荒置窑洞

重要研究路径。故本书研究主题归结为：陕北流域河谷人居环境空间形态结构演化生态动因与引导模式。

这一研究具有多方面的现实和理论意义。人类聚居环境的分布可以说全部与江河流域有着紧密的关系，而流域河谷是人居环境重要的分布地域。“城市形态与可持续性之间的关系是当前国际环境研究领域最热点的议题之一。①”从自然生态角度，加强对流域河谷地区人居环境空间形态的研究，对于深入认识人居环境生态背景，触及人居环境一些本质问题，引导人居环境的发展具有理论价值。陕北黄土高原地处黄河流域，是世界上独特的自然生态区域，以其发育丰满的流域河谷沟壑地貌和完整的河谷人居环境演化历程成为进行这一研究的理想原型地域。其实，像陕北这样的地区还有许多，生态脆弱和经济欠发达的传统人居环境生长地区往往保留着人居环境空间形态的完整体系或众多局部遗存，蕴涵着许多宝贵的传统基因精华，亟需进行整理和保护，为自身的合理发展提供依据，也为其他地区的发展提供启示。因此，通过对陕北人居环境原型价值的认知，本书提醒人们，在城镇化快速发展的背景下，记录和系统认识流域河谷人居环境空间形态演化历程，揭示其演化规律，解析其原型机制，探寻其适宜发展模式及转换，延续其精华基因。这些不仅对陕北等整个黄土高原地区和其他流域河谷地区人居环境发展具有明显的现实意义，而且具有人居环境理论研究的普遍价值。

1.2　研究方法与框架

依据吴良镛先生《人居环境科学导论》一书中的论述，人居环境由自然系统、人类系统、居住系统、社会系统、支撑系统等五大系统构成。同时，人居环境涉及生态、经济、科技、社会和文化等多方面因素②。在城市规划理论研究领域，把生态、社会、经济、文化、美学等领域的研究成果进行整合，是必然的选择③。应该说，人居环境由自然生态、社会生态、经济生态、文化生态、技术生态等不同生态环境构成，这些环境共同作用，成为影响人类生存和发展不可缺少的环境综合体，而自然生态是所有这些系统中最为重要的物质平台。对于陕北黄土高原而言，由于自然生态环境的特殊性，使得人居环境与自然生态环境的关系表现得尤其突出。因此，本书在整体研究思想指导下，在兼顾不同系统整合的同时，从自然生态与人居环境相互关系这一主题脉络上聚焦重点。

研究中注重下述方法的综合运用：

---

① ［英］迈克·詹克斯等. 紧缩城市. 周玉朋等译. 北京：中国建筑工业出版社，2004. 11

② 吴良镛. 人居环境科学导论. 北京：中国建筑工业出版社，2001. 71

③ Vesa Yli-Pelkonen and Jari Niemela Linking ecological and social systems in cities：urban planning in Finland as a case Biodiversity and Conservation（2005）14：1947 ~ 1967

(1) 以问题为导向。深入剖析陕北人居环境现实问题，并以此为导向引出研究脉络。

(2) 人居环境科学与多学科理论研究相结合。在人居环境科学理论统领下，结合生态学、历史地理、水土保持等学科专业的相关成果进行研究。

(3) 纵向与横向研究相结合。纵，对陕北人居环境空间形态结构演化的历史脉络进行必要回顾，从中探询相关规律；横，对与主题研究相关的陕北人居环境生态、社会、经济、文化、技术等多方面进行展开，对陕北人居环境系统从局部到整体的空间分布方式、特征、阶段等内在机制进行深入解析，从而构建论文纵横结合的经纬框架。

(4) 广泛勘察与典型案例研究相结合。通过对陕西、山西、内蒙古、甘肃、青海、宁夏、新疆等黄土高原地区及周边区域人居环境的广泛考察与田野走访，获取整体研究所需的对比性资料和实例背景；同时，对典型实例进行深入调查和研究，为本书提供素材，并对相关模式进行实践性验证。

(5) 整体研究与重点深入相结合。研究以陕北黄土高原人居环境流域体系整体空间形态结构演化为对象，在不同层面上探询陕北人居环境空间形态结构演化的内在规律和共有特征，建构陕北人居环境空间形态结构演化的适宜模式体系。本书突破仅对窑洞建筑单体等微观空间形态进行研究的方式，突出了人居环境空间体系与自然生态系统的整体性关系。同时，在整体框架中，对一些关键性问题进行重点深入。

研究框架如图1-4所示。

1.3 国内外相关研究与实践

对人类生态思想发展历程进行简要回顾，对国内外相关理论与实践成果加以借鉴，对黄土高原相关成果进行深入的结合，是本书研究的理论前提。

1.3.1 人类生态思想历程

1.3.1.1 渊源——理想国与桃花源

当柏拉图在《理想国》中描述诸神赏赐虔诚之人礼物时，借赫西俄德与荷马的诗呈现了“树梢结橡子，树间蜜蜂鸣，树下有绵羊，羊群如白云。”“大地肥沃，果枝沉沉，海多鱼类，羊群繁殖①。”这样一幅毕竟十分动人的美好画面，引起了人们对理想之国所具有的理想环境的向往，这或许是人们最早对理想居住环境带有理性色彩的向往与描绘。

---

① ［古希腊］柏拉图. 理想国. 郭斌和等译. 北京：商务印书馆，2002. 51

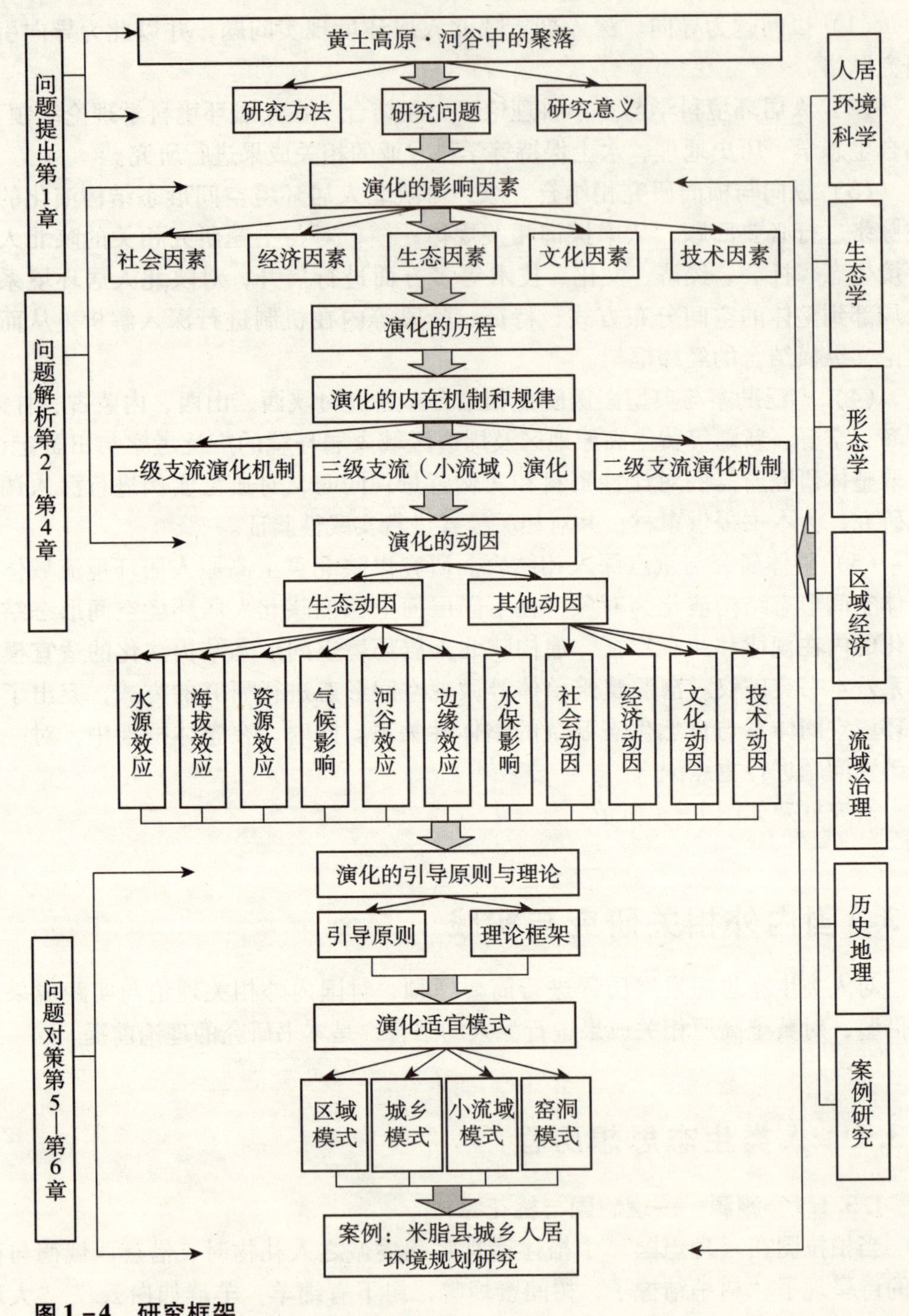

图 1－4　研究框架

在人类文明的发展史中，对具有美好自然生态环境的理想家园的追求始终是重要的内容，许多久远的城市都依赖于对自然生态环境的充分适应和利用。埃及著名古城孟菲斯、底比斯、阿玛纳等均受惠于尼罗河绿洲的滋养，而阿玛纳更具有山环水抱的生态格局；距今 2100 多年的古代美洲城市特奥蒂瓦坎城位于水网密布，森林葱郁，土地肥沃，气候适宜的墨西哥中部高原的河谷地区；古希腊著名的雅典卫城、米利都城等均享有优美的山景或大海的风光。至文艺复兴时期及其后，托马斯·摩尔的乌托邦、安得累雅的基督徒之城以及康帕内拉的太阳城、欧文的新协和村等空想社会主义的理想城市也都包含着对亲近大自然的深刻憧憬与努力。

我国古代思想史的发展显示出东方哲学崇尚天人合一，主张尊重自然、保护自然的核心本质，反映出朴素的生态观念和辩证意识。《荀子·王制篇》论："草木荣华滋硕之时，则斧斤不入山林，不夭其生，不绝其长也；鼋鼍鱼鳖鳅鳣孕别之时，罔罟毒药不入泽，不夭其生，不绝其长也。"表明人类对山林植被、鱼虾兽禽等自然造物的索取应恰如其时，恰如其分，恰如其量，不可恣意滥取，无视节制。因此，"欲致鱼者先通水，欲致鸟者先树木。水积而鱼聚，木茂而鸟集。"只有"强本而节用，则天不能贫；养备而动时，则天不能病；脩道而不贰，则天不能祸①。"大自然才能万世生息，人类也才能不断绵延。

中华文明不仅蕴涵着丰富的崇尚自然的思想，而且不乏保护自然的行动。自夏商周以来，古代中国就建立有专门机构和人员（虞、衡等）掌管环境相关事务。《周礼·地官司徒》中关于山虞的设置、职责等有明确的规定；南宋时，为了保护青蛙，孝宗皇帝于淳熙三年（公元1176年）专门下诏禁止捕杀②。此外，还有许多保护犀牛、鱼类、禽鸟等各类动植物以及水资源的禁令。

在人居环境建设中，更是充分显示出尊重自然、师法自然的观念，风水理论集中表达出人们对理想人居环境山形水势的追求。陶渊明在《桃花源记》中描绘了中国人心中的理想之国："林尽水源，便得一山，山有小口，彷佛若有光。……初极狭，才通人。复行数十步，豁然开朗。土地平旷，屋舍俨然，有良田美池桑竹之属。阡陌交通，鸡犬相闻。……"世外桃园，桑田美林，山环水绕，收放有致，形势如穴，恰同风水格局；人们耕田牧畜，往来繁忙，童叟自乐，一派怡然景象。这诗化的人间社会与理想的山水田园相得益彰，成为人居环境的完美展现。风水观念是中国传统文化中宇宙万物整体有机思想在人居环境营造里的集中体现。把人居场所与所处环境的山水林木等自然万物紧密联系，"万物各得其和以生，各得其养以成"③，人类才能真正与大自然和谐相处，持续发展。美国著名环境伦理学家霍尔姆斯·罗尔斯顿（Holmes Rolston）说："中国人已在中华大地上休养生息了数千年，而科罗拉多州有人（至少是欧洲人）居住的历史还不到200年。西方人也许应该到东方去寻求人与自然协调发展的模式。"④ 著名科学家普里高津（Prigogine）说："中国文明对人类、社会与

① 淮南子·说山训

② 转引自李丙寅等. 中国古代环境保护. 郑州：河南大学出版社，2001. 141

③ 荀子·天论篇

④ ［美］霍尔姆斯·罗尔斯顿. 环境伦理学·中文版前言. 杨通进译. 北京：中国社会科学出版社，2000. 7

自然之间的关系有着深刻的理解①。”的确，中华文明数千年的发展史，为人与自然和谐相处营造了无尽的思想源泉。

注重人与自然和谐共生的思想在中国古代人居环境的规划建设中得到广泛的体现。秦咸阳背山面水，唐长安八水环绕，南宋临安水系纵横，明清北京湖光山色，从城镇到乡村，追求理想山水格局的实例不胜枚举。

1.3.1.2 实践——田园城市与生态城市

霍华德（Ebenezer Howard）著名的“田园城市”是在近现代有关理想城市环境探讨中具有标志性意义的开始，而生态城市的理论研究与实践求索则是人们注重与自然和谐共处思想在人居环境建设中的集中表达。

田园城市直接把田野乡村作为有利的自然要素和绿色因子融入城市之中，在城市、乡村、工厂、牧野的组合中，客观上存在着朴素的生态产业链、生态消费链的内在关联性，在改善城市环境的同时，在整体层面上探讨了城乡一体化的空间结构关系。田园城市的内涵具体表现在以同心圆为特征的城市形态模式上。我们不必拘泥于形态模式的现实可行性如何，重要的是我们依然能够从田园城市理论所蕴含的生态思想以及城乡融合的理想境界中获得启示。

除了田园城市，索里亚·伊·马塔提出的带形城市，赖特的广亩城市，荷兰兰斯塔德的环状城市群与农业绿心结构，格里芬的堪培拉规划，埃里尔·沙里宁的大赫尔辛基规划，莫斯科总体规划（20世纪70年代）以及近年来印度的班加罗尔，巴西的库里蒂巴，澳大利亚的怀阿拉市，美国的克利夫兰、伯克利等②城市规划构想与实践均在不同层面上对生态城市理论的研究产生了推动作用。

在理论方面，芬兰建筑师埃里尔·沙里宁1918年提出的有机疏散理论，苏格兰生物学家格迪斯1915年出版的《城市之演进》，芒福德的有机生长论，道萨迪亚斯的人类聚居学，麦克哈格的《设计结合自然》等重要理论与著作都在生态城市的研究中发挥了积极的作用。

其实，生态城市（eco-city）至今依然是一个开放的概念，其内涵不断得到来自于各个领域的扩充与发展。《人与生物圈计划》第57集报告中指出：“生态城市规划是要从自然生态和社会心理两方面去创造一种能充分融合技术和自然的人类活动的最优环境，诱发人的创造性和生产力，提供高水平的物质和生活方式。”欧盟对人类住区可持续发展提出了10项原则③，美国生态学家理查德·雷吉斯特（Richard Register，1987）、前苏联生态学家亚尼斯基（O Yanitsky，1984），印度学者Rashmi Mayur（1990），澳大利亚建筑师唐顿（P. F. Downton）

---

① 普里高津等. 从混沌到有序—人与自然的新对话. 上海：上海译文出版社，1987.1

② 张坤民等. 生态城市评估与指标体系. 北京：化学工业出版社，2003.11

③ 转引自袁中金等. 小城镇生态规划. 南京：东南大学出版社，2003.4

等众多学者均对生态城市有深入的阐释，核心思想均强调城市与自然生态环境的结合，资源的有效和循环利用，符合生态原则的社会、经济、自然协调发展等。同时，生态城市研究也关注城市内部人与人之间的关系，以及城市与农村社区之间的关系。因此，可以说生态城市就是人类社会内部，人类与自然之间实现生态上平衡的城市。

世界许多国家从立法的高度不断强化对生态环境的保护力度。以美国为例，在20世纪60年代之后，就集中制定了近140余部保护环境的法律，如《净化空气法》（1977修正案）、《荒野区保护法》（1964）、《溯河产卵鱼保护法》（1965）、《原始河道及风景河道保护法》（1968）、《野马与野驴自由流动法》（1971）、《仁慈屠宰法》（1978）、《沿海堡礁资源法》（1982）等①。这些都反映出人们对聚居环境与自然生态关系不断增强的关注。

有关生态城市的研究在城市规划领域呈现出向不同方向深化的趋势。以城市空间形态格局相关研究为例，赫尔辛基大学的Vesa. Yli. Pelkonen等通过对芬兰相关案例的分析，阐述了土地利用模式、生态条件、居住者、社会体制以及政策制定等因素之间的相互作用关系。这一关系表明，适应当地自然生态环境的城市空间发展格局是真正具有生命力的土地利用途径，因为任何通过详细规划制定的土地利用格局都会对自然生态环境产生深刻影响或潜在改变着生态格局和过程，进而对居住者的生理和心理等发生潜在的作用，并且对政策与规划的制定产生反馈。因此，在城市规划的不同阶段中将生态学的研究进行合理的融入已经至关重要②。

我国生态学者马世骏、王如松于1984年提出生态城市应该是社会—经济—自然复合生态系统的理论。其中自然生态系统是基础，经济生态系统是命脉，社会生态系统是主导，构成了相互依存、相互制约的整体关系。生态城市的理论与实践探讨集中反映了当代人们对人居环境与自然生态相互关系的深入思考。生态城市所应具有的主要内涵包括：注重城市与自然生态环境的协调关系；注重城市生态哲学、生态社会、生态经济、生态技术、生态环境的统一关系；注重城市与乡村的融合关系等。所有这些表明了人们对生态城市的一些基本取向，这些取向成为陕北人居环境研究中的基础观念。

1.3.1.3 发展——生态学

1886年，德国生物学家海克尔（Haeckel）首次使用了生态学（ecology）一词，之后，尽管有关生态学的定义许多，但是却基本上都延续着海克尔定义的基本含义，形成了基本共识。著名生态学教授Manuel C. Molls认为：生态学是研

---

① ［美］霍尔姆斯·罗尔斯顿．环境伦理学．杨通进译．北京：中国社会科学出版社，2000. 338～344

② Vesa Yli-Pelkonen and Jari Niemela Linking ecological and social systems in cities：urban planning in Finland as a case Biodiversity and Conservation（2005）14：1954～1956

究有机体与其周围环境关系的科学①。我国生态学家马世骏认为：生态学是研究生命系统和环境系统相互关系的科学②。综合众多定义可以认为：生态是生物及其环境的状态。生态学则是研究生物与环境之间相互关系的科学。这里所谓的环境是相对于某一生物主体（包括人在内的所有生物有机体）而言的所有客观存在（包括非生物存在及其他生物存在）的总和。

现代生态学的研究范畴，“按生物组织水平划分，可从分子、个体、种群、群落、生态系统、景观直到全球③。”不同生态学分支对于不同领域生态学的融入提供了平台。城市生态学、环境生态学、经济生态学、景观生态学、海洋生态学、草原生态学、淡水生态学等都可以成为与人居环境科学有密切联系的学科。

为了更加深入地认识和理解人居环境中的生态问题，我们应该了解生态学与人居环境科学相关的一些基本原理。生态系统结构整体和谐性原理、城市生态位原理、多样性导致稳定性原理、限制因子原理、生态承载递阶原理、社会—经济—自然复合生态系统原理等都是与人居环境紧密相关的重要理论。景观生态学是生态学大概念框架中的重要发展内容，景观生态学理论成果给人居环境相关研究带来许多新的认知角度，如斑块形状与大小、斑块连接度、边缘效应及景观敏感点、基质孔隙度、河流廊道、连接点效应等。

1.3.1.4 深化——生态哲学

对生态环境的哲学思考为人们尊重自然、保护自然提供了更加缜密的理论基础。生态哲学有不同的称谓或思想倾向，如环境伦理学，自然哲学，绿色哲学，深层生态学等。我国学者余谋昌对生态哲学的定义是：“生态哲学，或生态学世界观，它是运用生态学的基本观点和方法观察现实事物和理解现实世界的理论④。”从整体的角度观察人类社会与自然世界的相互关系，是生态哲学的基本观点。著名环境伦理学家霍尔姆斯・罗尔斯顿认为：“从大地整体的角度看，即从地球生态系统角度看，所有自然物都具有正价值⑤。”因此，自然对于人类的价值被提升到全新的高度来认识。从本质而言，损害自然也就等于是损害人类自身。

深层生态学（deep ecology）把道德关怀更加完全彻底地扩展到整个生态系统中。主要人物挪威哲学家阿伦・奈斯（Arne Naess）在《浅层生态运动和深层、长远的生态运动：一个概要》一文中表达出完全的生态中心主义立场，“对浅层生态学不愿过问的根本性问题提出质疑并不断向深层追问⑥。”如果说浅层

① Manuel C. Molls Ecology：Concepts and Applications McGraw-Hill Companies，Inc. 科学出版社，2000. 1

② 李振基等. 生态学. 北京：科学出版社，2000. 1

③ 戈峰. 现代生态学. 北京：科学出版社，2002. 2

④ 余谋昌. 生态哲学. 西安：陕西人民教育出版社，2000. 33～34

⑤［美］霍尔姆斯・罗尔斯顿. 环境伦理学. 杨通进译. 北京：中国社会科学出版社，2000. 322

⑥ 雷毅. 深层生态学思想研究. 北京：清华大学出版社，2001. 24

生态学主要是站在人类的立场上去关心自然生态环境，则深层生态学是站在整个生态系统的立场上去关心自然生态环境本身，而不仅仅是为了人类自身。因此，“深层生态学认为，地球并不属于人类，因而地球资源也就不应当属于某个国家、组织或个人。人类只是大地的居住者，使用资源以满足基本需要。如果人类的非基本需要与非人类存在的基本需要发生冲突，那么人类需要就应放在后位。”①

在深层生态学的思想渊源之一海德格尔看来，人们的栖居应该是为天地神人四化融合而生成的物化聚集之处。应该顺应天地自然的运作，为整体因缘所蕴涵的各种可能性的实现提供神圣的处所，如接受阳光的沐浴，感知大地的滋养，倾听昆虫的鸣叫，观赏飞鸟的悠翔，躲避风雨的侵袭，承受积雪的重量，任凭小溪的流淌，为诸神的降临安排祭坛，为不同年龄和需求的人安排天然处所，一切顺其自然②。这种境界与老庄学说的无为而治一脉相承，也正是深层生态学所主张的无我境界。或许深层生态学把我们引向了难以接受的生态中心主义极端观念，但是深层生态学为我们提供了更加深入地解析生态社会各种复杂关系的视角，这些视角透露出的住居多种涵义的共存、住居与自然的息息相关、人与自然及住屋的心物一体等纯明境界还是营造了令人期待的理想化远景。

对于陕北黄土高原人居环境而言，理想家园建立的前提是进行流域治理，控制水土流失，而水土流失的根源在于山，山的治理则主要在于植被等生命系统的发展。只有建立全面的自然、社会、经济复合系统，人居环境才真正具有生命力，而作为人类社会发展基础的自然生态环境也才能够持续长久。

1.3.2 人居环境科学

吴良镛先生所倡导的人居环境科学认为自然生态因素在人居环境中占有极为突出的位置。《人居环境科学导论》是吴先生在充分研究希腊学者道萨迪亚斯人类聚居学及其他学者有关理论的基础上，通过潜心研究、缜密思考、反复实践而提出的重要理论成果，系统地提出了“人居环境科学”（Sciences of Human Settlements）的概念及其基本理论框架和学科体系。

吴先生对人居环境进行了定义：“人居环境，顾名思义，是人类聚居生活的地方，是与人类生存活动密切相关的地表空间，它是人类在大自然中赖以生存的基地，是人类利用自然、改造自然的主要场所③。”同时结合中国实际，定义了人居环境科学的一些关键概念。人居环境五大系统：自然系统、人类系统、居住系统、社会系统、支撑系统。人居环境五大层次：全球、区域、城

① 雷毅. 深层生态学思想研究. 北京：清华大学出版社，2001.12

② 参见那薇. 道家与海德格尔相互诠释. 北京：商务印书馆，2004. 42～45

③ 吴良镛. 人居环境科学导论. 北京：中国建筑工业出版社，2001.38

市、社区（村镇）、建筑。人居环境建设五大原则：生态观、经济观、科技观、社会观和文化观。在人居环境科学的多学科交叉中，生态观被置于首位而得到高度重视，而与自然生态形成良好的协调关系是理想人居环境的第一要务，这是人类生态思想在人居环境科学中的直接反映。在强调生态观对人居环境研究至关重要作用的同时，人居环境科学为我们提供了人居环境研究的系统框架。

1.3.3　区域城镇空间结构形态相关研究

围绕区域与城镇空间结构形态的研究，城市地理学、区域经济学等方面的研究提供了丰富的理论基础。20世纪初，以帕克（R. E. Park）、伯吉斯（E. Burgess）、霍伊特（H. Hoyt）、哈里斯（C. D. Harris）等为主的美国芝加哥大学的一批学者运用生态学、地理学、社会学等理论对包括城市空间形态在内的城市问题进行研究，提出了同心圆结构、扇形结构、多核心结构等三种城市空间形态扩张的经典模式。多核心理论从城市功能、城市生态等角度探讨了城市空间结构发展的动力因素，拓展了城市空间结构研究的视野。

德国经济地理学家克里斯塔勒（Walter Christaller）于1933年提出的中心地理论，成为探讨城市经济与空间发展内在规律著名的理论，其研究思路与方法至今仍有借鉴意义。然而，中心地理论主要以平原地域为研究对象，且包含许多假定条件，在山地河谷区域等环境中其适用性将受到制约。

法国经济学家F·普劳克斯（F. Perroux）于20世纪50年代提出了著名的区域经济空间结构理论——增长极理论（growth pole）。1966年，法国地理学家J·布德维尔（J. Boudeville）对增长极概念进行了简要明确与扩展。目前，增长极理论已成为经济发展规划与城市空间布局研究等领域具有深刻影响的理论之一。

此外，美国区域发展与规划专家J·R·弗里德曼（J. R. Friedmann）于1966年较为完整地提出了核心—边缘理论（The Core/Periphery Paradigm），用极化效应和扩散效应来解释核心与边缘区域的演变机制①。我国学者陆大道等在波兰萨伦巴和马利士提出的点—轴模式基础上，提出了点—轴渐进式扩散的理论模式，并依此构想了中国沿海与长江流域相交的“T”形发展战略。

由160年前德国农业经济学家冯·杜能提出的“杜能环”到E·W·伯吉斯的同心圆法则，再到日本学者狄更生、木内信藏的研究等，人居环境发展研究中经典的圈层结构以及既代表传统的探讨，又反映当代重要观念的城乡一体化理论等也得到不断的深入。尽管这些经典理论受到不少质疑，如美国学者斯科特和斯多波提出的以知识和技术为驱动力的“动态竞争均衡”“马赛克”区域经

① 崔功豪，魏清泉，陈宗兴. 区域分析与规划. 北京：高等教育出版社，1999. 227

济发展模式等①，但是作为理论体系不断发展的结果，所有这些理论都从不同方面展开了对城市区域空间结构的研究，涉及社会、经济、自然等因素对城市空间结构发展的影响。

1.3.4 城市形态学与类型学相关研究

城市在各类要素综合动力作用下，呈现出多方面、多层面的发展状态，如社会形态、政治形态、经济形态乃至意识形态等，而空间形态发展是其中最为显著的外在表现，并且通过空间形态集中反映出社会经济等形态的变化状况和影响作用。同时，空间形态又是城市最为重要的物质存在方式，是从物质空间或地理学概念上对城市形态的描述。通过对空间结构与形态的研究，可以把握城市发展的许多本质特征。本书重点研究陕北人居环境空间形态结构在流域治理等自然生态因素影响下的演化途径，因此，从城市形态学和建筑类型学研究成果的借鉴中，可以对本书涉及的一些重要概念进行必要的辨析。

关于城市空间结构和城市空间形态的讨论由来已久，伴随着我国城市化过程的加快，城市空间扩张规模的加大，有关城市空间结构的讨论也愈加集中。《辞海》关于结构和形态的定义是：结构是物质系统内各组成要素之间的相互联系、相互作用的方式②。形态指事物在一定条件下的表现形式③。

我国多数研究者认为，城市空间结构是城市各种构成要素和功能组织在城市地域上的体现④。城市的地域结构，就是城市功能组织在地域空间系列上的投影⑤。城市地域结构是城市各功能因素的地理分布特征和组合关系⑥。城市空间结构是能够通过城市相互作用体现为城市形态的那部分城市结构⑦。也可以说，空间结构是空间要素的组织方式，即各空间要素通过组织构成整体的各种关系⑧。顾朝林认为城市形态（Urban Mophology）指一个城市的全面实体构成，或实体环境以及各类活动的空间结构和形式⑨。黄亚平在系统总结富利（L. D. Foley）、韦伯（M. M. Webber）、波纳（L. S. Bourn）等来自于不同学科的城市空间结构概念后认为，城市空间结构是指城市各要素在一定空间范围内的

---

① 王缉慈等. 创新的空间—企业集群与区域发展. 北京：北京大学出版社，2001. 316

② 辞海编辑委员会. 辞海. 上海：上海辞书出版社，2002. 826

③ 辞海编辑委员会. 辞海. 上海：上海辞书出版社，2002. 1907

④ 杜春兰. 地区特色与城市形态研究. 重庆建筑大学学报，1998（3）：26~29

⑤ 于洪俊等. 城市地理学概论. 合肥：安徽科学技术出版社，1983. 165

⑥ 申维丞. 城市地域结构，城市结构. 见左大康主编. 现代地理学词典. 北京：商务印书馆，1990. 683

⑦ 张骁鸣. 形态·结构·空间结构. 规划师，2003（5）：55~58

⑧ 段进等. 城镇空间解析. 北京：中国建筑工业出版社，2002. 10

⑨ 顾朝林. 城市形态. 见：左大康主编. 现代地理学词典. 北京：商务印书馆，1990. 682

分布和联结状态①。

凯文·林奇从物质构成层面对城市形态进行了受人关注的多方面研究，在《城市形态》一书中这样说："聚居形态，一般指的是城市中大规模的、静态的、永久的物质实体，如建筑物、街道、设施、山丘、河流、甚至树木②。"同时，他又强调了城市非物质形态构成要素对于城市形态的重要意义，如人的行为活动、社会结构、经济体系、生态环境、文化习俗等。

以意大利建筑师阿尔多·罗西（Aldo Rossi）为代表的建筑类型学通过对原型的抽象分类，得到具有地域集体记忆的建筑元素，进而通过转换，使其在新的社会经济环境中得到具有新的意义的还原。类型学的可贵之处在于辩证地对待历史、传统与现代社会的关系，解决"变"与"不变"的问题③。尽管类型学也有许多局限性④，特别是用于城市整体空间结构形态的考察之中，但是类型学从城市整体角度对建筑的思考，类型学对原型的挖掘和还原方法，均能对人居环境空间形态结构的研究有所借鉴。

综上所述，我们可以这样认为，城市结构包括城市社会结构、经济结构、文化结构等多种构成，而城市空间结构是城市所有构成结构在地域上的空间反映和组合关系，城市形态则是空间结构的外在空间表现形式。城市结构决定了城市空间结构，而城市空间结构又决定了城市空间形态。同时，城市形态在一定程度上又对城市结构产生反馈作用。具体到本书所指的陕北人居环境空间结构，应该是指城镇、乡村等人居环境在发展动力作用下各种构成结构在一定空间范围内的分布状态与组织方式，空间形态则是空间结构的外部表现。由于空间形态可以涵盖人居环境所有外部空间存在形式，本研究重点讨论与空间结构有紧密关系的形态主体部分，也就是空间形态的结构，故用空间形态结构表述更为准确。通过对陕北人居环境空间形态结构的考察研究，可以认识城镇乡村在各种动因作用下的空间变化，进而引导人居环境走向更加适宜的空间途径。

1.3.5　黄土高原相关研究与实践

1.3.5.1　流域治理

黄土高原以其独特的黄土覆盖和强烈的土壤侵蚀为世界瞩目。1949 年建国以来，这一地区的流域生态治理与经济开发一直是国家十分重视的重大区域性问题。在数十年治理开发实践和科学研究基础上，黄土高原综合考察与流域治理被国家列为"七五"重点科技攻关项目，组织了 50 多个科研教学单位、几十

① 黄亚平. 城市空间理论与空间分析. 南京：东南大学出版社，2002. 19

② ［美］凯文·林奇. 城市形态. 林庆怡等译. 北京：华夏出版社，2001. 33

③ 张振. 传统聚落的类型学分析. 南方建筑，2005（1）：14 ~ 16

④ 郑景文. 罗西的建筑类型学及其批判. 四川建筑，2005（10）：37 ~ 40

个专业、500多名科技人员进行集中工作，取得了丰富的科技成果①。西部大开发以来，有关研究更加深入。纵观几十年的黄土高原流域生态治理，小流域水土保持一直是备受重视的关键工作。早在20世纪50年代，国家就在陕北等地设立水土保持试验点，时至今日，许多研究已趋于成熟。

根据有关水土流失规律的研究，影响水土流失的四大要素是暴雨、植被、土质，地形，改变其中任何一项都会对水土流失有明显的遏制作用②。因此，流域水土保持研究与实践的主要途径是通过植被改变土质，通过淤地坝改变地形。

图1-5 淤地坝

淤地坝就是在不同等级的小流域沟道中设置拦截泥沙流水的坝体，使泥沙淤积在坝前，而上游汇聚在此澄清后的水体可通过渗水井等设施在人工控制下排出坝外流向下游（图1-5）。通过不同等级坝体组成的坝系的作用，随洪水流失的泥土就被一级级地拦截在小流域中，只有清水流出沟外，而在坝前淤积的坝地则成为不断增厚的良田（图1-6）。在这个过程中，小流域沟道可以被深达数十米的淤地填充，沟底抬升变宽，许多陡坡消失，地形发生变化。

图1-6 绥德韭园沟淤地坝地

① 中国科学院黄土高原综合考察队. 黄土高原地区环境治理与资源开发研究·代序. 北京：中国环境科学出版社，1995

② 黄河水利委员会黄河上中游管理局. 黄土高原水土保持实践与研究（二）. 郑州：黄河水利出版社，1998. 37；中国科学院，水利部，西北水土保持研究所. 黄土高原小流域综合治理与发展. 北京：科学技术文献出版社，1992. 19～23

淤地坝是黄土高原民众在长期实践中创造的一种有效防治水土流失，同时创造高产良田的方式。淤地坝最初于明代隆庆三年（公元1569年），在陕西子洲县黄土洼因黄土高坡崩塌而自然形成，其后经人工修整而成高60米、淤地800余亩的淤地坝。据目前所知文献记载，完全由人工修筑淤地坝的历史开始于明代万历年间（公元1573～1619年），距今已约有400多年。西安市区东部荆峪沟流域的淤地坝是1945年由黄河水利委员会批准在黄土高原地区修建的第一座淤地坝。新中国成立后，淤地坝建设得到了快速发展。据统计，黄土高原地区现有淤地坝11万余座，淤坝地450多万亩，可拦蓄泥沙210亿立方米。①

根据2002年水利部完成的《黄土高原区淤地坝专题调研报告》及相关研究，淤地坝主要具有保持水土、防洪减灾、造就良田、便利交通等生态和社会功能，同时，也具有明显的经济效益。在黄河下游河床清淤1立方泥沙，需投资十几元，而上中游淤地坝每拦1立方泥沙，所需投资还不到1元。通过对陕西省内3万多座淤地坝所作的测算，50多年累计拦泥51亿吨，按1/4粗泥沙沉积下游河床，每吨清淤费20元计算，可为下游节省清淤资金近260亿元。因此，在黄土高原地区大规模开展淤地坝建设已成为国家治理水土流失、解决黄河泥沙沉积问题的战略举措。根据《黄河流域黄土高原地区水土保持专项规划》、《黄河流域黄土高原地区水土保持生态环境建设规划》等，黄土高原地区今后将新建淤地坝13万座，比现有淤地坝增加一倍。届时可累计拦蓄泥沙259亿立方米，新增坝地500多万亩，使黄土高原坝地总量达到1000万亩，坝地将成为黄土高原粮食生产的主要基地。在这种背景下，淤地坝将成为对人居环境产生越来越显著影响的流域治理工程。

除了淤地坝，人们可以更为主动地在植被上有所作为，通过生物措施，进一步从源头上解决水土流失问题。据山西大学黄土高原地理研究所对河曲县砖窑沟小流域所作的观测，在1988年7月8日70毫米暴雨情况下，沙坪村有林草覆盖的沟坡土壤侵蚀量为59吨/平方公里，而裸露陡峻的沟坡侵蚀量达32284吨/平方公里以上，两者相差547倍。如果把有林草覆盖的坡地与坡耕地进行比较，结果是坡耕地侵蚀量为100%，有串杨林覆盖的坡地侵蚀量仅为1.8%，而有柠条林的仅为0.4%。② 这充分说明，林草植被对于从源头上防止水土流失具有巨大的意义。因此，退耕还林，紧缩建设用地，增加林草覆盖，是人居环境适应流域治理的重要途径。

经过多年的深入研究，已有各类流域生态治理模式日趋完善。甘肃西峰水土保持科学试验站赵安成对陇东黄土高原沟壑区典型小流域治理4种模式所作

---

① 水力部专题调研组. 黄土高原区淤地坝专题调研报告 2002.12

② 中国科学院，水利部，西北水土保持研究所. 黄土高原小流域综合治理与发展. 北京：科学技术文献出版社，1992.111

的总结与陕北地区相关情况基本一致①，可以作为借鉴。

当然，多方面的研究还表明，除去自然因素，就人类活动而言，目前黄土高原严重的水土流失与千百年来种植农业的粗放发展，特别是广种薄收、滥垦滥伐的生产方式有着最为直接的关系。黄土高原流域综合治理必须是生态、经济、社会三方面工作紧密结合才有出路。从相关工作进展可以看出，水土保持已从单纯的生态治理转为生态、经济并举，并且已经通过多年的实践取得了显著成效。然而，如何与包括人居环境建设在内的社会发展相结合，构成更有效的自然、经济、社会三位一体的整体治理模式，还有很多潜力。小流域综合治理是黄土高原整体治理工作的基础，人居环境建设是小流域综合治理的重要组成部分。小流域生态安全模式必须以生态、生产、人居等多种因素协调发展为前提，而人居环境建设则是以流域生态治理为条件的，在生态脆弱的黄土高原尤其如此。

淤地坝工程与各类流域生态治理模式构成了黄土高原流域生态治理空间体

① 黄河水利委员会黄河上中游管理局. 黄土高原水土保持实践与研究（二）. 郑州：黄河水利出版社，1998. 254 ~ 255，四种治理模式如下：

（a）三道防线模式

第一道防线：以建立农田、村庄道路和沟头沟边防线为主的塬面治理；第二道防线：梁峁缘线以下的沟坡地退耕还林，种植乔、灌、草相结合的生态防护林和山地果园等经济林，同时兴修水平梯田等；第三道防线：以主沟道布设淤地坝坝系、支毛沟打柳谷坊、植速生防冲林防线为主的沟谷治理；通过上述塬面、沟坡、沟谷的三道防线构成高原沟壑区小流域综合治理模式。

（b）四个生态经济带模式

把既具有相同的经济发展方向，又具有类似的生态环境问题而需要改造的地带划分为同一条生态经济带作为原则，将小流域生态经济系统划分为塬面农业生态经济带（兼有乡镇企业、加工业中心）、塬边林果生态经济带、沟坡草灌生态经济带和沟底水利生态经济带，构成既有利于自然生态环境改善，又有利于生产经济发展的合理模式。

（c）多元小生态系统交错配置的经济生态农业模式

依照因地制宜、因害设防、为农业生产服务的原则，把保持水土同合理开发利用土地、提高经济效益、改善生态环境统一起来，使土地利用逐步趋向合理，经济收入不断提高，生态环境得到改善；把总体规划的需要同一村一户为单元实施的可能性统一起来，通过建立小生态单元，达到总体规划的要求；把综合防治同不同效能的各单项治理措施的布设统一起来，通过建设多层次、多功能的单项水保措施，达到综合治理的目的。

（d）全方位综合防治体系模式

建设以基本农田为主体的工程措施和全面绿化为核心的生物措施相结合的塬、坡、沟多层次防治体系。所谓全方位是指从塬面到沟底、塬坡的空间上的全面防治和在土地类型上从农田到三荒地，包括道路、村庄的全面设防；综合防治则是指工程措施和生物措施紧密配合、拦蓄引结合、农林牧的综合安排。这一模式强调治理要为经济腾飞服务，要由单纯治理型向治理经营型转变，构成了以水平条田为主的农田防治体系，以山地梯田、防护林带、果园为主的塬坡防护体系以及沟坡防护林、支毛沟柳谷坊为主的沟壑生物防护体系全面结合的治理方案。

系，这一体系自然成为对人居环境空间形态发展演化产生明显影响和制约作用的因素，人居环境空间形态结构适宜模式必须与之建立相互协调的关系。

1.3.5.2 历史地理

陕北黄土高原历史地理相关成果为本研究拓展了纵向的历史视野，特别是有关陕北黄土高原森林植被、沟壑地貌等自然生态环境的历史演化，城镇空间结构的发展，社会、经济、军事环境的变迁等方面的研究为本书提供了丰富的历史资料。尽管在自然环境变迁与人力和自然力关系等问题上存在着不同的学术观点，但是我们依然可以得出具有共识性的结论：包括人居环境建设在内的人类活动受水土流失等生态因素的强烈影响，而人类活动又在一定程度上干扰了自然生态系统的演替，这种干扰在一定时期、一定条件下甚至会十分强烈。史念海、朱士光等学者的论著《黄土高原历史地理研究》、《黄土高原地区环境变迁及其治理》等从塬、峁、河、湖等自然环境的演替，统万城、秦直道、明长城、河谷关隘、军镇寨堡等人类遗迹的兴废考证方面，论证了人类活动（特别是农业垦殖活动）是导致水土流失的重要原因之一，也揭示了黄土沟壑不断发展的多种因素，这些对于探讨陕北人居环境空间形态演化均具有启示价值。当然，如何借鉴历史地理相关成果，进一步揭示自然生态与人居环境的相互关系，是本书要触及的工作。

1.3.5.3 覆土建筑

黄土高原传统民居以其特有的覆土建筑（Earth Shelter Architecture）形式——窑洞，构成了西北地区独有的大地景观之一。窑洞突出的生态优势受到国内外众多学者研究，特别是通过建筑技术手段解决窑洞的通风、隔潮、采光等问题已被证明是非常有效的途径之一。但是，如何从空间形态角度研究传统窑洞的生态特点，更加有效地利用黄土这一地域资源，探讨更有利于保持生态优势的窑洞空间组织方式，深入挖掘和提升窑洞这一中国传统民居本质的生土建筑价值，还有多方面的研究潜力。作为陕北人居环境空间形态系统中一个具有突出特征的构成元素，窑洞空间形态模式发展的探讨也是本书内容之一。

随着人们对生态问题的日益关注，如何使建筑这一人工环境具有更好的生态适应性已成为具有重要理论和现实意义的课题。众所周知，建筑对生态环境的影响已越来越广泛。以建筑对自然资源的消耗为例，美国俄克拉何马州大学佩恩（Zachary J. Payne）在其《Green Building: Current Developments Toward Sustainability》一文中的研究与统计表明，全世界40%的能源、30%的原材料、25%的木材的消耗都来自于建筑。英国的布赖恩·爱德华兹在其《可持续性建筑》一书中，关于建筑对环境的影响程度有更多的评估，建筑消耗50%的能源，40%的原材料，50%的破坏臭氧层的化学原料，50%的水资源，并对80%的农业用地损失负责①，建筑带来的环境问题已引起人们的高度重视。全世界许多城

① ［英］布赖恩·爱德华兹. 可持续性建筑. 周玉鹏等译. 北京：中国建筑工业出版社，2003

市已把绿色建筑研究作为政府支持的前沿性领域，美国纽约州已通过立法的形式对纽约城市建筑的绿色设计加以引导，英国内阁官方制定专项政策，支持建筑领域的可持续性设计研究等。在国际范围内，《蒙特利尔协议》（1987）、《关于城市环境的绿色文件》（1990）、《可持续设计指导原则》（1993）等与建筑未来发展方向密切相关的文献形成了越来越广泛的影响力，可持续建筑发展研究趋势已在不断深化。

美国建筑师麦尔科姆·威尔斯（Malcolm Wells）在名为《温和的建筑》一书中，积极提倡并充分研究了节约能源的生土建筑，特别关注建筑与周围自然环境的相互关系，强调天然能源的利用以及建筑适应季节的变化等（图1-7）。埃及著名建筑师哈桑·法蒂（Hassan Fathy）的生土建筑实践则受到了国际建筑界的普遍赞誉。他用泥土作建筑材料，采用适宜的传统技术设计出根源于埃及古代文化土壤，又适合现代生活要求的富有地域风格特征的生土建筑。英格兰建筑师罗格·迪恩（Roger Dean）则通过覆土的方式进行着生态村落的设计实践。华裔美籍建筑师崔悦君积极倡导进化式建筑，主张在任何可能的地方使用再生材料，使自然生态系统与建于其中的生物居所表现出互惠互利的关系。美国宾夕法尼亚州立大学教授吉迪恩·S·格兰尼（Gideon S Golany）致力于生土建筑研究，出版有《Geo-Space Urban Design》、《Earth-Sheltered Dwellings in Tunisia》、《城市设计的环境伦理学》等专著，对包括中国黄土高原窑洞在内的生土建筑进行了深入研究，进而对生土城市提出了大胆而富有创见的多种构想（图1-8、图1-9）。

图1-7 麦尔科姆·威尔斯的覆土建筑构想

图1-8 生土建筑群

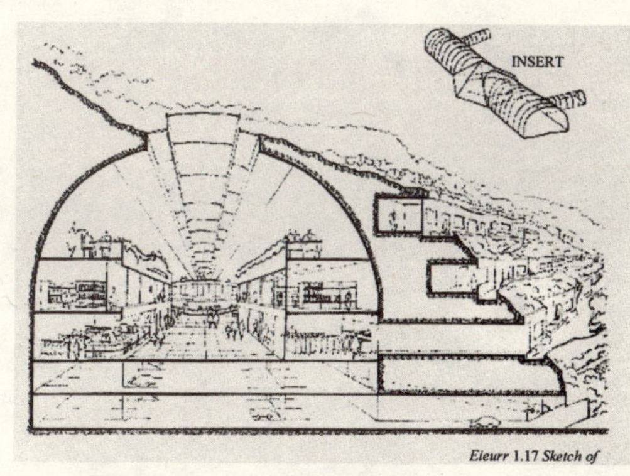

图1-9 生土中的地下城市

无论是发达国家还是发展中国家，都有许多建筑师致力于适合于生态环境的建筑设计探讨。这些生土建筑或是完全用生土材料构筑而成，或是在混凝土等结构之上覆盖生土，均充分利用了生土这一廉价、可循环使用的天然材料，促进了生土建筑研究的深入。

在我国黄土高原生土建筑研究方面，任震英先生在多方面工作的基础上进行了有益的实践，并于1986年在兰州建成了白塔山庄居住小区试验窑洞一期工程。日本、法国、澳大利亚、美国、英国、瑞典等国的许多专家、学生也前来我国，展开对窑洞民居的研究。1988年日本东京工业大学中国窑洞考察团发表研究成果《居住在中国黄土高原4000万人的地下住居》。1999年9月，第八届国际地下空间学术会议在西安举行，“新型窑洞与地下居住环境”为会议议题之一。西安建筑科技大学的夏云教授、侯继尧教授和王军教授等对窑洞民居进行了多年的专题研究，发表了《生态与可持续性建筑》、《中国窑洞》等许多成果。周若祁教授主持的国家自然科学基金九五重点资助项目《黄土高原绿色建筑体系与基本聚居单位模式研究》，刘加平教授主持的国家自然科学基金项目”西部生态民居”、“西部生态乡村生土民居建筑的再生研究”等均对传统窑洞住宅进行了深入研究和改进，获得了许多重要进展，使窑洞研究不断达到新的高度。

在认真研究以往成果的基础上，如何致力于从空间组织角度结合建筑技术手段的应用，探讨更加丰富有效的、适应现代生活要求的窑洞空间布局方式，全面提升窑洞生活质量，适应现代城市乡村发展的需求，已成为在理论和实践方面十分有意义的课题。

第2章 陕北人居环境与特殊的自然生态条件

陕北人居环境的发育和生长与特殊的自然生态条件有着紧密的关系。本书研究的重点正是从生态角度探讨陕北人居环境空间形态结构发展模式，因此必须首先对自然生态环境特征进行初步的认知。

2.1　自然生态环境及其特征

黄土高原为我国四大高原之一，其界域因地质、水土保持、地理等不同专业视角而有差别。为了更好地考虑国土整治和黄河治理的完整性，一般认为：把阴山以南，日月山、贺兰山以东，泰岭以北，太行山以西这一四面环山的地域称为黄土高原地区，大致在北纬34°～40°，东经101°～114°之间，涉及山西、河南、陕西、甘肃、宁夏、青海6个省（自治区），268个县（市、区），总面积约48.4万平方公里，约占全国土地总面积的5.0%（图2–1）。

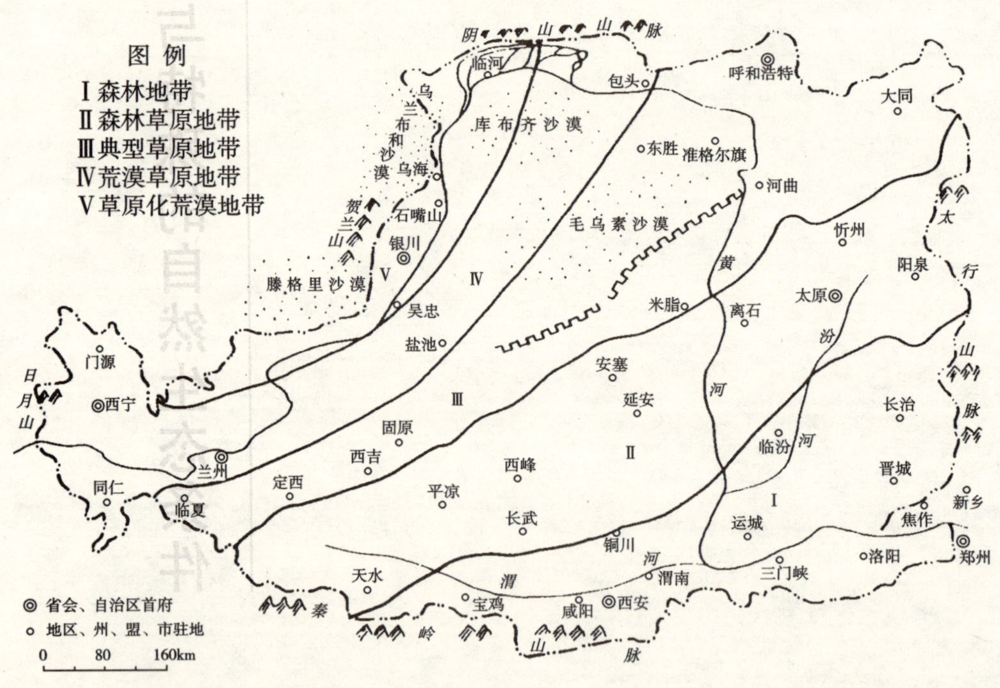

图2–1　黄土高原地域范围

陕北黄土高原指关中平原以北，鄂尔多斯高原以南，子午岭以东，黄河以西的陕西省北部区域，位于北纬34°10′～39°35′，东经107°30′～111°15′，是我国黄土高原的典型区域。高原海拔约600～1900米，地势西北高，东南低，总面积89327平方公里，约占全省土地面积的43.2%，占整个黄土高原总面积的18.4%。高原多数地区是在中生代基岩所构成的古地形基础上，覆盖新生代红土和深厚黄土，再经过流水切割和土壤侵蚀而形成的丘陵沟壑区，黄土厚约 50～200 米①。

2.1.1　荒凉的黄土地与丰富的矿物资源

黄土高原最大自然特征就是其200 万年以来逐渐形成的连续而深厚的原生黄土分布以及由此而产生的独特地貌景观。陕北黄土高原形成于第四纪，中国地质学者认为黄土沉积表明气候和环境发生了显著的变化，因此黄土开始沉积的时间也应是第四纪开始的时间，即距今 248 万年②。黄土等第四纪沉积物记录了地球发展最新阶段的重要信息，中国黄土高原是世界上发育最好、分布最广的黄土区域，因而始终是地质学等多种学科中外学者向往进行探索的典型地域。

我国著名学者刘东生先生等根据黄土特性和动物化石，把黄土地层划分为早更新世的午城黄土、中更新世的离石黄土、晚更新世的马兰黄土以及全新世黄土。马兰黄土分布最为广泛而厚度不大，一般为 10～30 米。马兰黄土和增加了黄土强度的古土壤层（俗称“姜石棚”）是有利于窑洞发展的地质条件③。

关于黄土的成因是一个反复争论的问题，有风成说、水成说等。早在 19 世纪 60 年代，德国著名地理学家李希霍芬（Von Lichthofen）就对我国黄土高原进行了实地考察。前苏联时期地质学家奥勃鲁切夫也在 20 世纪早期对苏联中亚和中国黄土高原进行了深入研究，提出了黄土风成说，即中国黄土主要是西北沙漠、戈壁地区的粉砂颗粒，被草原大风吹扬搬运、降落堆积而成。目前风成说已得到大多数学者的支持④。

荒凉的黄土地却蕴含着丰富的地下矿物资源。仅占全国土地面积 2.1% 的陕西是全国矿产资源大省。全省已探明的矿产资源储量潜在总价值为 42 万亿元，约占全国的 1/3，居全国之首⑤。天然气、煤炭等储量位居全国前列，矿产资源开发已成为陕西省重要的产业支柱（图 2－2）。

陕北是我国 21 世纪重要的煤炭工业基地之一，包括神府煤田、彬长煤田、黄陵煤田等⑥。仅神府煤田探明储量就达 1400 亿吨，地质构造和水文条件简单，开采条件优越，煤层埋藏深度浅，大多数不超过 300 米，最浅处不超过 150 米。榆林地区煤田探明储量 2714 亿吨，占全国优质动力煤储量的 37%，占全省探明

① 孙逊等. 黄土高原志. 西安：陕西人民出版社，1995. 1～2

② 宋春青等. 地质学基础（第三版）. 北京：高等教育出版社，1996. 339

③ 孙逊等. 黄土高原志. 西安：陕西人民出版社，1995. 38～39

④ 宋春青等. 地质学基础（第三版）. 北京：高等教育出版社，1996. 340

⑤ 陕西概览 http：//www. shaanxiinfo. cn

⑥ 孙逊等. 黄土高原志. 西安：陕西人民出版社，1995. 27。陕北黄土高原出露的地层有奥陶系、石炭系、二叠系、三叠系、侏罗系、白垩系、第三系和第四系。中生代是鄂尔多斯盆地的大发展时期，形成了甚至在世界上也属少有的地层发育，在晚三叠世和早侏罗世晚期与中侏罗世早期地层中产生了丰富的煤层和石油等沉积矿产。

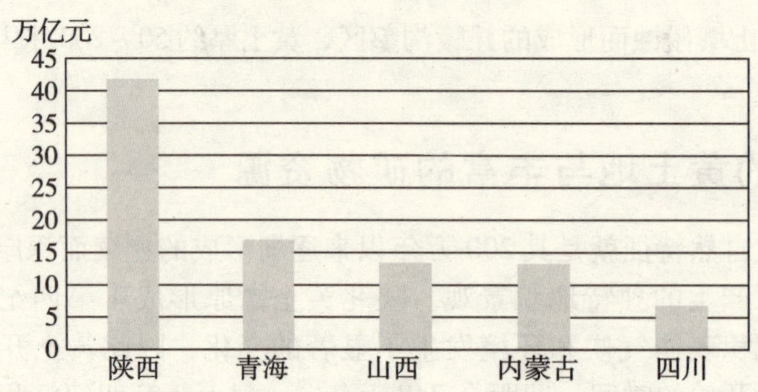

图 2－2　我国主要省（自治区）矿产资源储量潜在价值对比

储量的 86%①。因此，神府煤田是世界上少有的品质优良、用途广泛的高等级煤田，是我国动力和化工用煤的重要基地。

陕北黄土高原是我国乃至世界上最早开采、使用石油的地方。宋代沈括曾在延安、富县等地做过考察，并在《梦溪笔谈》中首次使用了石油这一名称，对石油的性状、用途等作了有史以来最为详细的描述，甚至作出了"此物后必大行于世"的令人赞叹的预测。东汉班固在《汉书·地理志》中，记载着"高奴县有洧水，肥可燃"。高奴县即在今天的延安一带，是著名的延长油田所在地。延长油田是我国最早开采的油田，1907 年，我国大陆的第一口油井就在延长县七里镇建成。延安境内已发现延安、延长、安塞等 12 个油区，地质储量约 7 亿吨，探明 4 亿吨以上，居全国第 10 位。

陕北黄土高原以定边、靖边地区为主的广大地区内，还蕴藏着世界级规模的天然气资源，已探明储量 3200 亿立方米（其中内蒙古境内储量约 400 亿立方米），是我国陆上最大天然气田之一，居全国第 2 位，储量约占全国已探明天然气储量的 19%。天然气不仅储量丰富，而且品质良好，已经开始向北京、西安、银川等城市供给优质的天然气，对于改善华北和西北地区大中城市的能源结构，提升大气环境等城市生态质量具有长远意义。天然气与煤炭、石油等已成为陕北能源开发的重点，是陕北今后相当长时期内经济发展的重要支柱。此外，陶瓷黏土、石灰岩、铝土矿等也都具有相当的开采量，是国家重要的能源、重化工基地。能源产业的发展带动了陕北地区城镇化的快速发展，成为当前城乡人居环境空间形态结构演化的重要因素。

① 西北大学，陕西省城乡规划院，陕西省城镇体系规划（2001—2020 讨论稿）：神府侏罗纪煤田煤质具有特低硫、特低灰、特低磷、化学活性好、热稳定性高的特点，煤品的各项指标与世界著名煤田相比居于一流水平。以发热量为例，神府每公斤煤的发热量高达 6600～6900 千卡，而著名的美国普拉比奥煤为 6650 千卡，澳大利亚米勒不兰德煤为 6250 千卡，这些指标也优于我国其他优质煤。

2.1.2　密集的沟壑地貌与枝状水系

独特的地貌形成了密集的枝状河谷沟壑体系及等级结构。密度极大的季节性与常年性河流水网把黄土高原切割成千沟万壑、川道纵横、地形破碎的复杂地貌和流域体系，沟壑密集程度与形成方式也是世界上最为独特的。这一体系中以无定河、延河、洛河干流等大型河谷为骨架，以其他中型河谷和大量小流域沟道为枝干，形成了黄土高原中相对开阔平整、具有等级特征的河谷沟道空间系统，而这一系统成为人居环境的主要分布区域。

图2－3　黄土丘陵沟壑地貌

陕北黄土高原地貌形态主体为黄土丘陵沟壑区，形成密集的流域河谷，总体面貌为沟壑纵横、地形破碎（图2－3），每平方公里沟壑长度达4～5公里，沟壑面积约占高原总面积的50%①。基本地貌类型是黄土塬、梁、峁、沟，北部为风沙丘陵区。黄土塬是经过现代沟谷分割后存留下来的面积较大的平坦高地，坡地多在5°以下，水土流失轻微（图2－4）。黄土梁是黄土沟谷之间的长条状高地，是黄土塬经沟壑分割破碎而形成的黄土丘陵，长度从几百米到几十公里，宽仅几十米到几百米（图2－5）。黄土峁是孤立的黄土丘陵，成圆穹状，坡度可达20°（图2－6）。黄土塬和黄土梁被沟谷分割可成峁。多个峁连成长条状称为峁梁；上部是峁，下部是梁的地貌则称为梁峁。

图2－4　黄土塬

图2－5　黄土梁及梁上的路

根据地貌空间组合特征，陕西黄土高原分为延安以南的基岩山地与黄土塬沟壑区，延安以北、长城以南的黄土丘

---

①　孙逊等．黄土高原志．西安：陕西人民出版社，1995．120

陵沟壑区，长城沿线及其以北风沙滩地区。黄土沟壑大都是河流水系集中进行线状侵蚀并伴以滑塌、泻溜的结果，由小到大可分为细沟、线沟、切沟、冲沟、河沟等①。众多的河流把黄土高原切割成地面破碎、沟壑密布的地貌形态。长城沿线风沙滩地区属于毛乌素沙地，主要是植被遭受破坏后就地起沙的结果，也与强风从外围区域搬运沙粒有关。沙丘之间或低洼地方，分布有大小不等的湖盆滩地，地下水丰富，夏季水草丰盛，成为点缀沙区中的绿洲（图2－7）。

图2－6　黄土峁

高原上分布的山地有白于山、子午岭、崂山、黄龙山、陇山、北山等。位于高原西北部定边县白于山的魏梁海拔1907米，是陕北黄土高原最高处。位于东南部耀县南部的河谷平原区海拔600～700米，为高原最低区域。高原海拔高度总体趋势为由西北向东南逐渐降低，造成发源于西北部山区的各主要河流均向东南方向流入黄河。

图2－7　榆林北部沙地

由于地处大陆腹地，降水稀少，蒸发强烈，陕北黄土高原总体而言水源短缺。全区地表平均年径流量为105.56亿立方米，约占全省年径流量的25%，占黄河年径流总量的17%。

高原主要河流是黄河及其主要支流延河（长286.9公里）、无定河（长491.0公里、省内长442.8公里）、洛河（长680.3公里、省内长656.5公里）、泾河（长455.1公里、省内长275.3公里）、窟野河（长192.6公里、省内长142.7公里）、榆溪河（长97.8公里）、清涧河（长169.9公里）等，降水是这些支流的主要水源。在陕西、山西、内蒙古交界处，黄河由东西方向急转而南，在陕、山黄土高原上切出700公里长峡谷段，形成了壶口瀑布等壮观的黄河景观，同时，接纳了来自陕北黄土高原的皇甫川、孤山川、窟野河、秃尾河、佳芦河、无定河、清涧河、延河、汾川河、仕望河等支流。流域面积大于100平方公里的有331条，大于1000平方公里的有41条，大于10000平方公里的有无定河、北洛河、泾河、渭河四条②。

① 孙逊等. 黄土高原志. 西安：陕西人民出版社，1995. 57～58

② 孙逊等. 黄土高原志. 西安：陕西人民出版社，1995. 121

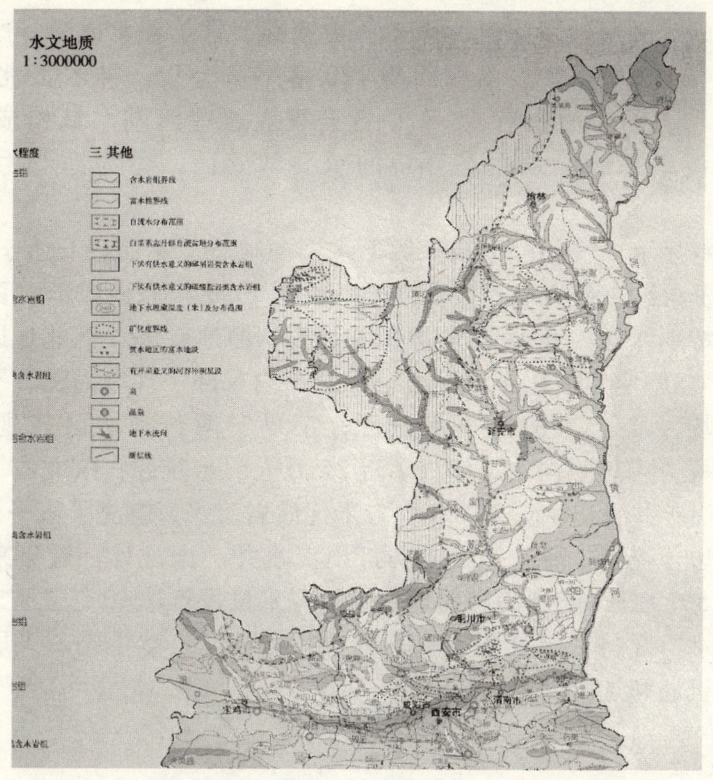

图 2－8　陕北黄土高原枝状水系

由于地势西北高东南低的特点，加之黄土物质构成的均匀特征，陕北黄河流域构成典型的树枝状水系形态①，呈现依地势由西北向东南斜向汇入黄河的总体流向如图 2－8 所示。整个流域由黄河大、中、小支流系统构成，不同等级的河谷沟道则是整个流域系统的骨架枝干，如无定河、延河干流等大型河谷，沮河、大理河干流等中型河谷，以及密布高原的各种小流域沟道。所有河谷沟道的组合构成了分布在陕北黄土高原上的巨型树状空间体系，沟壑密度非常高，并形成明显的等级特征（图2－9）。这些大、中、小河谷沟道形成许多较宽阔的川地，往往是陕北黄土高原优良农业耕地的集中分布区，也是城镇乡村等人居环境分布的主要地域。

图 2－9　突出的枝状流域体系特征

---

① 杨达源．自然地理学．南京：南京大学出版社，2001. 198

在长城以北的风沙草滩区，由于历史遗存、常年积水成泽等原因，形成大小湖泊（海子）200多个，水面面积120多平方公里。神木县北部的红碱淖是最大的湖泊，湖水面积有66.7平方公里。这些河湖水域构成了陕北黄土高原宝贵的湿地系统，是生态环境的重要敏感区，也为渔业生产等提供了潜力。

一般资料显示，陕北黄土高原地下水资源缺乏。然而，开始于1990年代的西北地下水资源勘查研究取得重要突破。根据1995年原地矿部“西北地区地下水资源勘查特别计划”和1997年原国家计委、原地矿部“西北地区地下水勘查战略研究”，新疆塔克拉玛干沙漠腹地、罗布泊东部、甘肃民勤、平凉等干旱地区地层深处均发现丰富的地下水资源；宁夏宁南苦咸水区找到单井日出水1300～1500立方米地下淡水，解决了近25万人引水难题；陕北富平县700余米深处，开采出单井日出水量13300立方米优质岩溶水，解决了富平旱塬缺水的千年难题；靖边、乾县、蒲城等均成功打出深水井。据统计，近年来西北地区已找到水源地50余处，初步确定的地下水可开采量每年达10亿立方米以上。不断勘明的地下水情况将为陕北黄土高原社会、经济、自然生态、人居环境协调发展提供新的机遇和选择。

2.1.3　强烈的水土流失

非常强烈的水土流失是黄土高原闻名于世的重要原因之一，同时使得陕北社会、经济、生态的综合发展都受到强烈影响，也使人居环境发展由此带上浓烈的地域色彩。

陕北黄土高原是中国乃至世界水土流失最严重的地区之一，也是黄河泥沙的主要来源区之一。全区水土流失面积73871平方公里，占总面积的82.7%。年平均侵蚀模数达每平方公里9461.9吨，窟野河下游侵蚀模数高达30000吨。陕北黄土高原每年向黄河下游平均输送泥沙共7.67亿吨，约占黄河流域年总输沙量的48%。严重的水土流失使沟壑不断延伸，梁峁塬面日益缩小，土层瘠薄，旱灾加重，不仅严重影响陕北的发展，而且危及黄河下游的安全。据中科院相关人员对安塞县378个小流域所作的研究，20～25万年前的沟谷密度为0.3公里/平方公里，10～12万年前为0.82公里/平方公里，2～3万年前为3.48公里/平方公里，6000年前至今沟谷河网密度为4.7公里/平方公里①。可见，陕北黄土高原沟谷河网始终处于不断发育发展之中，使得密度不断增加，水土流失不断加剧。

① 陆中臣，袁宝印. 黄土高原不同时期水系发育与产沙. 见：中国科学院黄土高原综合科学考察队编. 黄土高原地区环境治理与资源开发研究. 北京：中国环境科学出版社，1995. 37

根据有关研究，尽管水土流失类型不同①，但影响水土流失的因素均包括自然因素和人为因素两个方面。主要的自然因素是：

（1）地形。据咸阳市水保站 1960 年 7 月 4 日的暴雨调查，2°～4°的坡面，水土流失轻微；8°～15°的坡面，细沟侵蚀明显；20°～35°的坡面，切沟侵蚀明显。研究表明，在降雨强度和降雨量相同的情况下，坡度每增加 3°，坡面径流约扩大 6%，冲刷量则增加 40%。可见，陡坡是重要因素。

（2）土质。陕北黄土高原的土壤主要是第三纪末到第四纪以来未经固结的风成黄土，组织疏松，遇水易解体。

（3）植被。据黄委会绥德水保站观测，林地平均比坡耕地和牧荒地减少径流和土壤流失 70%～80%。因此，退耕还林、增加植被是减少水土流失的重要措施。

（4）暴雨。各种气候因素对水土流失都有影响，然而暴雨是最为突出的因素。陕北黄土高原降水多集中在 6～9 月份，约占全年降水量的 70%～80%，并常以暴雨的形式出现，造成剧烈的水土流失和洪水灾害。

主要的人为因素是：

（1）土地资源的不合理利用。以粮食生产为主的种植业是陕北农业生产中的主体，林牧业比例很小，这是不适合自然生态条件的。在陕北，适宜耕种的川地和梁峁顶面平地很有限，而大量坡地经过耕犁，黄土更为疏松，在没有永久性植被保护的情况下，农作物一经收获，土地有相当一段时间处于裸露状态，极易被径流冲刷，加之农田生态系统属人工生态系统，自我修复和自我调节能力低，因此，在陕北黄土高原片面追求粮食生产，林牧业比重不够，陡坡开垦，广种薄收是一种极不合理的农业生产方式，是水土流失的重要人为原因。

（2）基本建设造成的环境问题。随着西部大开发的深化，各类建设工程不断展开，如道路工程等基本建设，煤炭、天然气等资源开发，城市化加快带来的人居环境建设等。这些建设大大推动了陕北地区的现代化进程，带动了社会经济的全面发展，但也加重了对自然生态环境的干扰。尽管在一些国家重点工程项目建设中采取了相应的保护生态措施，但还是有相当多的建设造成了许多环境问题，也造成许多新的水土流失。据陕西省神府煤田水土保持考察组调查预测，如果不加大水土保持等环境保护措施力度，因采矿、修路、发电、冶金等开发神府煤田而产生的泥沙、碎石和废弃物，到 2010 年平均每年将新增水土流失量 9070～11300 万吨，连同原来的 10500 万吨，该地的泥沙量就会达到 2 亿多吨，为黄河总输沙量的 12.9%。在人居环境建设方面，据彬县有关部门的调

① 水土流失的类型主要有三种：（1）水力土壤侵蚀，这是陕北黄土高原水土流失的主要类型，水力通过雨滴溅蚀、面蚀、沟蚀等方式对土壤发生侵蚀作用，产生水土流失；（2）重力侵蚀，主要发生在地形陡峻的沟谷两岸、陡坎和陡崖上。这是陡坎在重力作用下发生的崩塌、泻溜、滑坡、泥流等水土流失现象；（3）风力土壤侵蚀，主要发生在长城沿线的风沙区，是地表松散物质在风力作用下被搬运移动的土壤侵蚀现象。

查，在一年的时间里，58 个行政村修建住宅所倾倒的废土就达 465 万立方米，由此产生的水土流失可想而知①。

2.1.4 带状渐变的生态空间

陕北黄土高原南北跨度较大，地势由东南向西北逐渐抬升，气温、降雨、植被类型等分区也明显呈现相应的变化，使自然生态分区由东南向西北依次呈水平带状分布的格局。生态环境向西北逐渐趋向于更加脆弱，人口密度、人居环境空间分布、农业生产等各种经济、社会要素也都随着发生变化。

陕北南部的关中平原处于暖温带半湿润地区，北部的内蒙古鄂尔多斯高原为中温代干旱区，陕北黄土高原则属由湿向干过渡的大陆型季风性气候。气温变化剧烈，降雨变率大，暴雨强烈；年平均气温 7～12℃，极端气温最高为 40.1℃，最低气温为 -32.7℃；年平均风速多在 2.5 米/秒以下，最大风速 11～28 米/秒之间，风向冬季多为西北和东北风，夏季多为东南或东北风。

陕北光照资源优势突出，太阳总辐射量由南而北增加，年总辐射为 90～154 千卡/平方厘米。充足的光照资源是陕北优质苹果等农产品生产的重要条件。同时，丰富的太阳能还可为工业及民用提供取之不尽的清洁能源，在人居环境建设中也有着很好的前景。

高原年平均降水量约为 300～700 毫米之间，绝大多数地区则在 400～600 毫米。一般把 400 毫米等降水量线作为我国西北部牧业区与东南部农业区的分界线，本区基本上属于旱作农业区，农牧业条件较好。年平均蒸发量在 1500～2500 毫米之间，是降雨量的数倍，说明气候相当干燥。陕北大雨和暴雨造成的灾害很大，由于黄土深厚而松软，加之植被稀少，强降雨会造成严重的水土流失和洪水灾害。如 1977 年 8 月 4 日至 5 日，绥德韭园沟流域历时 24 小时 49 分钟的降雨量达 177.4 毫米，造成坝系严重破坏；1977 年 7 月 5 日至 6 日，一次 255 毫米的强降雨使延安市遭受严重洪水灾害②。因此，在人居环境建设中，规避强降雨带来的水土流失可能造成的危险，通过适于当地自然条件的途径改善生态环境，是必须认真对待的现实问题。

由于陕北地区具有由湿向干过渡的半干旱气候条件，加上其他综合因素，形成了在我国黄土高原地区较为丰富的植被资源。经初步统计，约有野生维管植物 1194 种，分属于 122 科 530 属，其中蕨类植物有 9 科 14 属 21 种，裸子植物 3 科 5 属 8 种，被子植物 110 科 511 属 1165 种，栽培植物约有 230 余种，属 71 科。③ 这是退耕还林、治理生态、进而改善人居环境的一个优越条件。

---

① 孙逊等. 黄土高原志. 西安：陕西人民出版社，1995. 330～341

② 孙逊等. 黄土高原志. 西安：陕西人民出版社，1995. 81～110

③ 孙逊等. 黄土高原志. 西安：陕西人民出版社，1995. 169

植物区系表现出南北纬向水平空间明显的区域分异特征。延安及长城沿线为两条主要生态分界线，把陕北由南而北划分为三个植被区：森林区、森林草原区、干草原区（图2－10）。根据邹厚远《陕北黄土高原植被区划及与林草建设的关系》一文，延安以南的森林区分布有侧柏、白桦、油松等乔木及酸枣、连翘、黄栌等灌丛；森林草原区分布有一些旱生草本、灌木和少量落叶乔木，如黄蔷薇、沙棘、红柳、丁香等；长城以北属干草原地带和风沙草原区，以沙生植物为主，如百里香、沙柳、沙竹等。基于这一明显的植被分布状况，在人居环境建设中应遵循以当地适生植物为主要绿化的原则。

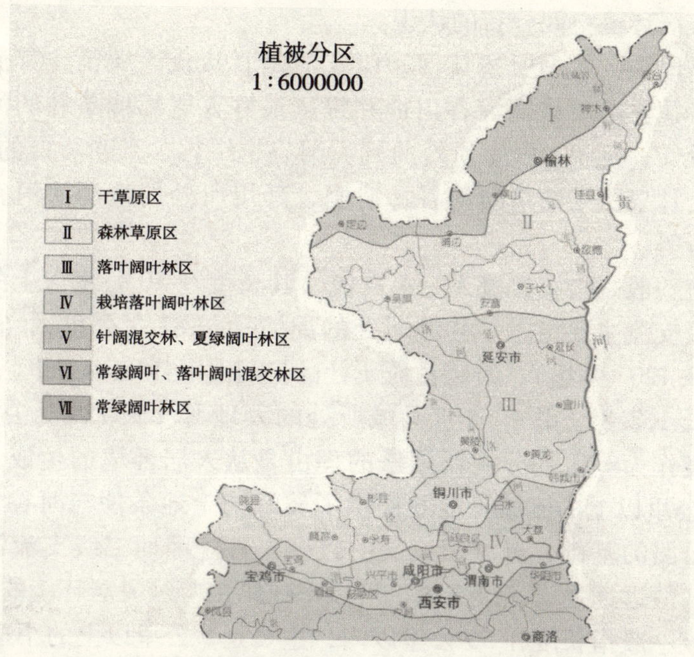

图2－10 陕北植被分区

历史上，陕北曾经是森林广布的地区。由于自然和人力的共同作用，特别是秦汉以来人类活动的加剧以及相应的水土流失，陕北森林分布锐减。目前森林区主要分布于延安以南，为历史上广大森林区的少量遗存。站在子午岭上放眼眺望，可以想像历史上整个陕北黄土高原的主要风貌（图2－11）。

图2－11 子午岭林区

2.1.5　三个等级的河谷空间体系

陕北黄土高原最突出的地貌特征是密度非常大的河流川谷和沟壑体系。洛河、延河、无定河等黄河大型支流形成大型河谷；大理河、淮宁河、秀延河等中型支流形成中型河谷；小的水溪等则形成各类小流域沟道。

河谷地区的宽度及其耕地规模、地形平整度、交通条件、水源供应量等是影响人居环境生成的重要因素。为了研究方便，本书从人居环境分布的角度把陕北黄河支流定为三个等级。这里河流等级的划分原则一方面根据自然地理学的概念，另一方面则更多考虑河流自然条件对人居环境的影响，目的是有利于对陕北地区人居环境空间分布的认识。

本着这一原则，本书所指黄河一级支流是直接流入黄河，其流量、长度均为第一等级，往往形成最宽河谷川地并提供最好人居环境条件的河流。一级支流河谷包括延安、延长、安塞所处的延河河谷，绥德、米脂所处的无定河河谷，吴旗、富县、甘泉所处的洛河河谷，清涧、延川所处的清涧河河谷，神木所处的窟野河河谷等。

二级支流一般是指直接流入一级支流，其长度在50公里以上的有较大流量的河流。二级支流主要指志丹县城所处的周河（长81.3公里），宜川县城所处的西川河（长120. 公里），黄陵县城所处的沮河（长135.2公里），横山县城所处的芦河（长162.8公里），子洲县城所处的大理河（长159.9公里）等①。本书把河流长度作为等级划分主要因素的理由是从人居环境的生成、分布、发展条件看，50公里以上的流域长度既提供了较好的土地条件与河谷宽度，又有通行较高等级公路的基础，有城镇发展的较好条件。因而二级支流河谷成为仅次于一级支流，但远远强于三级支流，可以形成第二等级人居环境的流域河谷。

三级支流一般指长度在50公里以内，主要是5公里以上的小型河流、水溪，本书也将其形成的三级支流流域称为小流域。小流域河谷遍布陕北黄土高原，仅以无定河为例，10公里以上的沟道有50多条，5公里以上沟道则多达140条②。小流域沟道宽度多在100~300米左右，狭窄处甚至仅有几十米。在这种规模的小流域河谷中，往往以乡村人居环境的生成为主，也往往是主要道路交通系统的末端等级。

陕北黄土高原的地质地貌特征形成了树状水域和沟壑体系，其人居环境分布方式显现出清晰的三级支流体系（图2-12）。但是，在河流汇聚方式上，却存在许多越过上一级支流而直接汇流的情况。如二级支流西川河直接汇入黄河；三级支流则可能直接汇入一级支流，甚至直接汇入黄河。现实之中，水流的长度、宽度、从属关系还有很多复杂的情况，只能根据上述划分原则进行整体判

① 根据资料整理：孙逊等. 黄土高原志. 西安：陕西人民出版社，1995. 127~132

② 孙逊等. 黄土高原志. 西安：陕西人民出版社，1995. 126

图 2－12　黄陵三级支流体系

断。需要说明的是，尽管汇流方式对人居环境的形成有一定影响（如上一级河流洪水危害程度会逼迫多大规模的聚落进入小流域等），但总体而言小流域人居环境的形成规模、分布方式等更多的是受上述等级划分因素影响的。因此，虽然以上划分方法的严密性是相对的，但对认识人居环境与河谷地貌的对应状况，反映人居环境与自然生态之间的主要关系依然是方便的。面对自然生态环境错综复杂的情况，没有可能也没有必要进行过于繁琐的划分。

2.1.6　生态环境分区及生态空间结构

生态环境分区和自然生态保护区是与人居环境有紧密关联的生态空间要素。根据陕北自然生态环境的特征和与之相适应的社会经济发展状况，陕北自然生态环境总体上可以依据地貌分区而划分为两大部分：黄土高原丘陵沟壑生态区和长城沿线风沙滩地生态区（图 2－13）。在此基础上，设立重要生态敏感区为自然生态保护区。

（1）黄土高原丘陵沟壑生态区

丘陵沟壑区是陕北黄土高原整体生态分区的主体。本区位于长城沿线以南，关中平原以北，土地面积约 55262 平方公里，占陕北地区总面积的 62%，人口约 537 万人，占陕北地区总人口的 75%，平均人口密度约 97 人/平方公里，自古以来

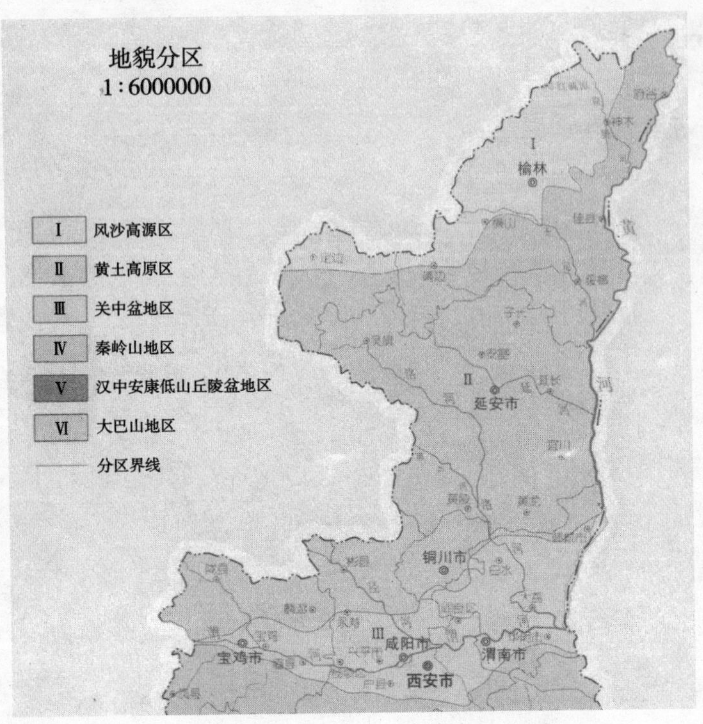

图 2－13　陕北地貌分区

就是陕北人居环境集中发展的空间主体。本生态区以黄土丘陵、台塬、梁峁、沟壑等典型地貌构成大小河谷纵横伸展的枝状地域空间体系。以无定河、洛河、延河等一级支流河谷为主的河谷地域生态环境相对较好，人居环境较为集中。随着海拔高度向西北方向的抬升，一些高山地区和偏远沟壑生态环境更加脆弱，水土流失严重，土地与水资源更加缺乏，对人居环境发展产生了深刻的影响。

（2）长城沿线风沙滩地生态区

本区是长城以北、内蒙古之南的陕西省最北部地区，属毛乌素沙地南边缘。行政区域主要包括榆林市区及其所辖的靖边、定边、横山、神木和府谷等，土地面积约34241平方公里，占陕北总面积的38%；总人口182.2万人，占总人口的25%；人口密度53人/平方公里①。

本区突出的地貌特征是毛乌素沙地环境，也是陕北自然生态环境更为脆弱的地区。土地沙漠化面积1415836公顷，占总土地面积的42%。当然，榆林地区固沙、防沙、治沙工作取得了令世人瞩目的成就，但全区仍有1333000公顷流沙亟待治理，水土流失面积仍然占全区土地面积的38.7%，全区44%的天然草原遭受沙化、退化、碱化的威胁②。沙漠继续吞噬着黄土丘陵地貌，形成新的流

① 根据陕西省地图册. 西安地图出版社，2003 整理

② 据西北大学，陕西省城乡规划设计研究院. 陕西省城镇体系规划，2001～2020

动与固定沙丘，更使历史上遗存下来的许多湖泊滩地渐渐淹没在黄沙之中。因此，长城沿线风沙滩地区是国家“三北”防护林建设的重点区域，生态环境治理十分紧迫。然而，生态环境极其脆弱的地表之下却蕴含着丰富的天然气和煤炭资源。目前，本地区能源工业已成为整个陕北经济发展的重要支柱。

（3）自然生态保护区

陕西省自然生态保护区主要集中在秦岭山区等关中和陕南地区，以保护珍稀动植物及重要生态环境为主要目的。生态环境脆弱、水土流失严重的陕北地区自然保护区相对较少，主要有黄龙山和子午岭天然林、神木臭柏、府谷杜松等保护区。在陕北地区加强有利于水土保持、生态治理恢复的自然保护区的建立，已经成为生态环境建设一项十分紧迫的工作，也应该是许多社会经济建设工作的前提。

在陕北自然生态系统中有着重要意义的是天然林生态系统，湿地生态系统（图2－14），荒漠生态系统，严重水土流失区的上游区域，水源涵养地，珍稀濒危动植物的天然集中分布区，有特殊意义的地质构造和地层剖面，各类有价值的动植物化石分布地，重要的自然风景区等。

图2－14　榆林地区的湿地

在上述保护区中，有许多地区都是对水土流失产生重要影响的高度生态敏感区，特别是黄土高原丘陵沟壑区，洛河、延河、无定河上游的白于山区，河谷川地与风沙滩湿地区，黄河沿岸的土石山区，黄龙山—子午岭天然林分布生态带等。对各类重要生态敏感区进行保护是陕北人居环境建设的重要前提。无论是哪一层级的人居环境规划建设，都必须首先关注对这些生态区的保护。

（4）生态空间结构

由上述分析可知陕北黄土高原生态空间宏观结构为：黄龙山—子午岭天然林分布生态带、各级河流上游的横山山脉、毛乌素沙地与黄土沟壑区接壤区的长城沿线风沙滩地生态脆弱带构成了陕北地区东西向的三道生态敏感带；黄河干流沿线土石山区，洛河、延河、无定河干流河谷区构成了两道陕北南北向的生态敏感带；再加上一些重要生态敏感斑块，如黄陵县乔山保护区、神木县红碱淖湿地保护区等，共同构成陕北整体生态敏感区宏观空间结构。其中河谷区和长城沿线生态带与陕北人居环境主要发展区在空间上相吻合，因此，处理好人居环境与生态保护的关系是这两个区域面临的重要问题。另外三个生态带除了黄河沿线外，总体上人居环境分布有限，更应该成为控制人居发展和进行生态移民的重点地区。

2.2　人居环境发展与生态变迁

2.2.1　人居环境发展脉络

远古时期的陕北黄土高原为森林草原所覆盖，在《诗·大雅》、《史记·货殖列传》、《水经注》、《山海经》等古籍中，对此均有记载。1977 年考古工作者在对荒漠古城统万城的挖掘中，发现有松、柏、侧柏、杉等古树木残体，说明这些树种曾生长于周边陕北黄土高原森林之中①。目前，在子午岭、乔山、黄龙山等处尚可看到遗存下来的一些次生林，而历史上曾经覆盖整个陕北地区的森林草原早已难见踪影。黄土高原生态环境变迁如此巨大的主要原因一方面是自然力所为，另一方面则是人类活动影响的结果。

先秦时期，陕北的主要地区以畜牧业为主②，这是与生态环境相适应的生产方式。秦汉时期实行“移民实边”政策，可以说是陕北开发的先河，农耕经济随之在陕北得以发展，生态环境则受到更多干扰。唐代以后 1300 多年以农业开垦为主的活动造成了大量的森林砍伐和水土流失，生态环境不断恶化。根据陕西省气象台等有关资料，陕北水旱灾害及水土流失轻重情况与人类活动关系紧密：公元前 2 世纪至公元 2 世纪的秦汉时期，陕北人口大量增加，农垦发展，草原森林消退，代之以农田村庄。这一时期共发生较大旱灾 27 次，平均每百年 13 次；公元 1～6 世纪是王莽至隋政局动荡的时期，以畜牧业为主的北部少数民族的活动成为陕北人类活动的主体，减弱了农垦业对生态环境的影响，畜牧业得以恢复。这一时期共发生较大旱灾 8 次，平均每百年 1 次；公元 7～20 世纪前半叶，农业垦殖持续发展，共发生较大旱灾 236 次，平均每百年 17 次③。水灾情况同样反映这一关系：秦之前 1000 多年，黄河下游仅溢 7 次，改道 1 次；秦与西汉的 200 年间溢 4 次，决堤 7 次，改道 2 次，共 13 次水灾；1～6 世纪 600 年仅溢 7 次，改道 1 次，共 8 次水灾；7～20 世纪水灾次数不断增加，元、明、清后甚至已达 1 年数次④。水土流失情况也随着人类社会的发展而逐渐加剧。

黄河最初称为河水，西汉初年才使用黄河一词，距今仅 2200 年⑤，表明当时河水中夹带的泥沙有限。由于当时水土流失不似现代严重，陕北一直存有开阔的黄土塬，沟壑密度小，故常被赞为“水草丰美，土宜产牧，牛马衔尾，群

---

① 朱士光．黄土高原地区环境变迁及其治理．郑州：黄河水利出版社，1999. 18

② 司马迁．史记·货殖列传

③ 朱士光．黄土高原地区环境变迁及其治理．郑州：黄河水利出版社，1999. 100～101

④ 朱士光．黄土高原地区环境变迁及其治理．郑州：黄河水利出版社，1999. 20～21

⑤ 史念海．黄土高原历史地理研究．郑州：黄河水利出版社，2001. 296

羊塞道。"① 陕北历史上很长时期都是国家政治管理、军事活动的重地，许多知名人物留下诗篇描述当时自然与社会情境，也给予我们众多佐证，表明生态环境要明显优于现在。因此，我国著名历史地理学家史念海先生坚定地认为："历史时期的早期，黄土高原到处是青山绿水，山清水秀，和现在完全不同，至少离现在 2000 年左右，还没有多大改变。"②

考古表明，从石器时代开始，人类活动遗迹就出现在陕北黄土高原上，众多石器时代聚落遗址反映了先民繁衍生息的漫长历程。中华民族始祖轩辕黄帝带领族人驰骋在黄土地上，使这座高原开始沐浴更加明亮的文明曙光。周朝绵延数百年，鼎盛时期立都于关中沣水之畔，成为今日的沣镐遗址；秦朝统一六国，建立了中国历史上第一个中央集权国家，国都为关中渭水之北的咸阳；自汉至唐，国都在渭水之畔回转漂移，或南或北，痕迹依然，昭示着中华汉唐的盛世雄风；上下数千年，位于黄土高原之南的西安地域是 13 个王朝定都所在，留下了辉煌历史。陕北作为关中的北部屏障，具有重要的战略地位。秦代之前，陕北多为北方民族游牧散居之地，林草丰盛，畜牧为主；自秦以来，陕北成为政府移民实边、坚固关防的首要之处，建立军镇寨堡，开垦农耕土地，在人口快速增长的同时，原始生态开始遭到破坏。关中与陕北发展在汉唐时期达到极盛，宋元后开始衰落，中央东移，财富远去，陕北则往往成为社会变迁的动荡区域，战争频发，伴随王朝更迭，农耕与畜牧经济构成交替发展状态，生态环境也随之演替，其总体趋势是森林草原消退、荒漠化扩大、水土流失加重，在自然和人为双重因素作用下，生态始终未能得到恢复，人居脉络则在愈加脆弱的自然环境中顽强地伸延。

从陕北人居环境发展历史还可以得知，自然生态环境受农业发展影响很大。历史上陕北地区农业与畜牧业交替发展，自然生态扰动严重的时期基本上与农业发展的兴盛期相吻合，而畜牧业与林业的发展更有利于自然环境的恢复。由此可见，人类活动特别是农业垦殖等与陕北生态环境变迁有着紧密的关联。

2.2.2　西部大开发与人居环境

本书所指的陕北黄土高原行政区划主要包括延安（延安市区、吴旗、志丹、安塞、子长、延长、延川、宜川、甘泉、富县、洛川、黄陵、黄龙）、榆林（榆林市区、府谷、神木、横山、靖边、定边、佳县、吴堡、清涧、绥德、米脂、子洲）、铜川（铜川市区、宜君）、咸阳（长武、彬县、旬邑、永寿、淳化）的三十二个市县，面积约 89501.1 平方公里，人口 717.4 万，人口密度平均为 80

① 后汉书. 卷八七. 西羌

② 史念海. 黄土高原历史地理研究. 郑州：黄河水利出版社，2001. 297

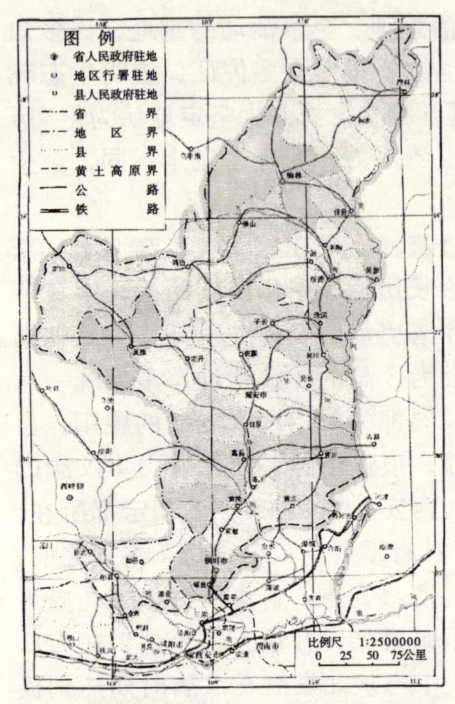

图 2－15　陕北黄土高原行政区划图

人/平方公里①（图 2－15）。

陕北黄土高原地处鄂尔多斯高原的南部，与山西、内蒙古、宁夏、甘肃等省、自治区接壤，南部是关中平原。由于蕴藏丰富的煤炭、天然气等地下矿产资源，晋陕蒙接壤区构成我国 21 世纪重要的能源重化工基地。资源开采、交通运输、加工工业的内在联系、协调、整合等使得陕北与周边地区环境的整体关联性日趋紧密。自然生态系统的内在关系，流域生态治理与保护战略的协调以及社会、文化等方面的地域相关性也都使陕北人居环境与周边地区存在着区位上的整体联系，西部大开发则给陕北地区的发展带来了新的历史机遇和难得的整体背景。

国内外不发达地区开发历史对我们的启示表明，西部大开发对人居环境及自然生态将产生深刻影响，而人居环境的快速发展时期往往给自然生态带来难以弥补的损害。因此，研究包括人居环境在内的人类活动空间与自然生态的协调关系，积极发展生态农业，制定合理的农业、畜牧业、能源工业等经济结构发展计划，控制人居环境空间发展对自然生态造成的不利影响，对于陕北黄土高原的可持续发展有着重要的意义。

关于我国西部大开发空间发展战略，十五大《中共中央关于制定国民经济和社会发展第十个五年计划的建议》第六条有明确的阐述：“依托亚欧大陆桥、长江水道、西南出海通道及交通干线，发挥中心城市的作用，以线串点，以点带面，有重点地推进开发。”陕西黄土高原位于西部大开发三条通道之一的亚欧大陆桥陇海兰新经济带之重要区段。关中集中了西安高新技术开发区等四个国家级开发区，是西北地区重要的关中城市群所在地。西安地处我国地理中心位置，交通优势明显，教育和科技实力居全国前列，在西部大开发中具有承东启西、通南贯北的重要地位，西安及关中地区城市化等社会经济发展状况必然对陕北人居环境产生深刻影响。陕北是黄土高原生态脆弱区的典型地域，流域生态治理直接关系到黄河中下游地区的生态安全。此外，陕北毗邻内蒙古、山西等资源富集地区，共同构成我国 21 世纪能源重化工基地。

陕北煤炭、天然气、石油等矿产资源储量潜在总价值在全国位列前茅，开发优势已使其成为国家 21 世纪重要的能源基地，其越来越显著的社会经济优势

① 作者根据有关资料整理：陕西省地图册．西安：西安地图出版社编制，2003

将为人居环境建设提供前所未有的动力。陕北这一中华文明诞生地自身所具有的深厚文化底蕴也将在新的历史时期作为一种独特的文化资源表现出持久的生命力。

陕西是连接我国东部、中部、西北、西南地区的重要交通枢纽。在铁路交通方面，除了现有陇海线、宝成线、西南线、西康线和宝中线等干支线铁路外，西安—包头铁路干线也将建成，陕西铁路将形成“五横三纵”的交通网络；在航空交通方面，西安咸阳国际机场是西部最大的航空港，国内外航线137条，通达城市60多座；在公路交通方面，以西安为中心的“米”字形交通运输网络将充分反映出枢纽的特征。陕北处于“米”字形道路交通构架上，即国家西部高速公路及铁路网的南北大通道上，随着正在建设的各类交通支线网的竣工，陕北与东部等周边区域将建立起更为方便的交通联系，为人居环境发展提供更有利的条件。

朱镕基在《关于国民经济和社会发展第十个五年计划纲要的报告》中指出：“实施西部大开发战略……‘十五’期间要突出重点，搞好开局，着重加强基础设施和生态环境建设，力争五到十年内取得突破性进度……”生态环境建设被列为西部大开发战略的重点工作之一。陕北黄土高原脆弱的生态环境及其对周边区域的影响使其成为我国重要的生态敏感区。陕北是黄河泥沙的主要来源地之一，其流域生态治理与保护直接关系到华北平原等中下游广大区域的生态安全。因此，以退耕还林、水土保持为主的流域生态治理战略是陕北社会经济发展的重要内容。人居环境的发展必须与这一总体目标一致，生态安全必须成为人居环境的重要前提，这是国家整体区域发展战略赋予这一地区的历史职责。

陕北是中华文明重要的发源地之一，中华民族的人文始祖黄帝在这块土地上开创了已绵延5000年的中华文明史，坐落于沮水之畔、桥山之上的黄帝陵已成为全世界华人拜谒先祖、追寻故乡情怀的圣地；陕北历史上始终是中原农耕文化与草原畜牧文化交融之地，是边陲少数民族汇聚、商贸活动久远、多种文化和谐共生的典型区域，形成了浓郁的黄土文化风情；陕北又是中国革命历史上的重要地区，以延安为代表的众多革命遗址遍布广袤的黄土高原。所有这些，构成了陕北地区内涵丰富、特色鲜明的地域文化，成为人居环境的重要构成。

西部大开发给陕北黄土高原带来许多重要的发展机会，同时也使得陕北面临许多挑战，特别是能源产业发展对生态环境的进一步干扰，城镇化造成的河谷耕地锐减，城乡人居环境面临的统筹整合发展等。

2.2.3　国外不发达地区的开发

不发达地区（underdeveloped）通常是指那些低度开发的、内部发展缓慢且受到外部的抑制，经济发展尚未突破“起飞”转折点的地区。不发达地区是一个相对的概念，每个国家都有相对不发达的地区，在世界范围内也一样；不发达地区是一个动态的概念，不发达地区可以在经历一个社会经济过程后而发展成为相对发达的地区；此外，不发达地区不等同于贫困、萧条地区，贫困地区是不发达地区的极端形式，位于不发达的最底层。萧条地区是曾经发达的地区，由于各种原因而成为发展滞后的区域，其社会、经济、文化等各方面基础均较好。不发达地区则是在各方面从未达到发达水平的地区①。综上所述，每个国家都有不发达地区，这些不发达地区的开发史，特别是区域经济发展及区域空间发展模式对人居环境发展的深刻影响，会给陕北黄土高原人居环境相关研究带来许多有益的启示。

2.2.3.1 美国西部开发

19 世纪初，美国西部广大的区域相对于美国东部而言，完全是不发达地区，许多地域甚至是人迹罕至的荒原。伴随着美国在西部地区的领土扩张、大规模移民运动即“西进运动”的开始，西部大开发也逐渐展开。经过整个 19 世纪持续不断地向西拓进，美国从独立时大西洋沿岸的 13 个州的领土起步，一直推进到了太平洋沿岸，实现了国土的大规模拓展。19 世纪上半叶，向西部的推进主要在中西部。这里土地肥沃，水源丰富，适于农耕，于是产生了以小麦生产为特征的所谓“小麦王国”；越过密西西比河向西，一直到横亘于西部腹地到太平洋沿岸之间的落基山脉，是半干旱的大平原地区，深草覆盖，适于畜牧，于是又产生了以畜牧业为特征的“畜牧王国”；落基山脉到太平洋沿岸被称为远西部，以金矿为代表的采矿业迅速发展起来，这里则产生了“矿产王国”。② 因此，小麦生产为主的农业、养牛为特点的畜牧业、淘金为前导的采矿业成为西部开发中的三大产业支柱，带动了各类产业的发展，进而推进了地域城市化的发展。

在美国由东向西的梯度发展过程中，城市起到了中坚作用。中西部城镇从无到有，从小到大，迅速由孤立的小城市发展成为完整的城市体系。经过中西部城市化的快速进程和与东部城市体系的整体联结，1920 年美国的 1 亿人口中已有一半居住在城市，美国成为一个城市化国家③。美国西部城市的起源和发展与西部大开发有着紧密的关联，形成了位于河流、湖区、运河等水运交通节点上的“河畔城镇（river town）”、由横贯东西的铁路交通带动的“铁路城镇（railroad town）”、在大平原牧牛业影响下发展起来的“牛镇（Cattle town）”、西部矿产开发兴起的“矿业城镇（mining town）”等。

采矿业对西部城市的发展有重要的影响。美国历史学家 G·格雷斯利在《美国西部的新趋势》中这样写道：“采矿业是西部定居的重要因素”，“有助于西部贸易中心的创立，广大的交通运输网的完成，和为农产品提供市场”。④ 比

---

① 郑长德. 世界不发达地区开发史鉴. 北京：民族出版社，2001. 2～5

② 何顺果. 美国边疆史. 北京：北京大学出版社，1992. 123～135

③ 王旭. 美国城市史. 北京：中国社会科学出版社，2000. 4

④ 转引自何顺果. 美国边疆史. 北京：北京大学出版社，1992. 143

较著名的“矿业城镇”有科罗拉多州的丹佛、内华达州的弗吉尼亚等。真正发展起来的“矿业城镇”一般位于矿区附近或远离矿区又具有种植、交通等环境较好的地区，这些地区不仅有利于矿业城镇的发展，而且为这些城镇后来的产业结构调整与转型、获得持续的发展动力提供了条件①。这些城镇的迅速发展和日后的转型对我国西部矿产资源城市的发展有许多启示。

畜牧业的发展则形成了西部文化内涵中十分独特的一部分。牧场所有者往往拥有数千英亩的土地，其中有许多人居住在远离牧场的城镇，广大的牧场则由雇员、牛仔等经营管理着。据统计，在怀俄明州领地，大约35%的牧场主都住在夏延城等周围城镇里，还有少量居住在东部或国外②。这些对于西部的城市化均有着促进作用。

美国西部开发中交通业的发展经历了所谓“税道”、“汽船时代”、“铁路时代”三个阶段③。铁路是西部开发中最具影响力的交通运输变革。在50年的时间里，美国铁路建设发展迅速，真正形成了覆盖东西部的交通体系，根本结束了西部的封闭孤立状况，也带动了“铁路城镇”兴起。进入20世纪后，铁路运输受到了以高速公路网、航空运输网等为特征的现代交通体系前所未有的挑战④，然而铁路在美国中西部开发史上所具有的重要地位是无可置疑的。

伴随着西部开发的进程，美国西部地区的城市化高于全国的平均水平，其城市化的速度也高于全国的平均速度，同时具有城市布局相对集中的特点，诞生了一些在整个区域社会经济发展中具有重要作用的中心城市，芝加哥的崛起就是典型的例子。芝加哥在19世纪初还是人迹罕至，然而在30年代末至50年代末的20年时间内人口增加了25倍，达到10.9万人，1890年达到100万，1900年突破200万人，每10年翻一番，一跃而为美国第二大城市，世界第

---

① 何顺果. 美国边疆史. 北京：北京大学出版社，1992. 299～308

丹佛的发展就有赖于既临近科罗拉多州的大多数矿区，又地处大平原的边缘的有利区位，其人口从1870年的4759人快速增加到1880年的35629人。另一个相反的例子是弗吉尼亚城，依靠于1859年开采的内华达州康斯托克矿而兴起的弗吉尼亚城一开始发展迅速，市容繁华，然而，当毫无节制的挖掘使矿产资源很快枯竭后，城市失去了发展动力，又很快消失了。原因就是城市地处荒凉的戴维森山坡上，除了矿产业，无可耕种的土地从事农业，也无任何其他可接续的产业类型，城市没有了发展前景。

② 转引自何顺果. 美国边疆史. 北京：北京大学出版社，1992. 135

③ 何顺果. 美国边疆史. 北京：北京大学出版社，1992. 165～168

所谓“税道”阶段，即以收税或收费的公路为主要交通方式的时代；第二个阶段是“汽船时代”，由连接东西部的第一条人工河道“伊利运河”的开凿而引发的遍及全国的运河交通网的形成有效促进了东西部的沟通；第三个阶段是开始于19世纪50年代的“铁路时代”。

④ 王旭. 美国城市史. 北京：中国社会科学出版社，2000. 193

1931年，无镇区高速公路（Townless Highway）的概念提出，1940年12月，加利福尼亚州建成了从洛杉矶到帕萨迪纳的长6英里、单向双车道、与其他道路尽量减少连接口的快速公路，成为第一条现代意义上的高速公路。1956年，美国联邦政府通过高速公路法，到1970年代中期，美国高速公路总里程已达5万英里。

五位①，成为带动整个西部发展的增长极。芝加哥突飞猛进式的发展源于以下原因：（1）区位优势。芝加哥位于全国地理中心位置，既是发达东部的边缘，又是广袤西部的门户，是连接东西部之枢纽地区。（2）交通便利。芝加哥位于密歇根湖最南端，与居全国首位的纽约有方便的水运交通，1840年代后期，伊利诺伊—密歇根运河的开通使密西西比河与大湖区两大水系相互连接，1850年代铁路的建成更使芝加哥具备了突出的交通竞争力。（3）产业优势。由于具有广阔的畜牧业和农业腹地，芝加哥在肉类与农产品加工、转运、贸易等方面都掌控了西部的领导权；钢铁业、大型制造业、农业机械、商贸金融等领域也均处于西部中心地位。可见，充分发挥区位与资源优势是芝加哥成功的重要原因，也使芝加哥在西部乃至全国的发展中发挥了举足轻重的作用。

除了芝加哥，辛辛那提、圣路易斯、匹兹堡、新奥尔良等均是中西部快速城市化进程中的佼佼者。而在远西部以矿业城市及铁路城市为基础的城市化中，其发展速度比中西部更令人注目。以旧金山为例，1860年拥有5.6万人，10年后即达到15万人，1890年增至30万人。洛杉矶1870年人口不过几千人，1910年已是32万人的西部大城市。类似的还有丹佛、西雅图等。美国西部城市史学者冈瑟·巴思把这类城市称为“速成式”城市（instant cities），形象地描述了西部城市这种跳跃式发展的特征。如果把美国各地区城市从几千人的初创阶段到20万人的成熟阶段所需时间加以比较，可以看到在东北部完成这一阶段约需130～170年，在中西部除芝加哥外，需50～70年，而在远西部则仅需30～40年②。

在美国西部开发中引发的生态环境变迁的代价及其经验教训也是严重和深刻的。以大平原地区为例，1860～1890年的30年间开垦9000万公顷处女地，一时五谷丰登。然而，1934年的沙尘暴造成毁灭性的破坏，摧毁20多个州的庄稼，4500万公顷耕地被毁，16万农民逃离③。可见，人居环境受其所在自然条件影响，应该发展适宜的产业，进而产生不同的城镇。

应该说，美国西部开发中城市化的作用、资源型城镇的发展等对陕北地区人居环境的发展具有借鉴价值。从一定意义上讲，西安所具备的区位条件与芝加哥有类似之处，西安对陕西乃至周边区域城市化的带动作用势必影响陕北人居环境的发展变化。同时，陕北及周边晋、蒙地区中小矿产城镇的发展，特别是类似美国西部“速成式”城镇的发展，对于人口的流动，城乡关系的变化，人居环境空间结构形态演化等都将产生重要影响。

2.2.3.2　以色列沙漠治理与开发

以色列的沙漠占国土总面积60%以上，南方的内格夫沙漠经过治理开发，使以色列可耕地面积由立国之初的10万公顷增加到44万公顷，灌溉面积从3万公顷

① 王旭. 美国城市史. 北京：中国社会科学出版社，2000. 58

② 王旭. 美国城市史. 北京：中国社会科学出版社，2000. 66

③ 郑长德. 世界不发达地区开发史鉴. 北京：民族出版社，2001. 332

扩大到26万公顷，农业产值增加16倍，现代化的城镇、农庄、工厂掩映于沙漠绿色之中，在荒漠地区的开发方面取得了令世人惊叹的奇迹。以色列淡水资源仅16亿立方米，人均270立方米，是世界平均水平的1/33，我国的1/7。在沙漠地区，年降雨量仅100毫米，蒸发量却高达3000毫米，在如此干旱的气候条件下，目前已建成3个森林区，绿化面积达1.2万公顷，对改善当地的生态环境发挥了很大的作用①。应该说，以色列沙漠地区比陕北黄土高原生态环境还要恶劣得多，如何在脆弱生态环境条件下进行有利于生态环境的开发建设，以色列在沙漠地区所取得的成就为我们提供了经验，特别是生态农业、节水灌溉、沙漠治理与生态绿化等。

2.2.3.3　埃及沙漠治理与开发

埃及国土面积的96%都是茫茫无际的沙漠，只有4%的尼罗河流域却生活着全国人口的98%。为了解决不断加剧的生存环境危机，埃及政府多年来采取一系列大型水利工程等措施，展开了大规模沙漠生态治理，取得了有效的成果。从1950年代开始，埃及政府就注重占国土面积37.6%的西部沙漠治理开发，通过多年努力，1971年阿斯旺大坝建成，纳赛尔湖蓄水量达到1640亿立方米，相当于尼罗河两年的流量，获得了明显的生态治理效果。1997年1月9日开始的埃及历史上规模最大的沙漠改造工程——图什卡工程，预计用20年时间，投资3050亿埃镑，修筑长达850公里的水渠，把尼罗河水引到这一区域，加上当地丰富地下水的利用，通过9条分渠构成的灌溉网，把6个绿洲连为一体，使46%的西部沙漠得到了利用②。图什卡工程的实施为人们展望了一个沙漠腹地中乡村、城市、铁路、旅游区等出现在郁郁葱葱新河谷的动人前景。埃及的成就表明：在适宜的范围和程度内，完全可以把沙漠改造成为适于人居环境发展并产生相应价值的区域。黄土高原本为森林、草原，其生态条件优于沙漠，更有利于恢复，而陕北榆林地区治沙的成功经验同样表明了这一点。

2.2.3.4　相关启示

通过对国内外不发达地区开发史的简单回顾，特别是黄土高原人类活动与生态环境变迁关系的研究，我们认识到，陕北黄土高原在我国西部区域经济发展格局中占有重要地位，西部大开发为其发展提供了有利的契机，以城镇化为特征的人居环境将得到快速发展。然而，黄土高原生态环境建设是重要基础工作之一，直接关系到西部大开发整体战略的实施，也是本区域自然条件所决定的影响社会经济发展战略的关键，人居环境建设必须以流域生态治理为前提，充分考虑与生态环境的协调发展。综合而言，我们可以得到下面一些启示：

（1）适应西部开发

不发达地区的开发对于国家社会经济发展具有重要的战略意义。在我国，整体尚不发达的西部地区往往是生态环境脆弱、资源蕴藏丰富、人居环境历史

① 郑长德．世界不发达地区开发史鉴．北京：民族出版社，2001.293
② 郑长德．世界不发达地区开发史鉴．北京：民族出版社，2001.294～296

延续性保持相对较好的区域。西部人居环境的发展必须和西部大开发的总体战略相适应。陕北人居环境的研究必须和西部社会经济发展、生态环境保护、城镇化进程、地域文化建设等紧密关联。

（2）注重生态治理

不发达地区的开发对国家整体发展意义重大，而这种开发必须建立在区域经济、生态环境、人居环境等协调发展基础上。不发达地区往往是生态环境相对脆弱的地区，开发带来的生态环境变迁之代价及经验教训值得记取。不发达地区的开发必须注重生态环境的保护、利用和改善。有关沙漠治理的相关资料表明，经过努力人们可以探寻脆弱生态环境的治理及人居环境的适宜发展途径。对于陕北黄土高原而言，关键在于认真研究自然生态环境特点，在流域治理基础上，摸索与之相适应的人居环境发展之路。

（3）绿色产业模式

产业结构布局、城镇化进程等社会经济因素深刻影响着人居环境发生的方式、规模、前景等。应该积极发展建立在当地资源基础上的绿色产业，形成与自然环境相适应的绿色产业结构。例如，陕北可以吸取美国牛镇的经验在适宜的地区（如洛川）发展果业城镇，形成相关产业链，使经济与城市化发展与自然生态资源优势相适应，从而成为引导人居环境空间形态合理演化的途径之一。

（4）改善基础设施

交通等基础设施对人居环境的发生与发展有着重要的作用，特别是交通体系的建立，对于不发达地区的开发具有更加首要的作用，是人居环境形态发展的关键因素之一。美国铁路等交通体系的形成对西部开发的意义不言而喻。

（5）发展中心城市

中心城市的快速增长往往是不发达区域发展的特征之一，体现了经济增长极对区域整体发展和城镇化的带动作用。在中心城市集中发展带动的城镇化背景下，不同等级的城镇可以成为周边畜牧业、矿产业等空间松散型产业的服务基地。同时，中心城市的快速发展必然成为带动区域发展的重要动力。美国西部开发过程中，区域中心城市及其体系的发展具有重要的意义。

（6）统筹城乡关系

在不发达地区的发展中，城乡之间的差异必然迅速加大。依靠城镇化的进程带动区域整体发展，关注乡村的变化和与城镇的关系，是一项十分重要的工作。城市与乡村在社会经济发展方面的互补、空间发展方面的融合、生态环境方面的协调等都需要有整体的思考和安排，这些都将深刻影响区域人居环境空间形态发展的趋向。

总之，回顾世界范围内不发达地区开发的简史，使我们强烈地意识到：工业化、城镇化，生态化，城乡一体化等是发展过程中必须同时面对的机遇和挑战。如何根据地域各方面条件，探索适应当地生态、社会、经济发展的人居环境空间发展模式，是西部大开发进程中，陕北城镇化发展的一项关键性工作。

第3章 陕北人居环境空间形态结构演化历程与解析

3.1 演化历程

陕北黄土高原是中华文明重要发源地之一。从石器时代先民的活动，到中华民族始祖黄帝开创的文明，直至后代历朝荣辱兴衰的斗转星移，这块土地上人居环境的演化变迁构成了携带着远古基因的完整历史。回顾这一历程，会使我们对人居环境的生成与发展有更深入和本质的理解。

3.1.1 石器时代基因起源

考古挖掘表明，从旧石器时代开始，陕北黄土高原就有了人类活动。从这一时期的文化层中可知，当时有许多大型食草动物的存在，有许多在森林和草原活动的猛兽。这说明当时陕北是气候温和、植被浓密的地区，因而适宜原始人的生存。石器时代人类活动的遗迹遍布陕北和周边区域，如旧石器时代属于晚期智人的鄂尔多斯河套人遗址，距今60～100万年的陕西蓝田人遗址等。目前在陕北发现的新石器时代遗址则多达千处①，见图3－1。这说明在距今约5000年左右，陕北地区生态环境依然良好，成为黄河流域孕育中华文明诞生的地域之一。

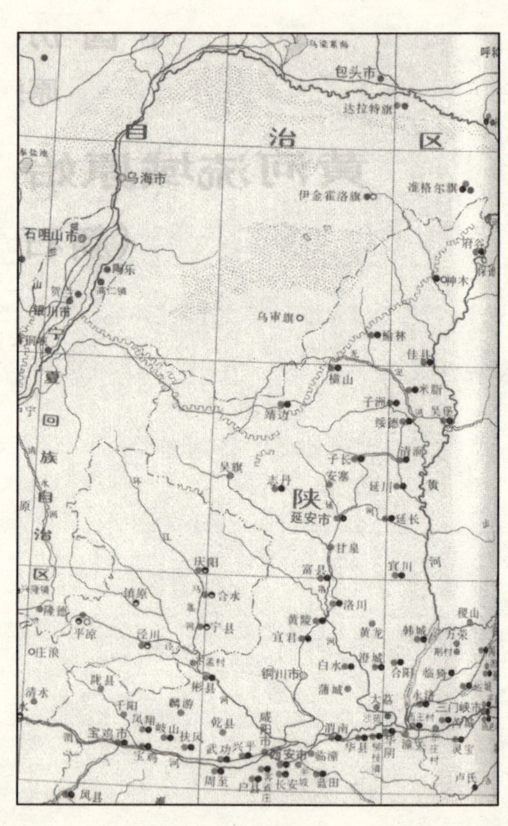

图3－1 新石器时代陕北人类遗址分布

石器时代遗址多出现于河谷和平原，尤以河谷为多，且多处河流二级阶地上②，既有近水之便，又可避洪水之害，而且茂密的林地宜于狩猎，肥沃的土地适于农耕，成为人类聚落集中发育之地。远古至今，国内国外，纵览人居环境发展历程，城镇乡村的发育生长均与江河流域紧密相关。除却平原和其他小量类型（如森林、高山）地域外，可以说河谷山地是人居环境的主要分布地域，我国尤其如此。在人类历史的初期，人们抵御自然灾害的能力十分有限，必须充分适应生态环境才能得以生存，大河支流河谷更是最佳选择，河谷无疑成为人类聚居环境的摇篮。

① 朱士光. 黄土高原地区环境变迁及其治理. 郑州：黄河水利出版社，1999. 121

② 史念海等. 陕西通史·历史地理卷. 西安：陕西师范大学出版社，1998. 93

随时代推移，人居点在空间上由近河处向外围生态条件较差的地区扩散，既表明人类利用自然能力的增强，也说明随着人口密度的增加，人均自然资源获取量的降低，人们不得不向低适宜性区域扩散的趋势。在距今 4000 ~ 4500 年的龙山文化时期，由于气候逐渐由湿热转为干凉，自然环境较仰韶文化时期艰难，人们通过各种方式拓展自己的生存空间，陕北地区人类聚落遗址的分布说明了这一点。这一时期，充分利用黄土特性的窑洞的雏形应该已经产生①。

陕北龙山文化遗址的分布表明，河流北岸南向是理想的居所选择地。这主要是缘于南向是日光充足，背向冬季西北寒风的良好朝向。所以，从石器时代的各种人类遗迹中，我们清晰地看到众多遗迹都分布在大小河流的北部并呈现南向，这是由当时人类生产力发展水平决定的，因而也是众多陕北人类聚落遗址共有的特征②。直到现在，这种人居环境发育的原始基因依然广泛存在于陕北黄土高原的纵横沟壑之中，在城镇乡村空间形成与演化中依然发挥着远古时期就发挥的重要作用，这恰恰应该是中国传统风水模式形成的源泉。

2004 年 7 月，在陕北吴堡县境内青河沟进行的高速公路选线勘测中，发现了距今 4500 年的新石器时代龙山文化聚落群遗址，目前考古工作仍在进行之中。据有关专家认为，在陕北地区乃至全国，发现遗存如此完整的石器时代遗址并不多见。从挖掘现场看，有两个相邻的聚落，每个聚落内有 30 多户住宅，聚落有城墙和壕沟。聚落位于青河沟的东岸，朝向南部，临近河水，但居于高处。住宅均为窑洞形式，但窑洞平面不同于现在的矩形，而是桃形、半圆形、圆形等，这是难得的窑洞初期形态实证。窑洞布局有一定规律性，数个窑洞群在同一等高线上排列，同一地址上有窑洞扩建和改建的痕迹。窑屋内除了居室外，还有储藏室甚至废弃物储放场所等。窑洞内还有石灰等彩色粉饰，表明了当时人们所具有的审美意识。遗址上发现秦、宋时期的遗存，但未见后代完整聚落痕迹。

目前，在遗址对面山坡上有一处村庄，我们可否认为是这一先民聚落演化的结果？青河沟由北向南直接进入黄河，除了这一新发现遗址，在与黄河交汇处以及本遗址北部上游不远处也有新石器时代遗址发现，可见，这是以一条小流域为完整单元的聚落群，近河靠水但不受洪水威胁，背山避风而有温暖阳光，小流域沟道成为理想的居住地并延续至今。整个聚落群恰似凿刻于清河沟黄土坡上的化石群，记录了从古至今人居环境空间形态演化的完整系列过程，蕴涵了深刻的历史信息（图 3 -2、图 3 -3、图 3 -4）。

图 3 -2　遗址所在地青河沟

① 石兴邦等. 陕西通史 · 原始社会卷. 西安：陕西师范大学出版社，1997. 17

② 廖荣华等. 城乡一体化过程中聚落选址和布局的演变. 人文地理学，1997. 12

图3-3　窑洞雏形遗址

图3-4　城墙遗址

3.1.2　汉唐人居主脉转换

夏、商、周时期，出现了一些部族、方国、采邑，陕北有熏育、鬼方、龙方、羌方、严允等。这些地区，当时有一些早期城镇的发育。春秋战国时期，随着社会经济的发展，陕北一些城市的雏形已出现，如现今延安所在地为白翟所居，战国时归属魏国，已是当时该地区的人居中心所在。

先秦时期，这里的人们以渔猎游牧活动为主。秦与西汉实行“移民实边”政策，西汉末年陕北人口已达60万，是当时关中的1/4①。汉人的大量移入，使得戍边军镇和农田村庄快速发展。王莽时期至隋的约6个世纪里，匈奴、氐、羌胡、羯等边关民族重入高原，使农业下降，畜牧业恢复。唐以后至近代的14个世纪，农业垦殖成为生产活动的主体，人类聚居的城镇环境得到稳定发展，生态环境也受到更多影响，人口数量则随战争、自然灾害等因素不断变化。

秦汉时期，随着中国历史上第一个封建王朝的建立，政治中心在关中的确立，社会经济的稳定发展，人口的快速聚集增长，使得包括陕北在内的陕西人居环境得到全面发展，是今日许多城镇的形成时期。延安在秦时置高奴县，而陕北的重要城市上郡故城也在这一时期形成于现在榆林之南的无定河旁。秦朝为了加强统治，修筑了以咸阳为中心，通达各地的驰道、直道、新道等，建立了咸阳通向四方的交通体系。经过陕北的驰道由高陵向北经上郡，直达黄河北岸云中郡的上郡道。直道则是一条具有特别军事意义的贯通陕北的道路，根据现有研究的成果，直道由咸阳北的云阳出发，沿子午岭北行，经过现在的定边、内蒙古东胜等地，到达现包头西南的九原郡，全长约750公里。驰道和直道的修筑客观上促进了沿途军镇、堡寨的发展。在榆林之北秦驰道沿线，就发

---

① 朱士光. 黄土高原地区环境变迁及其治理. 郑州：黄河水利出版社，1999. 14

现了众多城址遗迹①。秦时陕北主要城镇有上郡、治所、肤施以及高奴、雕阴、阳周等。

西汉时期，城镇在秦的基础上数量明显增加，如白土、独乐、富昌、圜阴、圜阳、龟兹、鸿门、平定、定阳、直路、阴山、浅水等，这些城镇人口规模也有所扩大。西汉时期陕北所在的朔方刺史部地域广大，黄河沿岸是北部城镇的集中分布地区，陕北地区城镇主要集中在洛河沿线及其高奴城的北行延伸线上，直达上郡，经西河郡（现内蒙古准格尔旗南部）到达黄河沿岸。

根据《中国历史地图集》，西汉时期陕北境内的城镇主要呈南北一线分布，特别是在高奴（延安）之北，主要城镇分布线并未通过无定河（时称原水）河谷，而是直接北上，经过平都、阳周，直达肤施，表明秦时南北大道至汉代未有大变。阳周的定位在历史地理学界虽然还有不同看法，但阳周处于淮宁河（古称走马水）之西，即基本处于高奴的正北方向，却能够得到一定程度的共识②，这就意味着高奴至肤施的连接通道基本上是直线。阳周、平都、肤施、高奴等这些当时的重镇必然由大道连接，成为陕北当时南北方向较为便捷通直的交通线路，这或许是因为当时由高奴至肤施之间地貌不似现今一般破碎，黄土梁的长度规模等比现今更易交通，起码其交通条件应该不比当时无定河河谷一线困难很多，加之有更好的森林植被覆盖，生态环境较好，故相对平直的交通与沿线城镇的发展也是合理的（图 3－5）。

魏晋南北朝时期，陕北的城镇计有绥德、宁朔、开光、银城、中乡、政和、开疆、抚宁、安宁、统万、洛川、金明、咸宁、长泽、文安、广安等 40 余城。

隋唐时期，陕北地区城镇数量明显增多，主要有银州、绥州、庆州、麟州、夏州、延州、盐州、丹州、坊州、邠州、鄜州等。人居环境空间分布与西汉相比，形成较清晰的变化，即从洛河至无定河河谷形成了城镇相对集中的人居环境发展轴，使得人居环境空间形态结构主脉由平直的原上转迁至曲折的河谷地带。这应该与上述两条河谷相对较宽、利于交通有很大关系。隋唐时期无定河谷人居环境发展轴逐渐形成，取代了西汉时期形成的由高奴至上郡的城镇分布线。从图集中可知，从延州到银州间，吐延水（今秀延河）及大理河均已有记载。由于隋唐之后陕北森林植被消退速度加快，水土流失相应加重，延州到银州之间地貌破碎度总体趋势必然是不断提高，沟壑密度增加，其生态环境和交通条件对比无定河河谷或许已不再具有优势，因而从无定河谷绕到银州（今榆林南部）已成为最好的选择，河谷区已成为陕北人居环境空间形态发展的主体地域并延续至今，这应该是生态动因引导人居环境分布转移的例子（图 3－6）。

---

① 史念海. 黄土高原历史地理研究. 郑州：黄河水利出版社，2001. 611

② 史念海. 黄土高原历史地理研究. 郑州：黄河水利出版社，2001. 640 ~ 641

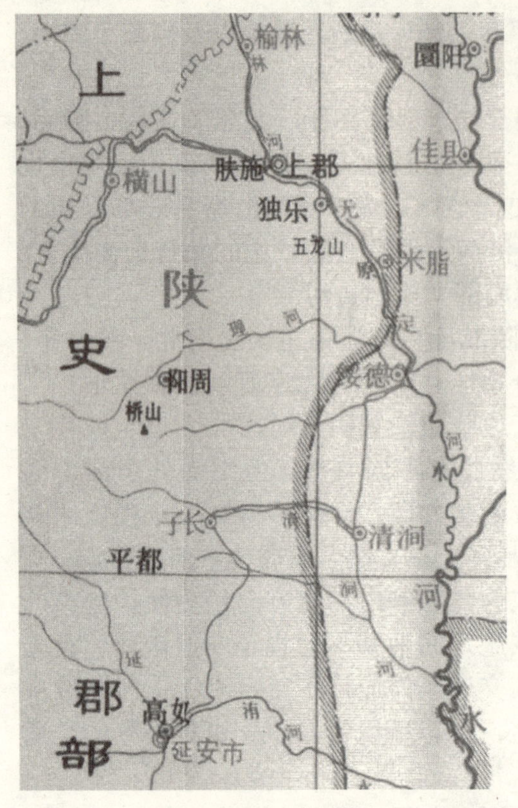

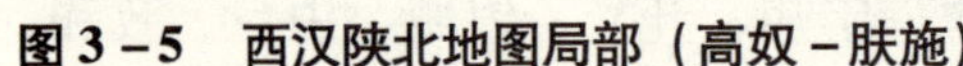
图 3－5　西汉陕北地图局部（高奴－肤施）

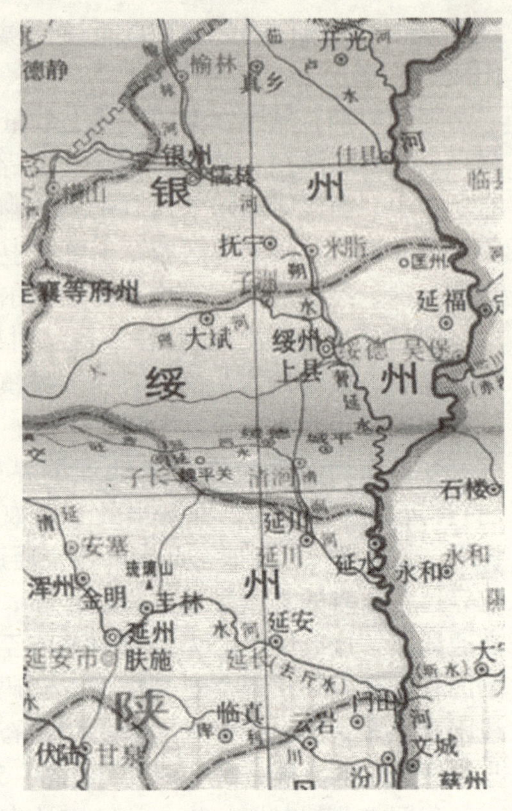

图 3－6　唐代陕北地图局部

3.1.3　宋元动荡、明清稳定

北宋时期，出于防备北方西夏、金侵扰的需要，陕北地区修筑了许多军寨、城堡。这些军镇既是军事攻防基地，又是地域管制中心，还是民族商贸活动集市所在，有些则成为日后城镇发展的基础。这些军镇如绥德军（今绥德县）、克戎寨（子洲县）、清边寨、米脂寨（米脂县）、定边军（定边县）、威戎城、万安城、威羌寨、平戎寨、安定堡（子长县）、柔远寨、怀威堡、保安军（志丹县）、怀威堡（吴旗县）、神木寨（神木县）、葭芦寨（佳县）等，其防护目的从城名上可见一斑，其复合功能又使其中一批寨堡成为长久的村镇或城池。城镇空间分布上出现新的变化，由于北宋疆界退至横山山脉一带，北部少数民族的南侵易逼近延安府，直接威胁关中，所以横山的防卫变得十分突出，上述军镇堡寨均主要出现在横山一线及其附近。基于上述原因，除了隋唐时期形成的洛河—无定河轴线外，横山沿线的军镇带开始形成，同时，还出现了由延安向西北、正北引出的防卫通道所产生的城镇线。

元代，北方的威胁基本上不存在，因而陕北北部众多防卫性边塞堡寨消失，只有具备政治与商贸职能的城镇才有存在的必要，故城镇数量减少许多。在人居环境空间分布格局上，横山一带广为稀疏，沿山一线的城镇带已完全被游牧区所取代，除了延安西北方向城镇略有存留，只有洛河—无定河人居环境主轴依然是城镇主要分布区。

明清时期，除了个别城镇（如吴堡、子长、安塞、靖边）城址还与现代有偏差外，城镇总体空间形态格局已基本与目前相一致，即沿洛河、无定河是陕北人居环境分布主轴；由延安向西北引出保安、吴旗镇（今吴旗县）、定边轴线；向正北至安塞再转向西北靖边轴线；沿长城一线则集中了河曲、神木、榆林府、靖边、定边、镇羌堡、永兴堡、建安堡、保宁堡、清平堡、鱼河堡、威武堡、安边堡等城镇，使明长城沿线到横山山脉如同宋时一样，形成了更加明确的人居带。此外，有些城镇名称与当代有差别，如葭县（现为佳县）、怀远（今横山）、保安（今志丹）、鄜县（今富县）、中部（黄陵）等。

3.1.4 聚落人口时空变迁

陕北历史上人口密度的变化考察有助于我们进一步了解人居环境空间分布的演化过程。然而，由于秦朝之前陕北人口密度很难有相对准确的官方统计，因此相关研究只能依据许多间接资料信息进行一定程度的推测。由于秦代上郡的政区范围（现南起黄陵北至内蒙古准格尔旗的广大地区）与陕北多数地区相一致，故上郡的每平方公里13.5人的人口密度①可以作为参考数值依据。

西汉初期，今陕北地区主要分属上郡、西河郡、北地郡。上郡人口密度为9.6人/平方公里，北地郡3.8人/平方公里②，西河郡12.7人/平方公里③。西河郡靠近黄河，而北地郡在今陕甘交界之处，上郡置于东西之间，反映出人口密度由东向西递减。东汉时期陕北各地人口密度均有降低，表明东汉社会动荡、战乱频繁、陕北人口锐减的现实。

唐代麟州（今府谷、神木一带）人口密度为1.1人/平方公里，银州（现榆林一带）5.3人/平方公里，南部的绥州10.2人/平方公里，鄜州（甘泉、富县一带）25.1人/平方公里，坊州（黄陵、宜君一带）20.9人/平方公里，邠州（今彬县、旬邑一带）28.9人/平方公里。可见，最北部的神木府谷一带是当时陕北及全省人口密度最低之处，人口密度向南渐次增加。当时关中的京兆府人口密度为83.9人/平方公里，是全省乃至全国人口密度最高之地。可见，无论是与关中相比，还是在陕北内部，南北人口密度差异很大。根据《陕西历史人口地理》等相关资料加以统计，唐代属今陕北地区的在籍人口总数约为80万人（邠州、陇州、鄜州、坊州、丹州、延州、盐州、夏州、麟州、庆州、绥州、银

① 史念海等. 陕西通史·历史地理卷. 西安：陕西师范大学出版社，1998. 119

② 薛平栓. 陕西历史人口地理. 北京：人民出版社，2001. 33～37

③ 根据薛平栓. 陕西历史人口地理. 北京：人民出版社，2001. 33计算所得

州)①，高于汉代。清代陕北榆林地区的人口密度有很大提高。以嘉庆时期为例，榆林府人口密度为41.3人/平方公里。

根据2004年陕西统计年鉴整理可知，目前陕北地区平均人口密度为80人/平方公里。从人口密度变化情况可知，人口情况与历代人居环境空间分布情况基本一致，城镇密度增加时，人口密度也相应增加。通过对历史与现代陕北人口变化情况的分析，我们可以得出以下认识：

(1) 人口密度总体趋势是增加，但城镇数量增加有限，表明城镇内部人口密度相应增加；但有的时期人口密度总体减少（如西汉时期，上郡人口密度仅为9.6人/平方公里)，但城镇设置并未减少很多。

(2) 人口密度基本呈现由南至西北的递减趋势，与陕北黄土高原地势由东南向西北海拔增高的趋势相吻合，也与流域分布情况相一致。西北是河流上游，总体上河谷变窄，水源减少，流域空间闭合性增加，人口密度降低。

(3) 当代的人口密度分布规律依然与历史相近，与生态环境之间基本上保持着历史上的关系。开阔河谷地带对人居环境的集聚效应增加，沿无定河干流河谷及其周边地区是人口密度在100人/平方公里以上的高密度区，表明主要河谷地区是人口相对集中的区域。

3.2 演化阶段

在对陕北人居环境空间形态结构演化历程进行考察的基础上，首先对这一历程的阶段性发展途径进行分析。

3.2.1 总体演化阶段

陕北人居环境宏观空间形态演化过程总体上呈现以下阶段：

(1) 散点分布阶段：由整个地域“棋盘”关键点“棋子”（如高奴、肤施）——起码在历史上具有区域全局意义的“棋子”的发育开始，展开人居环境生长历程，秦之前属于这一阶段（图3-7)。

(2) 散点指向阶段：即新的散点与原有散点分布开始带有一定的方向性，形成带有南北指向的散点分布状态，如上郡、阳周、平都、高奴等，西汉属于这一阶段（图3-8)。

(3) 南北河谷轴向分布阶段：即沿洛河—无定河干流河谷形成明确的南北轴线，沿线主要城镇有银城、儒林、开疆、雕阴、绥德、延川、延安（现延长)、肤施、洛交、华原等，这一南北向轴线分布阶段是逐渐显现与清晰化的过

① 根据薛平栓.陕西历史人口地理.北京：人民出版社，2001.99表2-5整理计算所得

程，隋代是开始这一阶段的时期，宋代呈现最为清晰的格局（图 3 - 9）。

（4）枝状结构分布阶段：形成以洛河—无定河为主干的枝状结构阶段，延安位于主干上的分叉处，人居分布枝状体系开始呈现完整的系统性，清代十分明确是这一时期（图 3 - 10）。

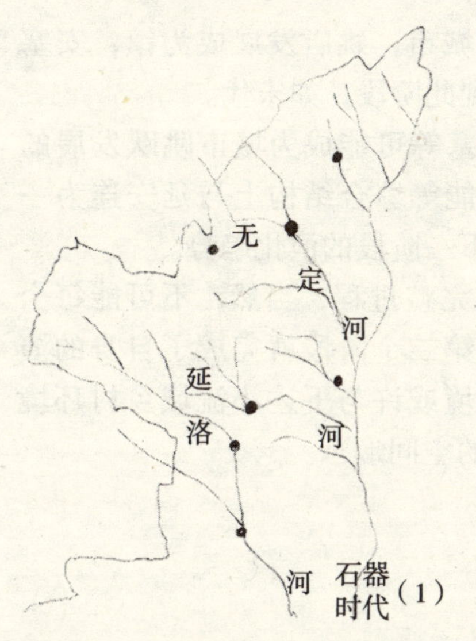

图 3 - 7　散点分布阶段——秦代之前

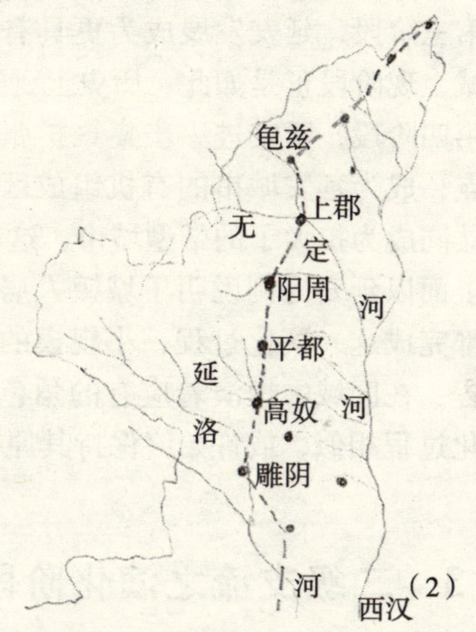

图 3 - 8　散点指向阶段——西汉

图 3 - 9　南北河谷轴向分布阶段——宋代

图 3 - 10　枝状结构分布阶段——清代

3.2.2　一级支流之演化阶段

一级支流河谷川地是陕北最好的人居环境发展区域，很多城镇乡村经历了数千年的演化，这里以具备最为完整演化过程的延安为例加以说明。

第一阶段，从石器时代开始，延安发育为人居点、聚落乡村、商驿要地直至城镇。

第二阶段，延安持续发展，周边不断出现新的乡村，如姚店，还有其他较具规模的城镇，如安塞。

第三阶段，延安发展成为更具有区域意义的城市，姚店发展成为镇，安塞为县城，现阶段正是如此，历史上延安也曾发展到此阶段，如宋代。

第四阶段，延安进一步集聚扩张，姚店、安塞等可能成为城市跳跃发展的立足点，成为延安城市的有机组成区，在城市职能等综合结构上与延安连为一体，共同成为扩大了的带型城市，这或许是延安下一阶段的演化趋势。

上面以延安为例说明了城镇人居环境演化的完整过程，当然，不可能每个城镇都完成这一演化过程，小规模的城镇或许在第二个阶段就完成了自身的演化过程，在区域中扮演着应有的角色。而乡村环境或许与下述小流域乡村环境的演化过程相似，或许始终保持其原初乡村环境的空间形态。

3.2.3 二级支流之演化阶段

这里以二级支流中较为完整的人居环境空间形态结构演化作为说明。

第一阶段，在生态环境良好的适宜区生成人居点，这些点有些是石器时代就发育的，有些则是随着一级支流人居环境的扩散而逐渐发育的。

第二阶段，人居点经过聚落、乡村的阶段而发展为镇，周边则出现更多的乡村发育，与镇区相辅相成。

第三阶段，镇区发展成为县城，周边乡村中则出现新的镇区和乡村的生成演化，成为城镇与乡村相互依存的人居环境整体结构。

第四阶段，随着城市化水平的不断提高，县城进一步扩张，周边的镇区可能成为县城的有机构成，周边小流域的乡村也可能被直接纳入城区，成为被城市化的部分。

上述过程是二级支流人居环境典型的演化过程，但在一级支流河谷中，同样会有这一演化过程。即上一级支流河谷人居环境的演化方式可以涵盖下一级支流人居环境的演化过程。

3.2.4 三级支流之演化阶段

第一阶段，小流域中的水源和牧草、可开垦土地等促成了人居点发育。

第二阶段，人居点发展成为聚落和乡村，同时引发更多人居点的发育。

第三阶段，如果具有足够的地域规模，会促使人居点向乡村的发展，成为多村分布，并且出现乡甚至镇的生成。

第四阶段，如果是处于县城等城镇周边的小流域乡村分布区，其乡村形态会受城市化影响而转化为城市形态，或成为城市里的乡村，构成新的城乡结构；如果远离城镇，小流域乡村同样受城市化的影响，人口向城镇流动，密度减少，乡村人居环境形态复归收缩、集中，趋向与城市化相适应的新的乡村人居环境空间形态的平衡。

3.3 演化分布

陕北地区人居环境地域空间分布以延安、榆林二市为中心，以各级流域河谷为主体分布区，再加上长城沿线及洛川黄土塬等分布带，构成以河谷川地为主的人居环境空间分布总体格局。

3.3.1 河谷川地分布的城、镇、乡

黄土沟壑区河谷空间体系以3个等级为基础，人居环境分布也呈现相对应的3个等级（详见附录A）。

3.3.1.1 一级支流河谷与城之分布

陕北黄土高原城镇与乡村在行政上主要归属于延安和榆林两个市。这两个地区黄河一级支流主要有延河（多年平均年径流量1.46亿立方米，总长约300公里）、北洛河（8.68亿立方米，总长约750公里）、无定河（14.5亿立方米，总长约500公里）、清涧河（0.44亿立方米，总长约270公里）、窟野河（5.73亿立方米，总长约300公里）等①。从附录A分析可知，一级支流河谷人居环境的分布以城市为特征，同时分布一定量的乡村和镇区，成为陕北黄土高原人居环境发育完整、各方面条件较好的地区，也是基本农田和人口相对集中、城市化水平最高的区域。

一级支流河谷交通条件最具优势。国道（如210线）、省道、铁路、高速公路等均集中于一级支流河谷中，一些新建的工矿企业加工区及生活基地往往都设立在这一级支流河谷地区。一级河谷分布的乡村一般较集中，零散分布的农户很少，服务设施也较完备。在绥德的调查表明，除了县城，还有9个乡镇分布在一级支流无定河沿岸，其人口约占全县总数的20%，人口密度多在150人/平方公里以上。

分布于一级支流河谷的延安和具有一级支流条件的榆林无论在发展的历史、所具有的区位条件、所具有的资源优势等方面都分别占有不可替代的地位，成

---

① 陕西省计划委员会．陕西省测绘局．陕西省资源地图集．西安：西安地图出版社，1999.57

为带动地区社会经济发展的两个增长极。根据法国地理学家 J·布德维尔（J. Boudeville）的观点，增长极的内涵除了经济空间概念上的某种推动型工业，还包括地理空间概念上的产生集聚的城镇，即增长中心①。在陕北黄土高原现有城镇与工业发展轴线上，尽管延安面临着城市微观层面发展空间局促的困难，榆林也面临着沙地扩展的生态威胁，但通过宏观城市空间结构的整合与防沙治沙战略的有效实施，延安、榆林相对而言依然是陕北地区其他城市无法替代的核心城市，并具备地区增长极的属性，同时，将通过不同的极化和扩散方式对周边城镇乡村产生影响，从而带动陕北区域人居环境的发展。

3.3.1.2　二级支流河谷与镇之分布

二级支流主要有志丹县城所在的周河、宜川县城所在的西川—县川河、子长县城所在的秀延河、黄陵县城所在的沮河、子洲县城所在的大理河，主要位于子洲县境内、集中分布有7个乡镇的淮宁河（约70余公里）等。由于二级支流河谷川地开阔处可以容纳县城的发育和生长，故也有上述少量县城出现。但是，通过上文分析可知，二级支流河谷人居环境的分布以镇区为主要特征。由于具备一定的空间开阔度，二级支流河谷内往往可以通行省级公路，甚至国道（如沿西川—县川河东西而行、经过宜川的G309）。因此，尽管人居环境发展条件不及一级支流河谷，但二级支流河谷内是许多镇区和乡政府所在地，交通条件也较好，一般均有公路与高等级公路网直接联系。

3.3.1.3　三级支流河谷与乡之分布

三级支流是指长度在50公里以内，一般为20公里长、较为狭窄的小流域。这一范围基本上与水土保持治理中所讲的大多数小流域范围相一致，因此其人居环境发展研究自然应该与水土保持治理相结合。我国在水土保持方面所讲的小流域，一般是指流域面积在5～30平方公里的自然闭合集水区，通常是河流分级中最低一级有常流水的沟道。本书适当放大其范围，一是与二级支流区相衔接，二是从人居环境分布特征角度看，这一范围内的人居环境具有一定的类同性。一般来讲，三级支流河谷人居环境以乡村为特征，基本没有城镇环境的生成，即使有少量的镇区分布，但限于地貌等自然生态条件，无法形成具有一定规模、更具城市气息的人居环境。

黄河中游地段有5～10公里长、面积10平方公里左右的小流域4～5万余条。小流域是黄土高原水土流失的源头。如果所有小流域都能达到泥不出沟、雨水蓄存的目标，则对于黄土高原流域治理具有关键意义。因此，对小流域人居环境进行重点研究，使之与生态环境协调发展，不仅对陕北人居环境自身发展具有重要意义，对于陕北地区水土流失治理这一根本性生态战略也具有重要意义。

---

①　崔功豪，魏清泉，陈宗兴. 区域分析与规划. 北京：高等教育出版社，1999. 217～219

3.3.2 黄土塬分布的城、镇、乡

除了洛川塬，陕北历史上曾经存在的黄土塬均已减缩至很小，逐步演化为黄土梁峁。即使以洛川塬为例，其变迁也是巨大的。洛川和富县一带的晋浩塬历史上曾是洛河与葫芦河之间较为完整的一个塬，但现在已演化为很多小塬，有名字的就达28个①。可见，与历史上相比，即便是洛川塬也已十分破碎，相对完整的黄土塬总面积只相当于陕北黄土高原总面积的2%（图3-11）。黄土塬区不断地向黄土沟壑区过渡，塬的特征逐渐被沟壑区特征代替。如果水土流失不能有效控制，这一趋势仍将加剧。在用地相对高阔平整的黄土塬上，城镇乡村分布结构显现出与关中平原地区（如高陵县）城镇乡村分布具有一定相似性的特征，以较为均匀的组团状分布，并呈现某些网络特征，这应该是地形的相对平整使得水源较为均布，耕地分布也较为连续的原因（图3-12）。同时，这些特征与塬的总体形态也有密切关系。由于现代的塬都已无法与历史上较宽阔的塬相对比，一般均呈现长条形，故组团的相对均匀分布在总体上又是符合地形特征的。洛川塬的城镇乡村就是以较为均匀的组团分布在狭长的塬面上。由于黄土塬已不是陕北地貌形态的主体，故本书不作重点探讨。

图3-11 地形破碎的黄土沟壑

图3-12 黄土塬分布的村庄

3.3.3 沙地分布的城、镇、乡

陕北的沙地主要指榆林地区沿长城一带的毛乌素沙地边缘，分布有榆林、神木、府谷、横山、定边、靖边等城镇及所属乡村。这些城市均有悠久的历史，许多都是由秦汉时期的军镇演化而来的。历史上，长城沿线风沙滩地区始终是以戍边、农畜生产、周边多民族商贸活动等为主，是战乱频生之地，也是众多少数民族融合繁衍之地。这些城市既有黄土沟壑地貌的特征（如神木），又具备了沙地区一些新的空间形态特征（靖边、定边较突出）。沙地区与黄土沟壑区相

① 史念海等. 陕西通史·历史地理卷. 西安：陕西师范大学出版社，1998. 15~16

比较地形平坦，城镇和乡村均呈现出不规则的团块状分布形态，每个团块自身形态较紧凑，如同生态学的艾伦规律①一样，与较长时间的寒冷冬季气候相适应。城市形态演化中的主要生态问题就是城市与沙地的进退关系。沙漠对人居环境的侵蚀，是沙地人居环境面临的主要生态问题，人们实践着各种方式抵御着沙漠。人居环境对沙地的硬化，本身也构成抵御沙区移动的方式之一。当城镇形态向沙地扩张时，某种意义上在一定范围内和程度上阻滞了沙地对人居环境的扩张。另外，人居环境空间形态发展受水源分布的影响很大，水源充足的地方才适于人居环境的形成，水资源的容量也制约了人居环境的规模。

3.4 演化方式

通过对相关史料的分析和现状人居环境的调查，通过对生态学理论的借鉴，我们可以对陕北人居环境空间形态演化的方式和趋势加以探讨。

根据生态系统动态发展原理，系统的动态（dynamics）发展主要包含群落的演替和系统的进化两个方面。“所谓演替（succession），就是指某一地段上一种生物群落被另一种生物群落所取代的过程。生物群落的演替是群落内部关系（包括种内和种间关系）与外界环境中各种生态因子综合作用的结果②。”动植物的分布与活动性、群落内外环境的变化、种内和种间关系的变化、人类的活动等都是造成群落演替的原因。演替的类型依据不同的分类原则可以有多种③，关于群落演替中的物种取代机制也存在着三种理论④。这些生态学原理启示我们，生态系统因子的变迁会导致系统演替的不同结果，维护生态系统的平衡才能为人居环境留存不可缺少的空间背景；人居环境如果不能成为生态系统能够忍耐的因子，生态环境就有可能演替为让人类难以忍受；在人居环境系统内部，不同组分因子的变化也将导致系统局部或整体的不同演化方式，我们常常可以借鉴生态系统演替机制对人居环境演化方式进行解析。在人居环境的演化之中，

---

① 艾伦法则（Allen's law）表明：同一分类单位的恒温动物的突出部分在低温环境中，有变短变小的趋势。

② 李振基等. 生态学. 北京：科学出版社，2000. 218

③ （1）依据演替的时间进程有世纪演替、长期演替、快速演替；（2）依据演替的起始条件有原生演替、次生演替；（3）依据演替的基质性质有水生演替、旱生演替、中生演替；（4）依据控制演替的主导因素有内因性演替、外因性演替；（5）依据群落的代谢特征有自养性演替、异养性演替。见：李振基等. 生态学. 北京：科学出版社，2000. 221 ~ 223

④ （1）促进作用理论。后来物种的侵入依赖于先来物种所创造的条件，这些先定居物种对环境的改造反而有利于提高后来物种的竞争能力，并因此被取代；（2）忍耐作用理论。后来物种比先定居物种更能忍受较低的资源水平，因此，当资源水平下降到先定居物种所不能忍受的水平以下时，后来物种便开始侵入并取代先定居物种；（3）抑制作用理论。所有定居物种都能抵制竞争者的入侵，只有当它们死亡后或遭到非竞争因素的破坏时才能被取代。见：尚玉昌. 普通生态学. 北京：北京大学出版社，2002. 314

人类应该在充分认识生态系统动态发展规律的基础上，保护生态系统的整体功能，保护人类自身的生境条件，避免制造不利于人类自身发展的环境因素，从而引导环境向有利于人类和自然可持续发展的方向进化。

尽管许多群落演替都是一个漫长的过程，但相对而言，当群落的演替最终达到与环境构成平衡状态，群落自身也构成最为稳定和复杂的结构时，群落就演替为顶极群落（climax）。关于顶极群落有三种理论：单元顶极理论，多元顶极理论，顶极—格局理论。根据单元顶极理论，“任何一类演替都经过迁移、定居、群聚、竞争、反应、稳定 6 个阶段[①]。”单元顶极理论认为在同一个气候区内，影响群落达到顶极状态的主导因素只有气候因素；多元顶极理论则认为即使在同一气候区内，影响群落达到顶极状态的主导因素也可以是多元的，地形、土壤、动物、火烧等因素都可以造成群落达到稳定的顶极状态；第三种理论试图对前两种理论加以统一，即任何一个区域内，气候顶极、土壤顶极、地形顶极、动物顶极、火烧顶极等各种顶极群落可能同时存在并构成连续变化的顶极群落统一体。在这个统一体中，最能代表各种生态因子综合作用效果，分布最广且往往处于格局中心的顶极群落被称为优势顶极群落。可见，无论是气候顶极还是其他顶极群落的产生，都是生态系统在多种因子作用下，经过长期的演替过程达到的。这一演替过程成为推动生态系统整体及其不同组分（包括人类居住子系统）动态演进的动力因子。

动态特征反映了生态系统发展的内在动力机制，是生态系统的重要属性，人居环境的发展必须适应这一属性。人居环境是生态系统中引起干扰的重要因素，人类聚居空间的分布可能成为破坏生态合理演替轨迹、导致系统向非平衡甚至颠覆方向发展的入侵，也有可能只是引导生态系统向另一种可接受的顶极群落体系演进的因子。后一种演进应该成为人居环境发展的主体情况，促进生态系统获得较高的生产力，并且使生态系统维持在能够自我调节的平衡范围内；然而，前一种演替的例子并不鲜见，从历史上众多消失的人类聚居地中可以找到有力的答案。在不利的自然或人为因素作用下，可以致使生态系统向衰退的方向发展，成为逆行演替。陕北地区汉唐时期以来森林植被的快速消退、水土流失与荒漠化的加快、鄂尔多斯地区荒漠草原与湖泽湿地向沙地的演替都可以认为是逆行演替的结果，而且这一结果除了自然因子作用外，与人类活动有着直接的关系。因此，对于陕北黄土高原这种生态脆弱的地区，避免人居环境演化方式带来的生态系统逆行演替，是可持续发展的基本前提。

3.4.1　集聚

集聚是指人居点在一处生成、生根、生长的过程。这是陕北人居环境微观

---

① 李振基等. 生态学. 北京：科学出版社，2000. 227

演化的一种典型方式。从历史图集中可以看出，很多人居点从石器时代就开始了人居环境的生成历程，跨越数千年，历经各朝代，石器时代先民们定居的场所，逐渐生根、集聚、发展，成为农耕时代的乡村，战争时期的兵镇，今日的城市。总之，人居环境在同一地方持续发展演化，直到今日。这种情况表明这一地带是适于人居环境发育生长的。从石器时代历史地图中可以看出，目前陕北的主要城市几乎都是石器时代人类活动遗迹的发现处，如榆林、神木、清涧、米脂、绥德、延安等。说明这些城市所在地在远古时期就是适于先民们生活的地方，也说明自然生态基因对于人居环境生成与发展的重要性。适于远古时期人类聚居的场所，在自然生态环境没有重大灾变的情况下，大多数都始终是人居环境相对较好的发展场所，是延续几千年乃至几万年成为今日的乡村或率先发展成为城镇的场所，表明这些最初被先民选择的居住地大多数到目前也保持着本地区最高等级的人居环境形态。这种情况说明了人居环境世代演化的某种一致性，有时这种一致性十分高，如同生物基因在生命遗传中的持续作用。当然，也有一些石器时代遗址所在地并非今日的人居点，而许多今日的乡村也并无远古时期的遗址，或许是考古的原因并未被人们注意，但现今的城镇基本上均有石器时代文化遗存的出土，起码说明这些城镇在远古时期就是被人们选择的聚居地。

延安是人居环境持续发展的典型例子。延安在秦、汉时代称高奴，隋代称肤施、延安郡，唐代为延州，宋代为延安府，元代为延安路，明清复称延安府，直至今日延安市，从石器时代开始，连绵持续至今，表明了延安所在区位的优势和内在发展的条件。此外，延川、延长、清涧等城镇均是这种发展类型。

由石器时代演化为今日乡村的例子也是比比皆是。仅在米脂县，就有土木寨遗址、麻土坪遗址、武郁渠遗址、高新庄遗址、高家园子遗址、高家坪遗址等。这些遗址或与现代的乡村位置吻合，或在乡村附近，显示出人居环境的世代延绵关系。如仰韶—龙山文化时期的土木寨遗址，位于县境北部李家站乡土木寨村西部小山上，距村子仅300米。遗址南面与西面临河，北靠山梁，东、西为深壑，是典型的传统风水格局，主要由居所与耕地构成。而土木寨遗址又由宋代遗址所叠压，时称独门寨，为北宋时党项首领赵宝忠建，足见人居环境在这里的持续发展。除了石器时代遗址，米脂县境内还有其他历史时期遗存发展至今的古村落，如秦汉时期对岔遗址旁的对岔村、班家沟遗址边的班家沟村；宋代暖泉寨遗址边的刘岔村、银川寨遗址边的马湖峪（被认为是宋代著名的永乐战役发生地永乐城）；元代贺家寨遗址边的贺家寨子村等①。

3.4.2　漂移

漂移是指人居点由一处转向另一处。人居环境在生成与发展过程中，被附

① 米脂县志编纂委员会. 米脂县志. 西安：陕西人民出版社，1993. 563 ~ 565

近一处新的人居点所取代，使得最初的人居点萎缩甚至消失。两个人居点由于区位基本相同，其职能往往很接近，在区位中发挥的作用也很相近，因此似乎是原初人居点“漂移”至新的地点。其根本原因在于当区域地位很重要的人居点由于某种因素衰退时，必然有另一个人居点兴起从而替代其职能。这与群落演替中的物种取代机制存在着内在的关联。

漂移是一种较多的现象。以榆林为例，秦代陕北北部最大的城镇上郡出现于榆溪河与无定河交汇处，即现在榆林南部的鱼河镇所在地，西汉与东汉称上郡和肤施，隋代称儒林，唐代与宋代称银州。到了明清时期，由于戍边的需要，在现榆林之北修筑了长城，边城榆林卫出现，取代银州成为北部重镇，银州逐渐退为二级边镇，直至今日的三级人居点鱼河镇。可以认为，其北部重镇的区位职能已在明代逐渐由银州漂移到榆林。现在，榆林不仅是陕北北部的中心城镇，而且具有成为更大区域之中心城镇的潜能。这种漂移现象在安塞（隋代金明）、富县（秦代雕阴）、子长（隋代魏平）、清涧（隋代绥德）、宜君（隋代宜君）、神木（隋代银城）、宜川（汉代阴山）的城镇空间形态演化史中都有显现。

在关中平原渭河的重要支流沣、灞等河流沿岸，石器时代的先民们留下了众多聚落遗址群，是目前已知在这一地域人居环境最早的源头；在沣水边的石器时代文化遗址上，产生了周王朝的沣镐都城；至秦代，都城咸阳出现在渭河北岸；汉代长安则又回到渭河南岸，位于咸阳的东南部；唐长安核心区在汉长安基础上继续向东南方向偏移，历经数代发展，直至今天的西安。（图3－13）可以认为，西安地区城镇核心的地理位置在历史上出现了多次变化，但是都出

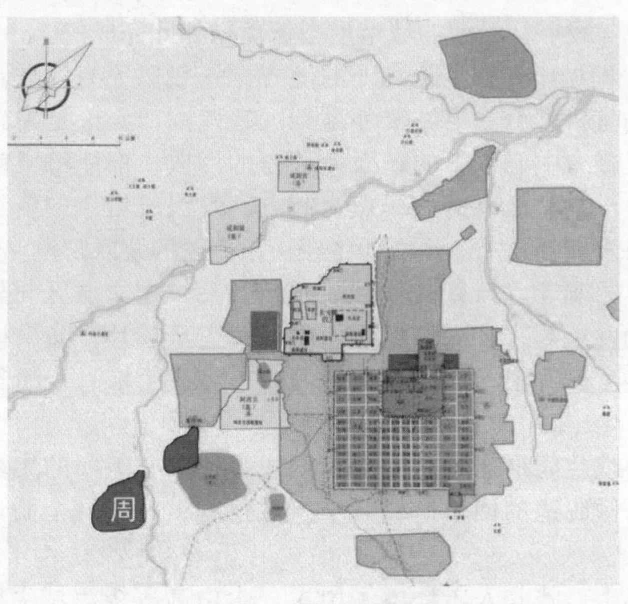

图3－13 西安在渭河两岸的漂移历程

现在渭河的两岸，是典型的漂移现象。无论周秦汉唐的都城如何变动，都可以看作是同一个城市在不同时期的空间表现，其承担的区域职能总体上并未改变。

城镇漂移的原因可能非常复杂，但我们可以进行初步的分析：

（1）外在区域需求。漂移距离一般不会太大，说明在区位上有此城镇职能存在的必要，因此，如果一个城镇的原址不利于其职能的发挥，或不利于时代所需新职能的承担，则会在不远的距离内再出现另一个城镇取代之并发挥其职能，并承担时代所需的新职能；

（2）内部动力使然。当城镇需要持续发展或扩展时，社会、经济、生态等城镇发展所需各方面内在动力不足，或在与其他新生城镇比较中逐渐处于劣势。

以生态动力说明，或许是水源的不足，或许是地形限制等，使得原有城镇漂移到新址。现代，人们或许可以通过技术手段弥补某些不足，但在生产力低下的过去，城镇受自然生态影响的比重更大，所以，自然生态环境应是城镇漂移的重要因素之一。因此，其根本原因可以概括为外在区位需求与内在动力条件两个方面。在远古时期人居环境始成之际，生态条件是首位重要的因素，随着生产力水平的提高，区位条件也成为城镇发展的另一重要条件。

3.4.3　扩散

扩散是指人居点空间的外溢、跳跃和填充。从城镇层面讲，人居环境扩散的具体情况是：

（1）外溢。即大规模的人居聚集处—城市外溢式的扩展。多数城市发展的初期均在适宜的地域范围内如此向外扩散，从而形成最初的集聚中心；延安历经几千年的生成与发展，目前的城市形态依然是如此完成的。

（2）跳跃。即城市在一定距离外的地方，一般以原有人居点为基础，跳跃式的发展起新的有机部分。当城市外溢到一定范围，无论是集聚中心的服务半径，还是带有反磁力中心色彩的新服务核心的形成，都使得城市有可能跳出原有中心圈，往往以一个已有的人居点为起点，发展成城市的新组团，扩展城市用地，满足城市发展的要求。延安即将经历新一轮的跳跃阶段。

（3）填充。即城市在跳跃式发展一定阶段后，把主城区与外部城区间的开敞地区填充式的发展起来。这种填充使得城市完全成片，如果说原有城市的开敞区还是城市的生态廊道，那么填充后的城市将成为横亘于河谷之中过于生硬的人工斑块。

河谷人居环境空间形态经过原初点的发育，中心组团的集聚，新组团的跳跃扩展，城市开敞廊道的回填这样一个扩散过程，完成一个循环，并有可能进入下一个循环。

在区域层面上，陕北人居环境经历了一个由高等级流域生成、发展，向次级流域蔓延，最后渗透至最低等级小流域的扩散过程。从石器时代人居遗址的分布可知，人居环境最初生成于靠近高等级流域支流的两岸，这里生态条件优越，有高等级流域提供的开阔空间、丰富水源等生态条件，又有躲避洪水之患的优势。当这些地区人口密度增加至接近生产力水平下的生态承载范围时，人居环境逐渐向生态资源相对欠缺的低等级流域扩散，这一扩散过程留下的结果是不同等级流域与不同等级人居环境存在着对应关系，一般来说，高等级的城镇更多地分布于高等级流域河谷中，而低等级的乡村多分布于低等级的流域河谷之中。

3.4.4　风水

传统风水观念是历经几千年形成的人居环境择地与布局模式的原则，尽管有其封建糟粕的一面，但也有许多客观合理的成分。典型的风水格局是东青龙、西白虎、南朱雀、北玄武，背山面水，左右山地拱卫，形成凹形地貌条件。中华民族始祖拜谒圣地黄帝陵的选址与布局就体现了这一原则。黄帝陵山前沮水古河道的恢复及水面的形成，使得自然风水格局得到了完整的再现（图 3－14）。面对黄土高原冬季凛冽的西北风和充足的光照，传统风水格局更易形成理想的居住环境。从人居环境整体布局方面看，基本符合这一条件的形成于洛河、延河、无定河等流域的县城有延长、黄陵、吴旗等七个。由于这些河流主要为西北—东南走向，因而多数县城整体朝向很难正南北，但却能够尽力构成背风朝阳的形态。而众多小流域内的村镇环境更易满足这一要求，凹形等高线上首先成为人居发生点，是聚落生成的优选地段，逐步向外蔓延，符合传统风水格局。例如，米脂县高西沟村的窑居组团无论是出现在支毛沟的凹形沟道内，还是选择在主沟道的凹形山坳中，多数布局均表现出这一特征。陕北窑居单体的布局，更是明显呈现出背风朝阳，藏于山中的形态。

图 3－14　黄帝陵的风水格局

然而，理想风水格局的自然条件是有限的，理想模式在现实中需要变奏和演进。当人居环境空间形态不断扩散时，人居选址必然退而求其次，选择自然条件接近于理想格局的地带，这就形成了陕北人居环境选址的候选地形条件系列。在朝向上，由正南北向偏东或偏西方向旋转，直至正东、西方向，都可以成为人居环境的选择地，从而构成了风水格局的变种。正北方向则是被否定的朝向，除了极个别窑洞单体布局可能出现这种朝向外，现实中基本没有整体北向的人居点布局。此外，在窑洞单体布局中，陕北地区存有院门不朝向正南的风水习俗，因此院门多偏东设置，并以对向某一山体主峰为优，体现了南朱雀的风水痕迹。在地形条件上，由于陕北人居环境多数处于河谷沟道内，所以很易满足背山面水（往往是季节性的小溪）的要求，但凹形地貌是有限的，往往凸形地貌同样成为人居选择，成为连续凸凹曲面的分布形态。在相对分散的窑洞布局中，人们总体上还是趋向于选择背风朝阳的凹形地形作为家居的所在，所以一些小的支毛沟常常是窑洞的分布场所。而在窑洞单体布局中，窑洞自身的开挖方式就决定了窑洞的凹形布局，陕北多数窑洞是靠山式开挖，因而构成单体的凹形布局，故无论处于怎样的场地环境中，窑洞造成的微地形条件相对来说都是更接近于典型风水格局的。但对于以西北风为主的陕北，朝向为正西的布局就不是合适的，是在阳光与西北风之间的无奈选择。

总之，现实中理想风水模式是需要在错综复杂的地形条件中演进变化的，但从大量实例中，我们的确可以看到传统风水格局的痕迹。从陕北城镇乡村环境透露出的风水信息中可以清楚地看出，风水的科学含义正是在于辨析人居与生态的关系，如避免水冲可以解说为有利于防洪，避免路冲可以解说为避交通之弊，而避风可以认为是防风冲，对居者身体健康十分重要，无论是建筑内部避免穿堂风直接吹袭的讲究，还是聚落环境背山避风的需求，均与此相关。

3.5　演化特征

一些重要朝代史料遗存流传较广泛，人居资料较多，相关研究深入，故信息较丰富。在对这些历史信息的分析中，尽管数字准确度可以有质疑的空间，但在一定程度上反映了相关问题研究结果的总体趋向。例如，石器时代人类遗址多出现于现有城镇所在地，可以认为是因为这些地区人类遗迹被发现的机遇更多，但也同时说明这些地区人类居住地生成的概率要大。此外，这些信息也表明现有城镇基本都有石器时代的悠久历史背景，其自然条件更易于人居环境的发展，有史以来一直是人居环境的生成与发展地，展示了这些地区人居环境的生命力。因此，这些地域透露出许多具有典型意义的历史信息和发展特征。

3.5.1　流域生态与人居发育

由于水土流失的加重，森林草原的消退，农业区域的扩大等原因，陕北黄土高原自然生态环境不断发生着演进，如新沟壑区的发育，梁峁地貌的扩大，地形的加重破碎，使得陕北自然生态环境始终处于动态演进之中，进而影响着人居环境的发展，使之随时代、地域差异而变化。在空间上，流域河谷地区是生态位相对高的地区，因而也是人居环境最先发育生成的地域；在时代上，当农耕区域扩展，牧业区减少，森林消退，水土流失加重，造成自然灾害渐增，地貌环境等自然生态变化时，人居环境也相应发生变化。曾是水草丰沛、作为大夏国都城的统万城，最终淹没在漫漫黄沙之中，就是典型的实证。无定河与榆溪河交汇处现在是鱼河小镇，但从秦至明相当长的时期却都是北部政治中心（如上郡治所）。明代之后，在明长城沿线戍边等需求下，北部中心的地位被榆林获得，除了城市功能方面的原因，开阔的地形条件和相对充足的水源也是重要的生态支撑条件。当生态支撑条件及城镇有关职能作用相对减弱的时候，城镇开始衰弱，失去原有优势，甚至被其他城镇替代，在生态环境逐渐变得愈加脆弱的时候，人居环境的发展愈加受到自然生态演进的影响；在地域方面，人居环境空间分布并不均匀，呈现出随地貌形态、河谷发育、气候条件等的差异而分布不同的特征。总体上人口密度由南至北、由东到西逐渐降低，人居环境由河谷体系主干逐渐向末梢发散、等级降低。因此人居环境的动态发展是伴随自然生态演进而进行的，通过对自然生态环境演化的解析，我们能够对许多地域人居环境过去、现在和未来的发展有更深刻的理解。

3.5.2 流域农耕与人居聚集

陕北地区是农牧过渡区域。如前文所述，历史上以农业区为主的时期共有三次，即秦汉时期，隋唐北宋时期，明清以来。由于移民实边、人口迁移、农耕定居、军事防卫、社会政治等多方面缘故，这三个时期成为陕北人居环境发展的高峰时期，也是生态环境受到人类活动干扰更多的时期。这三个时期的间隔期，是以北方少数民族占据陕北为主的时期，许多地区恢复为牧业区，人居环境空间分布区缩减，被草原和逐水草而居的牧民替代，生态环境则相应得到改善。如元代时期，陕北城镇数量和人口密度明显减少。可见，流域河谷地区农业的发展，是人们由定居到聚集的社会经济条件。是流域河谷地区人居聚落稳定发展的前提。

3.5.3 流域防卫与人居生长

从陕北人居环境的历史演化过程可知，随着河流的发育，地貌的变化、水土流失的加重等自然生态环境的演变，人居环境空间分布格局也相应发生变化。当广阔的黄土塬逐渐被黄土沟壑所替代，河谷就成为人居环境最好的选择。河谷易路，路通则易于军事，同时易于人居，故河谷、通道、防卫、城乡人居叠印统一。

河谷是通道，山脉是阻碍，两者均具有重要军事意义。关中为众多朝代的政治中心，一个重要原因是其形势为利于军事攻防的“四塞之国”。关中四面为山脉关隘所护，河谷则是对外攻防的重要通道，两者阻通相济，互为关联，辨证统一。关中向南穿过秦岭的重要通道有散谷、斜谷、骆谷、子午谷、库谷和蓝田谷，每条河谷都形成了历史上著名的军事通道，如陈仓道、褒斜道、傥骆道、子午道、库谷道、武关道。(图3－15) 关中北方广阔的陕北地区有两道重要屏障，一是黄河至阴山山脉，另一个是横山山脉。黄河至阴山可以说是第一道防线，其北是广袤的草原地区，但由于许多朝代难于控制这一防线，甚至完全失控（如北宋），则横山成为极为重要、必须固守的第二道防线①。横山（今横山—白于山）由子洲至定边，东西长约200公里，南北宽10～30公里，横亘于陕北北部，于宋代得此名。为了固守此防线，防阻北方少数民族的南侵，众多朝代均在此驻有重兵，修筑长城，建立寨堡，设置治所。通向横山的主要河谷在长安以北延安以南为洛河河谷，由延安通向东北方向为无定河等河谷，由延安通向西北方向为延河等河谷，河谷既是军事运输的通道，又是设置军镇防卫北方侵袭的重要区位。于是，通往横山的这些河谷通道及横山沿线就成为由防卫性军寨演化而来的城乡人居环境集中生成的区域，如黄陵、甘泉、富县、延川、清涧、绥德、米脂、子洲、子长、定边、靖边、横山、榆林、神木、府谷、安塞、志丹、吴旗等今日均已成为县治的城镇，几乎每个城镇都能找到其在陕北军事历史上的地位。由河谷而成的“通道”效应和由横山衍生而成的防卫性“边墙”效应，促进了陕北沿河谷人居环境的生长与发展，满足了军事防卫职能的需求，也为今日陕北人居环境宏观空间形态格局打下了基础。

图3－15　秦岭子午谷

3.5.4　流域形态与人居分布

陕北枝状流域空间形态造成了主干上较为宽阔的河谷川道和周边分支狭窄的小流域沟道。城镇一般分布于较宽河谷中，而周边小流域则全部为乡村（图3－16）。在城市化水平较低的发展阶段，这种分布格局有其现实的依据。河谷川道提供了较开阔的空间和较高的生态位，有利于城镇的发展。乡村向周边小流域的发展则有助于对流域纵深地区土地资源的开垦利用，扩展了生产与生活的地域空间。在漫长的历史过程中，流域形态的演变带动了人居环境的生长，使陕北人居环境整体空间格局也呈现相应的枝状特征。

如果说流域形态等是人居环境空间生长的外部诱因，则人居环境自身的发

① 史念海等. 陕西通史·历史地理卷. 西安：陕西师范大学出版社，1998. 324～334

展就是导致其空间生长的内在动因。例如，在城市化快速增长这一重要内因推动下，在一定的自然生态容量之内，这种生长会十分明显。然而，不同结构形态的城镇乡村其空间生长对周边生态环境的影响力度、留给人们的印象却不同。如果没有大的阻力，在道路交通发展相对均衡的情况下，团块状空间结构的生长基本上是向各个方向增长，对周边生态环境造成的压力也基本是均匀平衡的。陕北枝状结构的生长情况则有很大不同。由于人居环境空间形态沿着河谷线状向外扩展，如果其扩展面积和所需时间与团块结构扩展的面积和所需时间基本相同，则其向河谷线形两端自然环境扩展的范围、其不同方向扩展带的发展速度给人的印象都会大于团块结构，对生态环境造成的影响也明显不同。

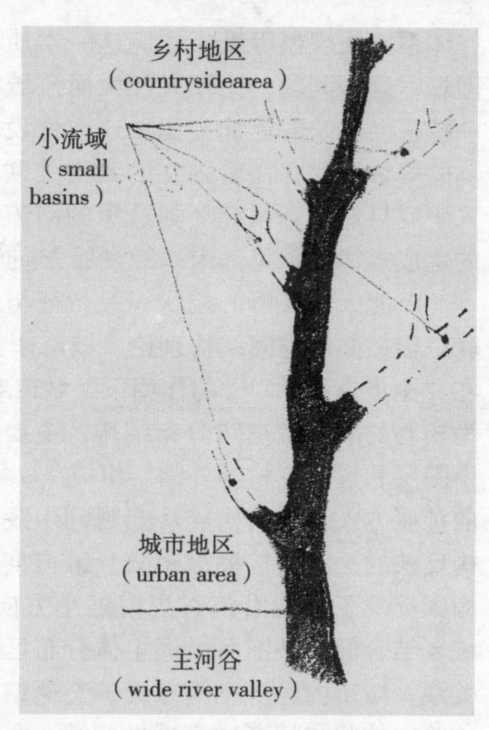

图 3－16　城镇与乡村分布现状模式

陕北人居环境枝状形态发展的结果是把扩展用地集中于河谷川地，占用的是相对最为精华的空间，却留下更大比例的荒山，这就意味着把自然环境中高生态位环境的比例大大降低。尽管整体自然生态系统的修复维持能力在一定程度上可以容纳人居环境在河谷川地上的发展，但总体而言，对自然生态系统平衡更易造成破坏，这在延安等城市的发展中已经充分反映出来。因此，对河谷人居环境枝状结构的空间生长要注意两个方面：（1）尽量把人居环境建设区引向山坡地带，保护宝贵的河谷川地；（2）尽量利用城镇周边所有小流域沟道区域，适当加大城镇在一定地域范围内建设区的密度，使之总体上呈现紧凑型团块特征，减少在主河谷方向上发展的长度。

3.5.5　流域等级与人居规模

陕北人居环境的主体分布区是黄土沟壑区。由于沟壑区的自然地貌、特别是河谷空间体系形成了适于不同人居环境生成的三个等级地域空间，从而形成了十分明显的流域河谷空间等级与人居环境空间等级之间的对应关系，使人居环境形成较为清晰的不同等级的分布特征：城市主要分布于一级支流河谷；镇区主要分布于二级支流河谷；乡村主要分布于三级支流河谷。总体上看，不同等级的人居环境被自然环境分离开来。其等级特征与河谷枝状空间体系的等级特征是一脉相承的。尽管有与此特征不相符的例外，但人居环境规模等级与河谷体系空间规模等级相适应这一本质特征并未改变。如果放大到更大的空间范围思考这一问题，比较大江大河流域河谷空间与人居环境生成等级的关系，这一特征会反映的更加突出。这或许说明，自然生态系统的等级层次，与人居环境的等级层次存在着内在的紧密关联。流域系统的这种关系只是一个例子，深入研究自然生态系统（如这里的河流流域系统）的内在机制，对认识人居环境的生成规律，预见其未来的发展方向与轨迹有着深刻的意义。

陕北人居环境的枝状等级特征与城市空间圈层结构理论有着某些内在的关联。根据圈层空间结构理论，城市作为经济中心，对区域具有吸引和辐射功能。在“距离衰减律”① 的作用下，城市对区域产生的影响并不均匀，构成以建成区为核心的圈层状空间分布结构，主要由城市核心区域的内圈层、城乡结合区的中圈层和远郊乡村的外圈层组成②。圈层结构可以理解为点—轴结构中核心城市的扩展方式，从而构成从宏观到中观及至微观的城市空间结构统一体。圈层结构反映的是空间扩展沿距离衰减方向构成不同分布特征的现象。而枝状等级结构则反映了空间沿河谷规模缩小方向呈不同分布特征的现象。城市的核心区、城乡结合部、外围乡村等主体分布区与枝状空间等级间存在着相对确定的相互关系；城市的经济空间布局、交通结构等也与空间等级相互关联，存在着能量传输向枝状末梢渐次衰减的规律，具有明确的方向性。然而，这种衰减同时受城市规模等能量汇聚程度的影响，衰减程度也相应有所不同。

3.5.6　流域水系与人居趋向

陕北各等级流域中的河谷川道是流域水系的主要空间载体，即使是小流域的季节性沟道，也是地下水相对充裕的地段，因此，构成了陕北黄土高原水源相对丰富的体系。水是人居环境生成与发展的首要条件之一，在水资源缺乏的陕北，水系必然是人居环境发展趋向的地域。因此，陕北巨大的枝状水系构成的枝状河谷沟壑体系，也必然是人居环境的主体空间系统，这一体系的合理保护、整合与利用是人居环境未来前景的空间条件。

3.5.7　流域结构与人居分形

分型（Fractal）理论是美国数学家芒德勃罗（B. Mandelbort）1984 年提出的。“分形”是介于完全规则的欧氏几何形态与完全不规则的几何混沌之间的那些中间形态。这些形态广泛地存在于自然界中，如地貌、树枝、花草、河流、

① 距离衰减原理认为：地理客体之间相互影响的强度与它们之间的距离成反比，距离越大影响强度越小。见吴殿廷等. 区域经济学. 北京：科学出版社，2003. 191

② 崔功豪，魏清泉，陈宗兴. 区域分析与规划. 北京：高等教育出版社，1999. 240～241

沙坡、及沙纹等。一般来说，这些形态都比较复杂，但它们具有共同的结构特征——局部和整体具有某种相似性①。水系的平面形态具有分枝式结构，是典型的分形集合。无论是单一河道还是河流网络，分形结构都广泛地存在且是系统自发形成的，因而是一种自组织结构。自组织理论是研究系统自发地形成、生长、维持、解体以及从一种结构向另一种演化的系统理论。河网在自组织作用下，通过对众多子系统和环境因素进行协同，来产生一种高度有序的组织结构，从而达到熵减少的目的，而分形网络是在有限空间范围内最好的有序组织结构②。

在我国，黄河流域等水系的分形特性已经得到相关学科的研究，并且取得了一定的成果③。研究表明，河流水系这类在微观上看似无规则、复杂的形体系统，在一定规模范围上便呈现出局部与整体间存在着一定程度的自相似性，这种自相似性在许多情况下均具有分形的特征。

陕北黄土高原人居环境的主体是伴随河流而生的河谷城镇与乡村，河流的分形特征也在人居环境中表现出来。在不同等级流域河谷中，人居环境与自然生态的关系不同程度地表现出相似性，即在不同等级的流域内均呈现出同一模式的某些共有特征。例如，在三级支流小流域中，其水流交汇点与中流域一样，既是生态敏感点，又是人居环境集中发展处。如果说一级支流水流交汇处往往是较具规模的城镇所在地（延安、绥德、延川等），小流域中的水流交汇处则往往是乡村较大规模居住组团、商业等公共设施的所在场所。米脂县高西沟、榆林沟、绥德县韭园沟等调查对象多符合这一规律。我们还可以看到，流域河谷空间的其他特性在不同等级河谷中均有不同程度的显现，对人居环境形态发展的影响也均具有相似性，只是由于高等级流域在交通方面相互连通性较好，或由于空间规模等带来的差异，能够适当提高河谷的空间活跃度。

对于陕北而言，决定人居环境空间结构形态的关键要素——自然生态环境往往在不同层面上产生相同的作用，即在不同层级人居环境中导致形态相似、但规模不同的空间结构方式，从而产生分形效应。再如，陕北人居环境在不同等级流域中均呈现沿流域河谷团块状线形分布特征。在无定河、延河等一级支流规模的河谷中，可以看到城镇乡村以带状组团的形态分布于河谷中，大的团块是城镇，出现在空间相对开阔处，小的团块是乡村，分布于空间狭窄处。在小流域中，同样是线状团块形态的分布特点。大的团块是乡村的主要农宅组团，小的团块实际上是散居的住户。此外，其他一些形态特征也均有相似之处，特别是枝状特征。在无定河高等级流域中，干流河谷与小流域共同构成主要枝状结构；在小流域中，则由主河道与支沟构成枝状的主要体系。这些均是河谷分

① 汪富泉等．分形—大自然的艺术构造．济南：山东教育出版社，1996. 16

② 汪富泉等．河流网络的分形与自组织及其物理机制．水科学进展，2002（6）

③ 李华晔等．河流水系分形的初步研究．华北水利水电学院学报，1998（6）

形规律在人居环境空间形态分布上的反映。

对分形特征的理解可以指导我们更好的认识各级流域人居环境分布的情况。以某一等级流域河谷为研究对象所得到的人居环境空间形态分布特征、规律等，在其他等级河谷空间中具有一定的适应性。依据这些分形特性，我们可以对不同等级流域河谷人居环境规划建设进行更加适应自然生态环境的指导。

3.6 演化结构

前文对陕北人居环境总体空间分布进行了分析，进一步的研究要求对总体分布的形态结构加以梳理和清晰，从而更加深入的认识陕北人居环境空间形态结构的内在机制。

3.6.1 宏观演化结构

这里所说的宏观结构是指陕北人居环境以城镇、乡村、工矿、交通、耕地、草场、自然生态环境等为主要构成要素，在整个陕北地区空间层面上形成的主体布局方式与形态格局。根据陕北人居环境空间分布形态演化的历史过程、所在区域自然生态条件、社会经济发展等方面的分析，陕北人居环境的主体空间分布与陕北自然生态环境分区基本一致，应为两大区域：南部和中部黄土沟壑区和北部风沙滩地区。黄土沟壑区人居环境空间分布形态宏观结构以洛河、延河、无定河“Y”形河谷为骨架形成，在此基础上不同时期呈现出一定的变化，并最终在整体上呈现出枝状空间形态体系；北部长城沿线风沙区则形成了东北—西南走向的人居环境分布带。

3.6.1.1 黄土沟壑区“Y”形枝状结构

当各级支流人居环境组合在一起的时候，生长在枝状河谷体系上的人居环境自然也伴随着流域空间结构的伸展而发展，在总体上呈现出枝状结构的形态特征。从陕北地貌图上可以清晰地看到，洛河、延河、清涧河、无定河等主要河流如同黄河这一主干西侧生长出来的主枝，而连接在这些主枝上的大理河、淮宁河、永坪川、杏子河、葫芦河等又如同下一级枝干向外延伸，直至流域末梢的小流域，构成了完整的树型枝状空间体系。陕北人居环境生成的环境主体是河谷空间体系，各个等级河谷枝干上都伴随着人居环境的生长，并且几乎伸展到每一条最低等级的小流域中，构成了完整的枝状结构形态，从而显示出跟随河谷体系生成的枝状人居环境空间系统的突出特征，而这一枝状体系的主干核心则是以洛河—无定河—延河河谷为主构成的黄土沟壑区人居环境空间结构的“Y”形结构（图3-17)。

经过长期的历史演化，陕北人居环境空间分布在宏观上首先逐渐形成了沿洛河—无定河河谷的发展主轴，之后又逐渐演化出“Y”形结构及其变化形态。这一形态在不同历史时期基于生态、军事、政治、经济等因素的差异而呈现一定的变化。概括来说，长安正北方向经洛河河谷到达延安又东、西分向北上穿越横山的“Y”形河谷通道是纵贯陕北核心地区的最重要通道。延安置于“Y”形交汇处，基本是由长安出发北越横山的必经之路，可见其形势之重要，区位之优越。因此，延安设治所久远，为历代重视，尽管发展空间有限，但却是陕北最古老的城镇之一，始终为人居环境重要发展地，与无定河、洛河、延河沿岸其他重要河谷城镇一同构成以河谷体系为依托的人居环境枝状空间形态框架。由延安北行有两个方向：东北方向经无定河谷通道从横山的东端绕过横山，无定河成为重要通道；西北方向经吴旗至定边，过延河、周河、西川河、杏子河等河谷从横山西部穿越；还可经志丹至白于山，再过芦河、红柳河河谷从横山中部穿越，或直接沿延河河谷金明道北上，经金明寨（今安塞附近）过芦关进入芦河河谷。延安向南则经洛河河谷，进铜川金锁关而达长安。此外，关中西北方向经泾河河谷而达西北地区也是一条重要通道。与延安西北方向相比，东北方向较为开阔的无定河河谷故道更显通达，成为历代重点防卫之地。始自隋唐时期，无定河河谷开始呈现人居环境集中分布的趋向，到宋代实行“筑城攻城，移寨攻寨”战略，使得这一通道上先后出现的清涧、绥德、米脂等城寨得到重点加强。从生态条件方面看，上述所有缘由又都源于生态环境的条件，即河谷川地的构成体系才是引导人居环境生成与发展的基础性动因。河谷既是军事运输的通道，又是宜于人居环境生成的环境，生态条件自身是所有与人类社会活动相关的各种因素相互协调的平台，无定河—洛河主轴发育生成的前后过程充分反映了自然生态环境变迁与人居环境空间形态演化的紧密关系。

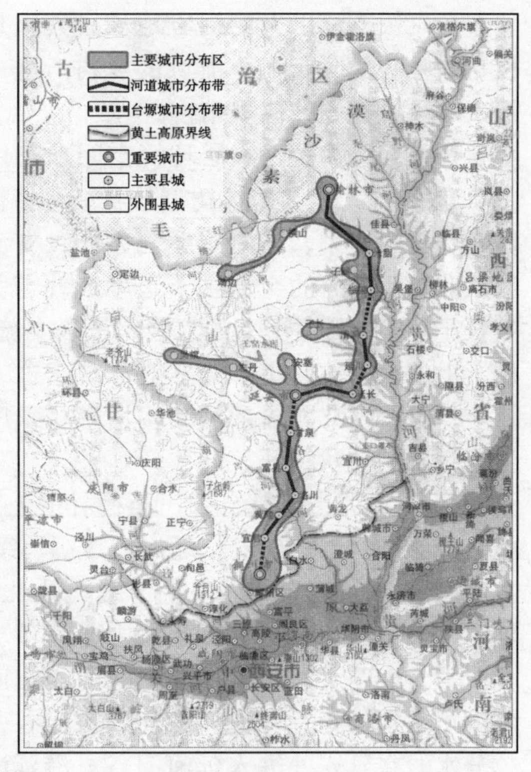

图 3－17　陕北人居环境总体空间结构

从附录 A 相关统计中可知，河谷沟壑体系是人居环境的主要分布区域。这样，人居环境必然跟随陕北黄土高原水系流域的形态分布，从整体层面上也相应构成了枝状发散结构。伴随枝状水系生成的人居环境如同树木一般生长。枝状流域空间体系的相关特征也必然在人居环境空间体系中反映出来。地域中心城市延安分布于延河河谷；榆林则处于靠近无定河干流的开阔地带。各县城则分布于二级支流以上的河谷地域，其次是镇的生成，而树型的末梢则是如同细枝与绿叶一般分布在小流域的乡村。这一体系与黄河干流一同，构成了黄河西部人居环境完整的树型结构。

黄土丘陵沟壑区人居环境空间形态伴随流域的河谷沟壑地貌体系呈现出的“Y”形特征，是与总体树型枝状结构特征相一致的。“Y”形结构主要由无定河体系、延河体系、洛河体系三大一级支流空间体系构成，这三大体系由南北贯通陕北黄土高原的交通主干道串连并与关中连接；而次一级中观枝状结构则由生长于“Y”形主干上的二级、三级支流空间构成。陕北的各级城镇和乡村如同枝干上的大、中、小果实一般分布于这一完整树状系统的干、次干和千百条细枝上，组成陕北人居环境结构清晰、秩序井然的空间结构形态系统，也相应产生了突出的枝状特征。

“Y”形的主干是自铜川至榆林的人居环境空间轴，集中有铜川、宜君、黄陵、富县、甘泉、延安、延川、清涧、绥德、米脂、榆林等11个县市，占陕北县市总数的近50%。这条主干既是陕北南北交通的主轴，又是串连陕北洛河、延河、清涧河、无定河等几大主要河流干流河谷的空间主轴，因而具有最大的吸引力，表明了人居环境首先向河谷空间体系主要枝干集中的规律。这一主干从铜川发端，经宜君进入洛河干流河谷；沿河谷直至甘泉处离开洛河河谷，翻越分水岭在延安处进入延河河谷；沿延河河谷至雁门关处又穿越分水岭在延川处进入清涧河河谷；至清涧再翻越九里山分水岭进入无定河河谷直至榆林。除了这一城镇分布主干，其他主要城镇则分布在洛河、延河上游构成的主枝以及泾河形成的主枝上。此外，黄河干流周边也分布了一些城镇。主要枝干是泾河，洛河、延河的上游及黄河干流。在此结构上，有榆林、延安两个人居中心。总之，陕北人居环境宏观空间分布体系是以黄河枝状水系的西半部为基础，以连接主要河谷地带的交通干线为主干而形成的枝状结构。

水是人类聚居环境选择的首要因素之一，人类生产与生活离不开水源。在水源短缺的黄土高原，只有流域川谷地带才容易获得地表水、泉水或通过打井直接获得地下水，人居环境才有发生的可能。因而，城镇、乡村主要分布于川谷地带，这使得陕北黄土高原人居环境空间形态呈现出沿延河、无定河、洛河、窟野河等流域枝状发展的格局。

与高等级流域类同，小流域中乡村聚居组团主要在主川道上分布，并在较开阔的支毛沟方向上有延伸，从而获得朝向、交通、聚居的便利，这便构成了小流域中的枝状结构特征。总体而言，陕北黄土高原人居环境发生于川谷，分布于枝状空间体系上。地貌机理特征在人居环境空间形态机理特征上打下了深刻的烙印。在这一结构中，重要的城市（主要是延安、榆林）构成了区域中的点，而以“Y”形主干为核心的各等级河谷构成了人居环境发展轴，可以说是一种点—轴渐进式扩散结构。在该模式中，点为区域中心城市，轴为联系城市与区域的交通、通讯、供电、供水、燃气等各类基础设施集束而成。

根据区域规划相关理论[①]，点轴模式对陕北黄土高原这种尚未充分开发的区域而言，应该是更为有效的发展模式。在陕北黄土高原，无论是模式的适用条件，还是自然生态环境的制约，由带有增长极作用的榆林、延安中心城市作为发展点，进而带动发展轴，应该是现实的必然，这将对陕北城镇空间分布结构产生直接的影响。其实，各个等级河谷空间上的点都具有带动其所在轴发展的功能特性，如某一县城可能正是其所在河谷及所属小流域的能量汇聚中心，也是带动该地区发展轴的中心。因此，点—轴结构的作用可以体现在整个陕北黄土高原人居环境枝状空间结构体系之中。

陕北人居环境“Y”形主干宏观空间结构的扩展伴随着道路交通结构的扩展，通过穿越各个分水岭而把几大河谷区连接起来，表明了人居环境不同河谷区段的相互吸引以及道路交通所发挥的作用。从陕北人居环境生成发展分析可知，河谷体系承载了道路交通体系，成为人居环境生成与发展的主导空间，也反映出道路与人居点演化间的紧密关系。

在这一宏观结构形态下，主干由南向北伸延，穿越黄土原区、黄土沟壑区和沙地区。有史以来，黄土原和沟壑区人口密度较高，并呈现人口密度向西北逐渐降低的趋势。人居环境空间形态则逐渐紧凑，表明了水资源、地貌、海拔、气候等自然要素的影响。然而，随着煤炭、天然气等矿产资源开发力度的加强，人居环境在经济、社会等许多方面都出现了很大的变化。以苹果种植为主业的黄土原区和以矿产为主业的沙地区都在经济上获得了新的增长点，而黄土沟壑区的相当多区域仍然以传统的农业生产为主，使得经济相对落后，这在榆林地区表现的尤为突出，三大不同地貌环境中社会经济发展背景也将给人居环境空间形态分布带来投影。

3.6.1.2 长城沿线带状结构

包括陕北长城沿线在内的晋陕蒙接壤区是21世纪我国重要的能源生产基地。煤炭、天然气等能源矿产资源的开采、加工、运输产业的快速发展促进了社会经济的发展、人口的聚集、交通网络的形成，也迅速带动了矿业城镇人居环境的发展。陕北长城沿线矿业城镇带正是在这一背景下快速形成的。历史上，这一人居环境的带状分布久已存在，其动因主要来源于军事防卫。横山作为关中北部第二道防线，是历代重点驻防之地。春秋战国及秦代的长城、宋代大量的城堡军寨、明代的“边墙”等修筑设立使得我们可以认为在漫长的历史演化中，“Y”形格局中逐渐形成了一条东北—西南的人居带。从生态条件方面分析，根据景观生态学原理，也可以认为是不同地貌环境过渡区的边缘效应的结果，

① 轴的选择需要下述条件支持：（1）由经济核心区和发达的城市工业带组成；（2）有重要交通干线为依托；（3）自然条件好，建设用地条件优越，农业发展水平较高；（4）矿产资源特别是水资源丰富。而点的选择则受下述因素影响：（1）城镇发展条件及其在区域中的地位；（2）城镇的发展规模；（3）区域城镇空间结构。见：崔功豪，魏清泉，陈宗兴. 区域分析与规划. 北京：高等教育出版社，1999. 234～239

是山地环境向北部沙地和南部一般黄土高原沟壑区过渡的生态结果。在其他区域同样可以看到这样的状况。这些区域是具有敏感的军事意义、特别的交通条件、物资集散与商贸需求、相对多样生态环境的地带，因而也成为人居环境的易生地带。

横山到长城沿线人居环境带于宋代的形成是基于军事防卫的需要，元代的消失是缘于社会政治的更迭和农牧经济的演替，明清的恢复除了军事防卫，更有商贸职能突出的原因，而当前该人居环境带的强化，则是长城沿线矿产资源开发的结果。尽管不同时代其兴衰缘由各有侧重，但又都可以找到它们与自然生态环境条件的紧密关联。此外，延安西北方向人居带的分布也随着自然生态环境的演化、军事防卫职能的强弱、社会经济的发展而在不同时期出现不同的状态，从而使陕北人居环境宏观“Y”形格局发生一定的变异。

目前，长城沿线人居带的发展动因主要来源于能源工业优势。煤炭、天然气、盐等矿产资源的开采以及由此派生的电力、高耗能、重化工等能源加工业和交通业成为经济发展的支柱。在原有人居环境基础上，伴随着神府煤田和靖定天然气田开发力度的加大，地区交通网络建设的加快，沿长城线资源型城镇的规模和数量必然得到快速增长，从而构成陕北长城沿线新时期东北—西南走向的带状人居环境分布，与丘陵沟壑区“Y”形分布带共同组成陕北人居环境的宏观枝状结构。这些城镇主要是榆林、神木、靖边、定边、府谷、横山、店塔、大柳塔、尔林兔、大保当、安边等。

3.6.2 中观演化结构

前文探讨了陕北人居环境在不同地域空间的几种分布类型。如果说这是属于陕北人居环境宏观分布结构的细化，可以作为中观层次对待的话，这里则进入到这些类型人居环境（以城镇为主）的内部，探讨其自身空间形态的结构形式，从中观角度讨论陕北人居环境不同结构形式的类型。在上述人居环境分布类型中，由于不同地区自然地貌等生态环境的差异，人居环境空间构成要素间的相互关系反映出不同特征，构成不同的空间结构方式，有必要进行分类探讨。在中观层面上讨论陕北人居环境空间结构，主要是指城镇乡村的内部空间结构。城镇人居环境空间构成要素主要有：居住体系、工矿体系、公共服务体系、交通体系、自然生态体系等；乡村人居环境空间结构构成要素主要有：居住区、农林牧业生产区、公共设施、道路交通、自然生态体系等。陕北人居环境城镇与乡村中观空间形态结构在宏观树型枝状结构体系控制下，主要呈现以下几种类型：

3.6.2.1 带状组团结构

在枝状体系中的每个带状空间内，人居环境以组团的形态分布其间，构成总体层面的带状组团结构。因此，在各级河谷川道中，多数城镇乡村都呈现出这种沿河道带（线）状组团分布的空间形态结构（图3-18）。对于一级支流河谷的城镇而言，形成这一结构的原因是：

（1）农业生产方式的空间投影。除了目前快速新建的城镇，一级支流河谷的城镇多数都是从农业社会的人居点发展而来的。而且直到目前一级支流河谷的农业生产依然是社会经济发展中非常重要的内容，高品质的基本农田多数都集中在河谷地带。因此，耕地带状分布影响了农业生产的带状布局，进而影响了人居环境的空间形态。历史上人居点生成的主要条件就是所需要的农田耕地。由于河谷是最好的耕地所在，而坡地农田有限，故一个人居点的基本构成要素就是由住区、围绕住区的农田、道路等在河谷中划分出的空间区域，而每一个空间区域的连接就形成了带状组团结构。因此，如果暂不考虑生态等其他因素，由农业社会向工业社会发展时，其空间结构必然会发生一定的变化，从而形成城市化条件下新的人居环境空间投影形态。

图3-18　河谷中的带状分布

（2）河谷自然地貌环境使然。陕北地区河谷空间的宽窄变化，始终很难提供较开阔的空间供人居环境使用。人居环境总是在一定范围内首先使用宽阔空间，从而造成乡村空间沿河谷连绵伸展，构成带状组团形态结构。

（3）城镇内各组团中心分布规律的影响。城镇主中心的空间控制范围使得次级中心在一定距离外才能成立。当城市规模扩展时，更容易以主中心和周围的次级中心为基础向各自的开敞区域扩展。于是，两个组团中心服务范围之间往往就成为组团间的开敞地域，从而形成组团结构。组团间的开敞地域会一直存在，直到城镇空间完全覆盖，形成更大的组团为止。

从陕北的调查可知，小流域乡村的空间发展结构同样呈现出带状组团的特征（如米脂县榆林沟小流域），成为最为普遍的一种人居环境空间结构形态。其原因除去上述第三点，基本上与河谷地区城镇空间结构发展的原因一致。因此，从一级支流的城镇，到三级支流的乡村，在不同等级规模情况下，河谷地区人居环境均呈现出带状组团式的空间结构形态，也表明了分形的特征。

3.6.2.2　集中团块结构

在长城沿线沙地环境和黄土原环境中，由于地形相对平整，城镇与乡村空间形态多呈现团块状，如定边、靖边、洛川等。在个别较为宽阔的河谷环境中，城镇也有条件形成集中团块状，如府谷、绥德、子长等。这类城镇多出现于河流交汇处，地形相对开阔，尽管城镇被河流分割成几部分，但总体上仍然以团块状为特征。当然，这类城镇在陕北相对较少，在河谷区就更少（图 3－19）。

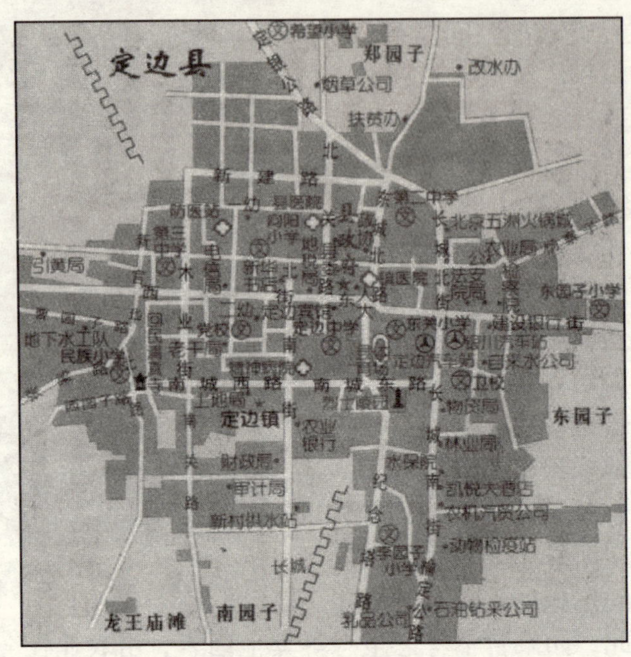

图 3－19　集中团块结构

3.6.2.3　带状放射结构

在狭窄的河谷交叉处，人居环境沿着各个方向的河谷向外发展，形成带状放射的结构。这种结构多出现于小流域乡村人居环境中。陕北地区这一结构的典型城市是呈“Y”形发展的延安（图 3－20）。由于延河与南川河的交汇处并不开阔，历史悠久的延安城市规模又不断放大，城市便沿着“Y”字形的河谷伸

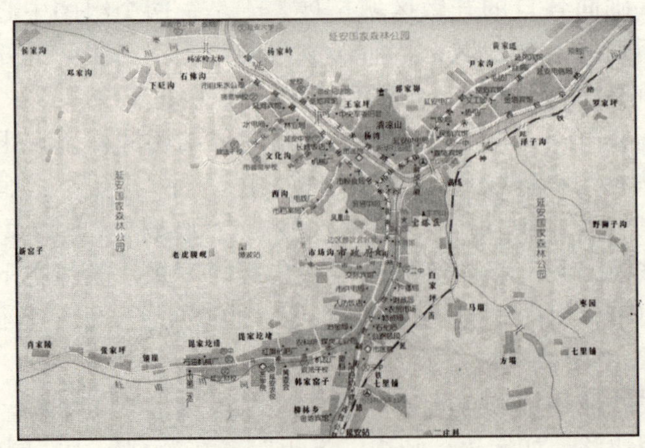

图 3－20　带状放射结构

展，形成放射结构。青海西宁也呈现出这样的特征。这一形态具有很强的向心性，各个指形放射线间被山体或原区分割，相互交通不易，只能通过中心连接，造成中心区交通复杂。当城市发展到一定水平，自然地形等条件许可时，克服山地阻隔，对不同指状发展带进行直接的交通联接就会显得必要。延安和西宁市南部城区与东部城区间均显示出这种可能。

3.6.2.4　散点分布结构

这一形态主要指远离乡村主体居住群落，住户分散的聚居点。这种聚居点中往往只有几家农户，甚至独家农户离群散居，靠有限的荒坡耕地生存。即使在一般小流域带状组团结构中，也往往穿插有这种类型的散居分布于周边山地。根据在米脂、绥德一带的调查，这种散居农户约占总量的5%，在绥德有些乡村达到10%。散居的根本原因是陕北黄土高原耕地资源分散，水资源有限且分散等造成的。当乡村聚落附近的土地已经完全被聚落中的农户所占用，新来的移居者或希望获得更多土地的农民就远至它处，开垦出一片有水源的土地，从此定居下来，世代相传，或为一两户，或为几家，周边的那片土地就是他们的生活来源。因此，散居农户往往都是生活贫困户，造成了散居中很大的贫困人口比例。

散居人口在总人口中的比例虽然有限，但是散居对当前扶贫解困、提高生活水平、进行生态治理与保护等都非常不利，对道路交通等基础设施、居民间的社会交往、中小学生教育等人居环境建设问题带来明显影响，有必要认真对待。面对小流域等环境中同样存在住户比较分散的现实，本书进一步把散居分为三类：

（1）在小流域中离开群体核心而散居。在普通小流域中同样存在一些散居住户，这类住户常常远离组团，有些甚至十分高远，这与农田的带状分布及可能提供的居住空间有密切关系。一般这些散居住户是指距离核心住区边缘800 米以上的分散住户。超过这一距离的散居会带来很多不利，一般应该进行必要的集中。然而，尽管800 米之内并不意味着所有住户都有理想的时空距离，但由于地形等条件的限制，对于这一距离之内的住户再全部集中也不现实。

（2）远离交通干道或人居环境集中地的散居个体或群体。这些散居主要受开垦的耕地资源制约而成，是完全依赖于广种薄收的粗放式农业生产方式的结果。在这种类型中，即便是几十户的群体，依然应该属于散居。由于远离交通线，包括居住环境在内的生活质量的综合提高十分困难，是扶贫或生态移民的首要对象。

（3）在主要交通线旁或高等级河谷中散居。这些散居者主要是城镇周边远郊地区的散居农户，虽然这种情况不多，散居者的生存条件似乎也比其他散居情况有利一些，但对生态环境治理、提高居住质量同样十分不利（图 3－21）。当然，散居的

图 3－21　公路边的散居户

情况应该与农村中由于生活方式、生活习惯等造成的住户间保持适宜的距离区别开来。

3.6.3 微观演化结构

人居环境的微观空间分布主要指小流域乡村的空间分布。由于分形的作用，小流域乡村空间形态结构与中观和宏观人居环境空间形态结构有内在的相似性。在整体层面上，小流域乡村沿沟谷川道的枝状体系分布，形成整体枝状结构；在局部层面上，小流域乡村主要呈现下述类型：

3.6.3.1 线状组团结构

与河谷中分布的城镇一样，由于小流域沟道的枝状特征，乡村也在沟道中呈线状组团分布方式，这与城镇带状组团分布具有相似性。

3.6.3.2 线状放射结构

在小流域川谷枝状空间体系的交汇处，乡村往往沿不同沟道方向分布，形成线状放射结构。

3.6.3.3 散点分布结构

在小流域乡村中，由于耕地的分散、聚居用地的紧张等原因，散居农户往往分布于乡村的周边地域，构成分散结构形态。目前，由于乡村聚落中心地段窑居的空废化，这些散居农户正处于向聚落中心靠拢的阶段，这对于乡村空间结构形态的整合是有利的。

第4章 陕北人居环境空间形态结构演化生态动因

4.1 多种动因作用

自然生态因子（如土壤、地貌、气候等）、社会经济因素都是决定人居环境空间形态发展的重要因素①。人居环境空间形态的演化应该受自然生态、社会、经济、技术、交通、文化、政治等多种因素的综合影响，这些因素构成了人居环境空间形态演化的综合动力。关于这一点，我们可以从景观演化（landscape-change）相关动力因素分析理论中得到相应的启示和参考②。在不同地区、不同时期、不同情况下，上述要素所发挥的作用、其主次角色关系会有差异。在陕北黄土高原，生态、交通、经济等是起主导作用的因素，其中，生态则是对其他因素有明显制约作用的基础性要素，本书重点研究生态动因，同时对其他动因给予必要的初步讨论。

4.1.1 基础性动因

人居环境空间形态演化研究主要是探讨建立在自然生态载体上的人居环境物质空间形态的演化问题，自然生态环境也就成为其演化的平台与基础。因而，在多种动因要素中，生态要素就成为基础性的动因。对于人居环境空间形态发展而言，各种社会、经济动因都可以起到影响、促进的作用，但具有基础性引导或限制作用的依然是生态动因。如江河对人居环境空间形态的吸引，地质不稳定区对人居环境发展的限制等。生产力的进步是城市社会、文化、经济、空间形态发展的本质要素。然而，包括生产力在内的所有城市发展动力因素都必须在自然生态环境这一“硬质”平台上发挥作用，自然生态环境无论何时、何地、何种情况下都是城镇要素构成与发展的基础。

4.1.2 主导性动因

尽管各种动因都发挥着相互不能替代的作用，但对人居环境空间形态演化起主要作用的则往往是其中的主导性动因。生态资源的蕴藏可以促成工业（如矿产业）、农业（如林果业）、第三产业（如旅游业）的发展，促进城市社会经济的提升，引导城市空间形态演化的趋向，城市郊区矿产业单元与大片绿色果

① Keiko Nagashima, Roger Sands, A. G. D. Whyte, E. M. Bilek and Nobukazu Nakagoshi Forestry expansion and land-use patterns in the Nelson Region, New Zealand Landscape Ecology 16: 719 – 729, 2001. © 2002 Kluwer Academic Publishers. Printed in the Netherlands.

② Matthias Bürgi, Anna M. Hersperger and Nina Schneeberger Driving forces of landscape change – current and new directions Landscape Ecology 19: 859, 2004. © 2004 Kluwer Academic Publishers. Printed in the Netherlands.

园生产乃至加工基地对一个城市边缘区的空间构成与形象的差异无疑是巨大的。科技人才的优势可以引发高科技产业的发展，形成的高新区形象也会很有特点。物资集散业等商贸活动的发展则会以大尺度的方便交通网、仓储基地等为特征，构成另一种空间形态景观。因此，不同背景下的人居环境空间形态结构演化的主导性动因可能不同。主导性动因可以是一个，也可能是几个，但无疑是在人居环境空间形态演化过程中起主导影响作用的。

4.1.3　动因的转换

一个地区人居环境空间形态演化的主体性动因并非一成不变，在同一动因的作用过程中，也会出现影响强弱、影响方式等的变化，而更大的变化则是主导性动因在多种动因中的更替。

以山西平遥为例：平遥处于黄土高原东部，其生态特征与陕北有相同之处，作为一个在周代就开始发育生成的古城，其存在的条件必然首先决定于自然生态环境，肥沃的土地、丰沛的水源、可利用的资源、便于交通的环境，在当时生产力条件下，都是一个地域内重要城镇生成的必要条件。应该说，蕴含着丰富资源、能量、宜于人居的自然生态环境必然有条件蕴育相应的人居环境，成为推动人居发展的动因。对于初始阶段的平遥来说，生态动因是其主导性动因，其区位作用、社会经济意义等在当时也都更多受制于自然生态要素。清代百余年中，平遥作为晋商文化重要发源地之一，以中国民族银行先驱“票号”的创立与发展为标志，其金融商贸业达到了顶峰。不仅平遥城内票号林立，其分号也在全国扩展到400多家，平遥一跃成为中国当时最大的金融中心。这一辉煌时期前后集聚下来的雄厚财富，使得平遥古城得到快速发展，形成了目前作为人类文化遗产的明清古城风貌。应该说，这一时期，推动平遥城市空间发展的主体性动因已更替为金融商贸业。目前，百年前的金融商贸中心已不复存在，引领城市空间形态发展的动因可能是复合而成的，而作为人类文化遗产，保护其历史环境的原貌，发展适宜现代社会生活需求的新区，演进出新的城市空间形态格局，应该是以历史文化旅游为特征的城市新职能的需求，是文化动因使然。由这一粗略的城市发展历程可以看出，平遥城市空间形态演化的主体动因由生态动因转为商贸动因，进而可能向文化动因转换。对陕北而言，军事曾是影响人居环境空间形态演化的主导性动因，但目前资源开发已成为推动人居环境空间形态演化的重要动因。

4.1.4　动因的合成

在主导性动因作用下，人居环境不同时期空间形态演化会留下不同的特征。

然而，人居环境空间形态同时受生态、社会、经济、文化、技术等多种动因的综合影响，即便在同一地区内，同一因子的作用也会呈现不同的状态。以自然干扰作用为例，不同的自然现象（如全球性的环境变化、地区的雪崩、飓风等）会对一个地域的景观变迁产生慢性作用（slow-acting）和快速作用（fast-acting）等不同的效应①。因此，在关注主导性动因的同时，不应忘记多种动因的合成作用。从根本上讲，人居环境空间形态演化是在各种动因合力作用下进行的。在陕北，生态是至关重要的动因，特别是在生产力发展水平较低、社会经济发展缓慢的时期。如果说历史上在生态动因为主导前提下，陕北的军事职能曾作为一种重要动因对人居环境的生成与发展产生过深刻影响，那么，在当今时代，除了生态动因，陕北煤炭、天然气资源的发现与利用，陕北作为世界级优质苹果生产区而大力推动的苹果业发展，陕北交通状况的快速改善，陕北独具特色的历史文化与黄土高原风貌所集聚的旅游资源潜力等都将对陕北人居环境空间形态演化产生重要影响，多种动因的合力将推动人居环境空间形态的演化。

对于不同的地区，各种动因的相互关系会有所不同。自然生态为人居环境生成与发展提供前提可能，但人居是否生成，发展至何状态，怎样演化，社会经济因素则起着决定性作用。随着社会经济的发展，人们影响自然和改造自然的能力越来越强，人居环境发展的自由空间将不断加大。然而，这种能力最终只能在科学合理的条件下起作用，人居环境演化始终受自然生态要素的引导和制约，其根本前提依然是自然生态环境的承载范围。

在陕北地区生产力发展水平很低的石器时代，生态阻力最小的河谷阶地环境是先民们首先选择的居住之地。随着生产力水平的提高，社会经济的发展，人们的居住地不断向生态阻力加大的区域扩展，人们适应和影响自然生态的能力也不断增强，自然生态阻力对人居环境的制约会受到来自于人类科学技术和生产力发展的挑战。但尽管如此，我们在陕北看到的依然是人居环境在河谷地区的集聚，是对生态阻力相对较小地区的优先选择。可见，自然生态环境始终是人居环境发展的基础性动因。“生态系统是文化的‘基底’，自然的给予物支撑着其他的一切。即使是那些最先进的文化，也需要某些最适宜于它生长的环境。不管他们的选择是什么，也不管他们如何重建了其生存环境，人仍然是生态系统中的栖息者②。”

自然生态条件对人居环境的影响动力是多种因子综合作用的结果，同时又随着社会经济的发展与科技的进步而不断变化，在一定时期和一定范围内，生态动力会在社会经济作用下发生变化。然而，自然生态相应的反作用力也以更

---

① Matthias Bürgi, Anna M. Hersperger and Nina Schneeberger Driving forces of landscape change-current and new directions Landscape Ecology 19：859, 2004. © 2004 Kluwer Academic Publishers. Printed in the Netherlands.

② ［美］霍尔姆斯·罗尔斯顿. 环境伦理学. 杨通进译. 北京：中国社会科学出版社，2000. 16

强的力度和更多样的路径与方式表现出来，自然生态环境对人居环境根本性的基础动力最终会发挥作用。在一定范围之内，自然生态维护与社会经济发展的关系是一种相辅相成的辨证关系。自然生态制约了经济的发展，但是却常常有利于社会经济的长远前景；经济发展往往造成对自然生态环境的污染，但在合理条件下，经济、科技、社会的发展又有助于恢复自然生态的原生状态，有利于保护生态环境。如对水土流失的控制，对洪水等自然灾害的防御等。因此，在尊重自然的根本前提下，不应完全片面的强调一方面，无限制的夸大或缩小任一方面合理的角色地位。自然生态的保护是人类可持续发展的根本，社会经济发展必须建立在生态可持续前提之上，但这并不意味着我们要走向唯生态论。

依据吴良镛先生人居环境科学的框架，应该从生态、社会、经济、文化、技术等方面对陕北人居环境进行综合分析。本书重点是从自然生态方面对陕北黄土高原人居环境空间形态演化进行探讨，作为基础性动因的自然生态动因理应是讨论的核心问题之一。然而，同时对社会、经济、文化、技术等多方面动因的综合作用进行一定的探讨也是十分必要的，其主要目的在于关注这些动因间的相互关系以及对陕北人居环境空间形态演化有突出影响作用的方面，从而使基于生态观的研究能够同时关注相关因素的综合作用。

4.2　社会动因

社会的方方面面都会对城市空间形态的发展产生影响，如政治、宗教、人口、城市化、民族等。陕北城镇人居环境的发展主要是在远古以来人居点的基础上，有赖于边塞军镇的建立和秦汉推行的移民实边政策的实施；乡村人居环境则多是在长期人类活动历史过程中，自古以来逐渐形成与稳定的，还有一些是人们为了躲避战乱和匪患而形成的，特别是远离主要交通干道的黄土沟壑区深处的乡村点。沿交通线是人居环境发展的有利区域，但也是受战争等干扰最严重的区域，这是陕北历史上社会动荡的特征决定的，社会政治对人居环境的影响十分明显。

从陕北人居环境发展的历史考察中，可以看到关中的重要影响。在周、秦、汉、隋、唐等历史时期，关中因其得天独厚的自然条件，一直是宜于人居、吸引周边人口汇聚的富庶之地，蕴育了13代王朝的诞生。特别是秦国修筑的连接泾河与洛河的郑国渠，使关中东部大片土地得以稳定灌溉，造就良田数万顷，“用注填阏之水，溉泽卤之地四万余顷，收皆亩一钟。于是关中为沃野，无凶年，秦以富强①”，为秦统一六国提供了坚实的粮食等物质支撑。西汉又逐渐修筑了漕渠、白渠、成国渠、龙首渠等，使关中进一步形成了人工灌溉体系。对于历史久远的农业社会而言，关中灌溉体系形成的意义尤其重大，使得农业生

① 司马迁. 史记. 卷29. 河渠书

产得到稳定保证和发展，关中也成为人口稠密、社会经济发展的人聚之地。加之关中地区为全国政治、文化中心所在地，始终是城镇规模较大、人居繁荣发达、人口聚集稠密的地区，因而一方面成为吸引陕北人口流动的区域，另一方面又使得陕北的地位获得提升。在政治上，陕北是保持与北部少数民族关系，解决矛盾与纷争的缓冲之地；在军事上，陕北是关中的北部门户与防卫重地；在文化上，陕北是向周边部族扩散农耕文化并接受草原文化影响的融合之地；在经济上，陕北成为农业种植与畜牧业并举的交错之地；在生态上，陕北是关中外围的重要屏障。因此，陕北的社会经济、人居环境发展受到关中最为直接的影响。历史上，陕北城镇的规模、数量、分布方式等都受到与拱卫关中紧密相关的移民实边、社会发展、军事战争等方面的影响。目前，关中社会经济的发展，特别是城镇化的快速进程则成为影响陕北人居环境发展的突出因素。

城镇化是影响陕北黄土高原人居环境空间形态演化的首要社会动因。根据西北大学、陕西省城乡规划设计研究院完成的陕西省城镇体系规划讨论稿(2001—2020)，全省城镇体系的总体空间框架是：“‘一线两带’，一核多中心，带动南北两翼城镇发展”。未来的关中地区将建成以西安都市圈为核心的我国西北地区重要的城镇群，并形成带动陕南、陕北两翼地区产业与城镇发展的辐射和扩散力量。西安都市圈包括西安市行政辖区和咸阳市的行政辖区，是人口和产业密集，大型基础设施建设和城镇建设一体化发展的地域。

2000 年，陕西省有城市 13 座，建制镇 919 座，城镇人口为 1133 万人，占总人口的 31.1%。关中、陕南、陕北三大区域城镇化差异明显。如表 4－1 所示，关中地区面积占全省总面积的 27%，人口却占全省总人口的 62%、城镇人口占全省比重为 73%，城镇化水平为 38%，设市城市占全省的 8/13，建制镇总数占全省的 44%，城镇密度为陕南的 1.55 倍，陕北的 3.14 倍。陕南城镇化水平仅为 21%，陕北城镇化水平为 25%。根据规划，到 2020 年，全省总人口控制在 4100 万以内，城镇人口达到 2214 万左右，城镇化水平达到 54%，其中，关中总人口控制在 2545 万人以内，城镇人口达到 1578 万人，城镇化水平达到 62%，陕北城镇化水平达到 44%，陕南达到 39%。预计西安都市圈人口将达到 1200 万，约占全省人口 29%，占关中城镇群人口 46%，GDP 占全省 GDP 总量的 50% 左右。

陕西省市镇分布的地区差异（2000 年）　　**表 4－1**

地区	面积占全省比重（%）	人口占全省比重（%）	GDP 占全省比重（%）	城镇人口占全省比重（%）	城镇化水平（%）	市镇数及市镇密度		
						市（座）	镇（座）	密度（座/千平方公里）
关中	27	61.75	74.57	72.88	38.07	8	406	7.32
陕南	34	23.67	9.80	15.90	20.57	3	324	4.64
陕北	39	14.58	15.63	11.22	24.96	2	189	2.36

西安在我国西部大开发战略中占有十分重要的区位优势，具有深厚的发展潜力。第一，经过改革开放 20 多年的发展，我国已进入全面建设小康社会的阶段，新亚欧大陆桥发展轴的逐步兴起和西部大开发战略的全面实施，为西安城市发展提供了难得的宏观背景。西安是新亚欧大陆桥发展轴上的中心城市，是通过我国西部腹地，向中亚、西亚直至欧洲连通的新丝绸之路的重要门户，这在西部宏观城市空间结构中显得十分突出。第二，西安地处我国地理中心部位，具有承东启西的综合功能，同时是西部内陆地区高速公路、铁路、航空的交通枢纽，是陇海经济带和关中城市群的中心城市，区位优势突出。这一点，与芝加哥在美国西部开发中所处的历史地位十分相似（参见第 2 章）。第三，在西安城市发展的历史长河中，沉积了丰厚的历史文化内涵。由周秦至汉唐，西安曾达到了城市发展的鼎盛时期，成为影响深远的大都市，也为今天的复兴留下了宝贵的精神和物质遗存。在西安的远景发展中，汉唐帝王陵带、秦始皇陵等更具震撼力的历史遗迹的保护利用将会使整个关中地区成为更具世界影响的旅游区域，会对关中地区的生态环境、历史遗存保护、人居环境、社会经济发展带来更高的要求和更大的促进。第四，西安高等教育和科技实力雄厚、占优势的大型装备制造业和商贸物流业等使其在西部大开发中也极富竞争力。第五，西安所在的关中地区自古以来就是自然生态条件良好，人口相对密集的地区。今日，经过对生态环境的治理、水资源的区域性开发和集约利用等，西安依然是带动西北地区城镇化发展的核心地区。因此，西安城市的快速发展是西部大开发的需要，是时代和区位赋予其的历史职责。

由此可见，与我国城镇化进入快速发展阶段的大趋势相一致，关中地区，特别是西安大都市圈的城镇化发展、社会经济进步会对包括陕北地区在内的周围区域的人居环境发展带来深远的影响，必然吸引周边地区人口的流动；而陕北地区本身的城镇化水平、农村剩余劳动力进城务工等因素，也会造成陕北地区城镇与农村人口的进一步变动，特别是农村人口向城镇的流动。目前的调查表明，陕北农业人口向就近的城镇或关中等地区流动，而陕北的城镇人口则也有一部分由于各种原因、经过各种途径向关中等大城市地区流动。

陕北地区城镇化积极意义的一个突出方面是有利于小流域等生态敏感地区人口密度的降低，客观上有利于生态环境的治理与恢复。但另一方面，又会带给小流域乡村地区社会结构等方面的明显变化，进而影响人居环境的形态发展；同时，还会加大河谷等生态敏感地区城镇生态等多方面压力，促成陕北城镇空间形态的快速演化。因此，研究陕北人居环境空间形态的演化，必须考虑城镇化的影响作用，探讨在人口快速流动情况下，人居环境乃至整个社会的可持续发展途径。

陕北城镇化进程加快的一个重要因素就是矿产资源开发带来的城镇发展，这些城镇矿区吸纳了许多农村剩余劳动力；另一部分劳动力进入陕北的小城镇，从事道路、建筑等建设工程以及服务业等；还有少量人口流入周边省区从事相关产业，如内蒙、山西等地由煤矿开发兴起的产业。当然，陕北的城镇矿区也吸引了一定量的外省区人口。通过对米脂、绥德两地的调查，一般小流域乡村平均外出人口接近30%，而农民收入相对较高和十分偏远的乡村外出人口的比例略微降低。在外出人口中，目前又有30%常年在外，多数则在农忙或春节期间回到村里。尽管对这种现象是否属于真正意义上的城镇化，学术界还存在不同观点，但在这一过程中，农村人口外出务工等人口流动是明显的，并且给陕北乡村人居环境带来如下主要变化：

（1）窑洞的空置。在陕北小流域乡村中，由于人口的外流，有一些窑洞住屋已常年空置甚至废弃，许多窑洞则间歇式闲置，常常可以看到家中只留妇女或老人看家务农的情况。由此而产生的农村住宅空置现象已十分普遍，而相应的出租、转卖、重建、废弃等情况也逐渐兴起。

（2）农村人口构成的变化。由于外出人口基本上是青壮年劳动力，文化素质相对较高，使得留在村里的人口中老弱、妇女比例大幅增加，对于农业新技术推广、产业结构调整、社会结构稳定等都有不利影响。

（3）公共服务设施的重组。由于许多核心家庭整体外出，儿童随父母进入城镇，或外出的重要原因就是为了使孩子在城镇接受更好的教育，使得乡村中小学人数明显下降。米脂县高西沟村原有的小学因此已无法继续开办，许多乡村的中小学设施面临重新组合。而在一些城镇中，有一些中小学生家长为了子女能到西安接受教育，无论家庭经济状况如何，但凡有一定能力，宁愿到西安购房或租房，送孩子入学并且有人陪读，使得西安房地产业的陕北消费者中多了一种构成。尽管这一人口比例有限，但这一现象所反映出对教育的重视，却在城镇化或从小城市流向大城市的人口中成为一种越来越明确的心态，特别是成为教育设施相对落后的乡村外出人员的心态。此外，乡村医疗、文化站等曾经十分活跃的公共设施也面临新的发展途径的选择。

（4）农业生产关系的变化。外出人口的增加也造成了农业耕地闲置的问题，于是闲置耕地被出租、承包等，以免耕地荒弃。这种耕地变更经营者的情况开始蕴育新的生产关系，米脂县孟岔村的情况就十分典型（见附录B）。这种变化带给陕北乡村社会关系、生产方式等方面的影响很深刻。

陕北地区城镇化的进程当然还带给小城镇人居环境空间形态新的推动力。城市人口和用地规模的快速扩张，郊区建设用地在河谷川地内的蔓延等都给城镇发展带来新的问题。城镇化带给陕北城镇人居环境的变化主要有：（1）城镇人口的快速聚集；（2）城镇空间形态的扩展；（3）城市产业空间结构的重组。

人口变化是城镇化过程中的重要因素。2000年陕西省人口为3644万人，其中关中为2250万人，陕南为863万人，陕北为531万人①。第五次人口普查结果

① 西北大学，陕西省城乡规划设计研究院．陕西省城镇体系规划（2001—2020）讨论稿

表明，在全省常住人口中，每10万人口中拥有各种程度的受教育者分别是：大学（含大专）程度者为4138人，高中（含中专）程度者12246人，初中程度者33203人，小学程度者34475人。同全国平均水平相比，人口受教育程度较高，特别是受大学教育的人口较多，这与关中地区所集中的高等院校和科研院所的数量在全国范围内位列前茅有直接的关系。同时也表明关中对包括陕北在内的周边区域的影响力会随着城镇化的快速发展不断加大。关中、陕北、陕南三大地理分区人口密度差异非常明显，表明地理条件对人口分布的影响很大。关中为全省人口高密度区，陕南和陕北为低密度区。（表4－2）陕北地区土地面积最大，但人口占全省比重最低，总体而言呈现地广人稀的状况。人口主要集中于丘陵沟壑区河谷川地的交通干道沿线和长城沿线风沙滩地城镇工矿带。

全省人口变化情况一览表　　　　**表4－2**

地区	1985		1990		2000		面积比重（%）
	人口数（万人）	占全省比重（%）	人口数（万人）	占全省比重（%）	人口数（万人）	占全省比重（%）	
关中	1760.7	58.66	1932.1	59.00	2225.84	61.75	27
陕南	827.1	27.55	874.3	26.70	853.44	23.67	34
陕北	413.9	13.79	468.6	14.31	525.49	14.58	39

陕西省人口流动主要以省内为主，随着国家西部大开发战略的实施，跨省流动近年来已出现迁入量大于迁出量的现象。1990年第四次人口普查统计，由外省迁入人口为30433人，由本省迁出人口为33223人，全省净迁出2790人。2000年，按公安部门统计全省净迁入人口为22719人，而人口总量为3572万人，比第五次人口普查统计数字（3605万人）少33万人，这部分人口除少量漏报人口外，多数应属外省迁入而未注册登记的常住人口。这说明，目前陕西省已从十余年前的人口净迁出省转为人口净迁入省，且人口迁入量较大①。外省迁入和省内迁移人口的主要流向首先趋向于关中平原，其次是陕北能源开发基地等区域。人口迁移的这些变化是城镇化过程和资源开发带来的显著结果，也将对未来人居环境的发展产生重要影响。

随着西部大开发战略的深化，关中城镇群的发展会进一步促进陕西地区城镇化的过程，促进陕北地区人口向关中和陕北自身城镇化地区的流动。陕北地区主要河谷地区及与之紧密相连的小流域由于其生态环境条件相对较好，人居环境历史久远，将成为城镇化、生态移民等所造成的人口聚集的主要区域，长城沿线能源重化工基地也将由于其城镇和工业的发展而成为人口移动的迁入地区，使得这两个区域城镇人口密度有所提高。陕北其他生态相对更为脆弱的区

① 西北大学，陕西省城乡规划设计研究院．陕西省城镇体系规划（2001—2020）讨论稿

域由于退耕还林、天然林保护、经济发展缓慢、水土保持等因素，将成为进行生态移民的主要区域，人口密度将不断下降。陕北地区的流动人口除向陕北上述两个地区移动外，还将有一部分汇合上述两个地区的外迁人口直接向关中或省外流动，从而使陕北不同地区人口密度逐渐呈现提升与降低的双向趋势。

4.3 经济动因

人居环境空间形态演化与生产力的发展水平及其空间分布格局关系密切。远古时期，生产力水平极低，人们靠狩猎采集为生，人居环境受自然生态制约程度很大，常常只能生成于河流附近的阶地，从而有利于人们的生存与活动。众多分布于关中和陕北各类河流附近的新石器时代遗址及其延续演化至今的河谷城镇、乡村等人居环境充分说明了这一点。随着农业的发展，生产力水平的提高，人们生产和生活的触及范围也逐渐扩大，那些易于发展农业和畜牧业的地区开始成为人居环境更为密集的地区，经济能力与活动推动人居环境从河流附近向外扩散的范围加大。不同的经济方式决定了不同的人居环境，草原游牧民族逐水草而居的经济生活方式决定了他们游动的居住环境，蒙古包成为适应这种居住方式的“活动房屋”；中国长江、越南以及东南亚一些地区落座于船上的水上人家、河上渔村则是适应水上经济生活的移动聚居方式；此外，印度树上的家、阿拉斯加空中的家、新几内亚海边的家等[①]都是与人们特有的经济生活方式以及所在地特别的自然生态环境紧密相关的。

经济发展会在一定程度上改变自然生态与人居环境的关系，对人口的增长也有直接的关系。例如，西汉末年陕南山地平均人口密度仅为5.9人/平方公里，而至清嘉庆末年则达到52人/平方公里，上下相差近9倍[②]。这种差异主要不是自然生态要素带来的，而是社会经济综合发展水平的提高带来的。随着人们控制、利用自然能力的提高，在相同自然条件下，人们获取和创造的价值会不断提高，人居环境的发展也不断加快。在这个过程中，人居环境与自然生态的相互关系也相应发生着变化。人居环境不像早期需要更多地适应生态，而是可以在一定限度内对自然进行更多的改造和驾御，从而使自然生态与人居环境的关系更为紧密，也使人居环境从自然生态中得到更多的利益，因为完全没有对自然生态的改造，人居环境的生成与发展也是不可能的，人类正是依靠对自然的控制与利用能力才不断获得人居环境的进步。房屋的修造、道路的拓建、洪水的输导等都充分反映了这一点。当然，对自然的控制超出限度，超出自然生态承载力的范围，则表明人类对自然生态的干扰过大，这恰恰是目前人们更为关心的问题。

---

① 荆其敏等. 中外传统民居. 天津：百花文艺出版社，2004. 330～333

② 薛平栓. 陕西历史人口地理. 北京：人民出版社，2001. 469

根据核心—边缘理论，经济增长与城镇空间形态演化存在着下述关系：（*a*）前工业化阶段。区域经济结构以农业为主，工业产值比重小于10%。城镇规模比较小，相互联系薄弱，呈离散形，等级系统不完整。（*b*）工业化初期阶段。工业产值比重一般为10%～25%。边缘区域的人流、物流等向核心区流动，核心区空间向边缘区扩张，核心城市集聚而成，城市化过程加快。（*c*）工业化成熟阶段。工业产值比重一般为25%～50%。中心城市规模已相当大，对边缘区扩散效应加强，边缘区开始出现新的增长中心城市，并分别形成极化效应，促使城镇体系规模等极等日趋完善。（*d*）后工业化阶段。进入城镇空间相对均衡发展阶段，新增长的核心城市继续向外围区域扩散，城镇体系在功能、形态等方面达到很好的整体性，区域城市化程度很高①（图4－1）。

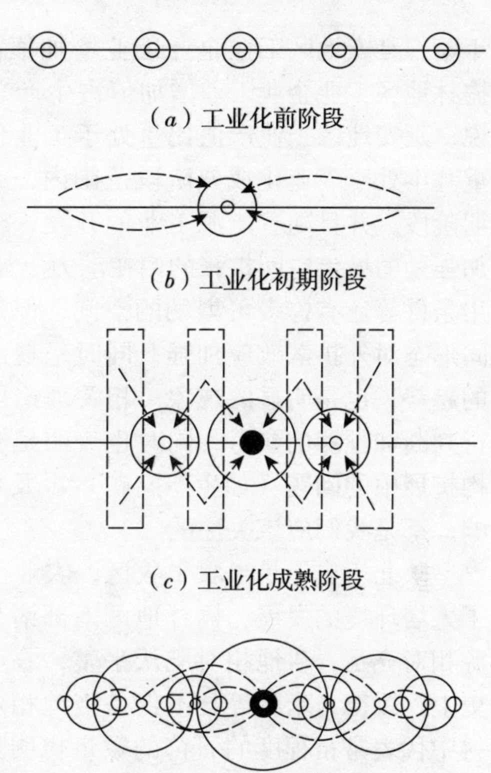

图 4－1　经济增长空间动态过程

延安及榆林 2004 年工业产值情况　　**表 4－3**

城市	地区生产总值（亿元）	第二产业生产总值（亿元）	规模以上工业总产值（亿元）	规模以上工业企业工业增加值（亿元）	规模以上工业企业工业增加值占生产总值比重（%）
延安	142.76	87.90	191.76	72.46	50.76
榆林	138.10	78.73	89.90	33.01	23.90

注：表中地区生产总值指国内生产总值。因国内生产总值是所有常住单位增加值之和，故用规模以上工业企业工业增加值占生产总值比重来表示所有工业所占比重，数值偏小。实际数值延安应介于61.57%～50.76%之间，榆林应介于57.01%～23.9%之间。61.57%和57.01%分别为延安市和榆林市第二产业生产总值与地区生产总值之比。

在这样一个城镇空间形态发展过程中，核心区与边缘区相互依赖，又相互矛盾，总体上呈现为辩证统一的关系。核心区需要边缘区的资源等，边缘区则需要核心区的资金等。经过一定阶段的发展，城镇体系作为一个整体，核心区必然在剩余价值等的作用下向外扩张，派生新的子体。根据陕西省2004年统计

① 崔功豪，魏清泉，陈宗兴．区域分析与规划．北京：高等教育出版社，1999. 228～229

年鉴，延安地区工业企业工业增加值占生产总值的比重介于62%～51%之间，榆林地区工业企业工业增加值占生产总值的比重介于57%～24%之间。也就是说，延安地区工业产值比重处于工业化成熟阶段的上限，榆林地区工业产值比重基本处于工业化成熟阶段范围内，或者说，两个城市均处于工业化的发展中期阶段，并且随着能源工业的开发，已经进入相对快速的发展阶段，具备了更加强劲的城市空间扩张的内在动力。如表4－3所示，尽管统计数字、理论的适用条件等还有许多可斟酌的空间，但是在延安的城市空间形态发展中，城市空间形态对外扩散效应加强，同时呈现出城市边缘区的扩展和新的增长中心发展的趋势，也是明显的现象。相关理论可以成为我们对城市空间形态结构演化进行判断和预测的参考，同时也表明延安与榆林这两个地区中心城市空间形态结构扩展中的问题（如生态问题）以及带给整个区域城市空间形态结构发展的影响，都是我们应该关注的。

陕北历史上是半农半牧区，农业生产促进了人口的集聚和定居，进而促进了人居环境的发展。榆林地区南部诸县由于地处无定河干流河谷或其附近，水源相对充足，耕地相对肥沃平整，农业生产优势明显高于北部诸县，因而在历史上，绥德、米脂等县不仅是当地相对富裕的县，而且城镇发展相对较好，乡村中代表富裕程度的石窑的数量也明显高于北部的乡村。然而，既便是这些地区，由于历史遗传下来的广种薄收的生产方式和自然生态条件难以与关中地区相比。因此，自然生态优越、灌溉设施完备、耕作方式先进的关中地区始终是陕西乃至全国农业生产经济最为发达的地区之一，与陕北形成了强烈的反差。陕北北部的神木、靖边、定边等县由于气候更加干燥、沙漠化严重、耕地破碎贫瘠，交通极为不便，长期以来经济要比南部诸县更加落后，城镇的人口规模、发展水平都与南部有较大距离。

20世纪80年代，随着陕北北部长城沿线风沙滩地地下矿产资源的开发与相关工业的发展，陕西逐步成为全国能源大省。正在进行的道路交通等大规模基础设施建设，使陕北能源输出的瓶颈得到有效解决，从而促使能源工业发展加快，这使得北部地区在经济上一跃超过南部地区，进而促进了长城沿线与能源工业发展相关的城镇乡村的发展。高速公路、国道、省道等道路交通网络的建设量远远高于南部，城镇发展规模、速度均明显居于榆林地区的前列，人们的整体居住水平显著提高。许多新的城镇在十几年的时间里拔地而起，如神木的大柳塔乡，1985年煤田开发建设启动之前，作为乡政府所在地的大柳塔还是小河一发水就难以和外部沟通的穷乡僻壤，人口不足1000人，而现在已是一座现代化程度很高的小城镇，人口达到约50000人，成为交通发达、联接四方的神府煤田指挥中心所在地；神木北部的内蒙准格尔旗政府所在地薛家湾的快速兴起及其周边其他矿产资源型城镇的发展也说明了整个晋陕蒙接壤区人居环境形态随着煤炭资源的开发而发生的巨大变化。这一状况与美国西部开发时期的矿业城市发展相近，新市镇的兴起，交通的完善，公共设施的建立，必然为这一地区长期的发展打下基础，这也是我国许多矿业城市地区的发展途径，如甘肃的玉门、金昌、白银等。这些矿业城市的经济发展，在自然生态条件十分不利于人居的荒漠上，推动了一个个人居绿洲的诞生。当然，矿业城镇在建立的初期，就应该为今后产业结构的合理配置和动态调整，为人居环境长久的可持续发展创造条件，这是国内外众多矿业城镇地区发展的经验教训给我们的启示。

陕北洛川县已成为国内知名的苹果生产基地之一。洛川地区的海拔高度、昼夜温差、干燥程度等自然条件使洛川成为苹果的适生地区。目前，经过十余年的努力，洛川苹果已成为知名品牌，不仅在国内市场享有良好声誉，而且远销欧洲等国外地区。其实，对于苹果生长而言，陕北整个黄土高原沟壑区的自然生态条件与洛川基本相同，都是生产优质苹果的适宜地区，但苹果林地的平整程度却是有差别的。由于黄土沟壑区地形破碎，灌溉设施不易完善，机械化生产和销售有一定难度，所以，多数地区的地貌环境不似洛川塬更易形成规模生产的综合有利条件。因此，洛川率先成为陕北苹果生产的基地，50 万亩的苹果园形成了地区经济发展的支柱，获得了良好的社会、经济、环境效益，也为人居环境发展构成了推动力。由苹果生产带动的苹果销售、加工、运输等，构成了明显不同于黄土高原传统生产方式的产业链和相应的空间类型，带给洛川县城和乡镇人居环境以特别的空间结构。随着退耕还林生态战略的不断深化，如果整个陕北苹果生产进一步扩大规模，洛川的苹果中心基地地位得到加强，洛川完全可能成为与北部矿业城镇形成对比的苹果城镇。

总之，当前陕北产业空间发展呈现出如下特点：

（1）以北部长城沿线神府煤田和靖定天然气田为核心的矿业生产基地。通过极具规模的煤炭和天然气生产，形成矿产资源开采、加工、运输等能源重化工基地，并进一步形成以此为核心的经济发展格局。

（2）以洛川为中心的南部苹果生产基地。逐步向苹果的生产、加工、销售等产业综合发展阶段过渡，从而形成以苹果产业为特点的经济发展格局。同时，煤炭资源开采等也是经济发展中的重要组成部分。

（3）以中部黄土沟壑区为主的农牧产业交汇区。这是陕北城镇分布最为广大的区域，通过绿色农业和畜牧业发展，发挥地域生态优势；同时有可能作为北部矿产资源生产基地的生活服务休闲区域，积极发展第三产业。

（4）整个陕北地区旅游业发展。陕北地区具有发展红色旅游、历史文化旅游、黄土高原风情旅游的深厚基础，可以形成纵贯陕北的旅游经济发展带，这将是陕北地区很有潜力的产业发展方向。

受以上经济发展空间格局影响，陕北人居环境发展必然呈现出相应的空间形态特征。北部能源重化工基地必然形成矿产城镇快速发展，交通业发达、人口集聚的区域。防止严重的环境污染将成为本区域人居环境发展的重要问题。南部和中部黄土高原沟壑区人居环境应该适应林果业、畜牧业、农业、旅游业和一定的矿产业发展，逐步形成生态环境良好、适于人居的区域。

水土流失治理始终是人居环境发展中的重要问题。在陕北，自然地形特征决定了其扩展空间依然是以河谷流域空间为主，但生产力发展水平的作用显而易见。陕北长城沿线矿产资源小城市在十几年的时间里用地不断翻番，尽管原因很多，但首要原因还是经济的发展。如果说自然生态提供了以河谷川地为特征的陕北人居环境生成与发展的基础，并且成为人居环境从石器时代的人居点到今日的乡村和城镇的漫长演化历程的引导力，那么社会经济的发展则是这种演化历程的推动力。因此，经济的发展必然带动人居环境空间形态的快速演化。

4.4 文化动因

文化的定义很多，且难以达成一致。或许针对不同的问题和领域，应该在核心内涵基础上，在文化定义的丰富外延范畴中选择相关的要素进行相关的阐释才是真正必要和有效的方式。美国著名社会学家戴维·波普诺对文化的定义是："文化是人类群体或社会的共享成果，这些共有产物不仅仅包括价值观、语言、知识，而且包括物质对象。所有群体和社会的人们共享非物质文化——抽象和无形的人类创造，如"是"与"非"的定义，沟通的媒介，有关环境的知识和处世的方法。人们也共享物质文化——物种对象的主体，它折射了非物质文化的意义。物质文化包括工具、钱、衣服以及艺术品等①。"美国学者菲利普·巴格比认为："文化，就是社会成员的内在和外在的行为规则，但要剔除那些在起始时已明显地属于遗传的行为规则②。"查看有关文化的众多论述，广义而言，可以把文化含义归纳为两大方面：

（1）指人们的行为规则。包括内在的行为规则，即人们的内在思维方式，涉及观念、知识、信仰、价值、规范等；还有外在的行为规则，涉及宗教、艺术、科学、教育、习俗、政治、经济等活动的行为方式。无论是内在还是外在的行为规则，如政治管理的方式方法、绘画等艺术活动的方式、对生命的观念、世界的理解等，我们均可称之为文化；

（2）指这些行为规则所导致的物质成果。如人类各种艺术活动所产生的绘画、音乐、建筑作品，军事活动形成的城堡、关寨，经济活动所产生的工具、武器、工业产品等。

因此，简而言之，文化可以指人类生活中各种内在和外在的行为方式及其物质的产品。由此看来，文化可以是一种非常广义的概念。然而，正是这一广义的概念，更加有利于我们对人居环境受文化动因的影响进行深入的认识。

陕北黄土高原著称于世，除了自然生态因素外，还源于其在中华文明及中

① ［美］戴维·波普诺（David Popenoe）. 社会学. 李强等译. 北京：中国人民大学出版社，1999. 63

② ［美］菲利普·巴格比. 文化：历史的投影. 夏克等译. 上海：上海人民出版社，1987. 100

国革命历史上的特殊地位。陕北黄土高原特有的区位环境和人类发展历史促成了富有特征的地域文化品质的形成。从区位方面看，陕北是西域、北方游牧文化与关中、中原农耕文化的交融地带；从生产方式方面看，陕北是农业与畜牧业此消彼长的共存地带；从社会构成方面看，陕北是汉族与周围游牧民族逐渐融合，结为整体的地带；从地理环境方面看，陕北是森林草原区向沙化草原区过渡、黄土高原特征最为典型的地带。这些构成了陕北地域文化粗犷敦厚而又不乏细腻的内涵。安塞奔放的腰鼓与精巧的剪纸，高旷的信天游与婉转的走西口，榆林大漠上的镇北台和延安西北川的杨家岭，长城沿线的茫茫沙漠和平梁深壑的黄土丘陵景观，黄土高坡的苍凉与长河落日的诗境，深厚的文化沉积使得陕北黄土高原人居环境受到充沛的滋养，成为中华文明的重要发源地之一（图 4 – 2）。我们可以从物质实体成果和内在精神观念两个方面探讨陕北地区地域文化对人居环境产生的影响，主要包括两大方面：

图 4 – 2　大漠落日

（1）物质实体方面

1）历史文化遗迹。如各地重要的人类早期文化遗址，黄帝陵，古长城（秦、明长城），古城镇、寨堡遗址（靖边统万城、横山银州城、神木杨家城、安塞芦关、延安和榆林历史文化名城等），古驿道（驰道、直道等），古墓葬（延安市郊的花木兰墓、绥德县城的蒙恬墓、扶苏墓、延川县城南的赫连勃勃嘉平陵等），古战场（永乐城战役），古关隘、古寺庙、古洞窟（延安清凉山洞窟、米脂县城北万佛洞、榆林红石峡），古建筑（米脂县城李自成行宫、延安宝塔山等），古村落等。

延安是历史悠久的文化名城，古称高奴、肤施、延州等。石器时代延安就有人类活动。缘于其地理区位的重要性，秦汉以来一直是陕北地区防卫关中的边陲重镇。现在保有遗存的延安古城始建于隋代，是其后各代郡、州、府所在地，始终处于陕北政治、经济、文化、军事中心的地位。作为距今已有 1300 多年历史的文化名城，延安存有延安宝塔、清凉山、万花山等丰富的名胜古迹；作为著名的革命圣地，延安则拥现有枣园、杨家岭、王家坪、南泥湾等革命旧址 168 处。

榆林是晋陕蒙接壤地著名的沙漠城市，是明代之后的边塞军事重镇，迄今已有 600 多年的历史。榆林与内蒙古乌审旗是著名的旧石器时代河套人繁衍生息的地方，是“河套文化”的诞生地。（图 4 – 3）秦汉以来，这里曾是匈奴、突厥、党项、蒙古等北方游牧民族与汉民族长期生活融处、贸易交往之地，从而形成中原与草原文化浑然一体的文化内涵。榆林明城占地 2.1 平方公里，城墙 6400 米。榆林镇北台建于 1607 年，高 20 多米，占地 5000 多平方米，是榆林城军事防御体系的重要组成部分，也是登高望远，一览大漠荒原、阔地高天景色的理想游览之处。榆林历史文化遗存丰富，有众多的古代军镇、寺庙、建筑遗址等。榆林古城尚存明、清民宅四合院 1100 余座，其中 700 余座保存较为完整，所有这些构成了榆林沙漠名城的独特意蕴。

图 4－3　河套人遗址

2）有重要文化内涵的自然风景区。如壶口瀑布等黄河文化旅游区、洛川国家级黄土地质公园等黄土高原典型地貌旅游区、以红碱淖为核心的塞北大漠风情旅游区、以道教文化为内涵的白云山等。目前，陕北地区共有省级风景名胜区 7 处，1 处国家级风景名胜区，见表 4－4。

陕北地区风景名胜区一览表　　　　表 4－4

风景名胜区名称	级别	面积（平方公里）	位置
黄河壶口瀑布风景名胜区	国家级	178	宜川县
黄帝陵风景名胜区	省级	28	黄陵县
药王山风景名胜区	省级	6	耀县
玉华宫风景名胜区	省级	32	铜川市
白云山风景名胜区	省级	10	佳县
神木红碱淖风景名胜区	省级	67	神木县
红石峡—镇北台风景名胜区	省级	31	榆林市
香山风景名胜区	省级	323	耀县

3）革命历史旧址。这是构成陕北特有历史文化沉积的重要内容，如延安众多革命旧址，洛川会议旧址，米脂杨家沟旧址，谢子长、张思德、刘志丹墓等。

4）各地城镇乡村的文化设施。如民间戏台（图 4－4）、庙宇、各类聚会交流场所，庙会、集市等。这些似乎无关紧要的民间文化场所除了一定的民俗旅游价值外，更主要的是构成了陕北人居环境中具有长久生命力的民间文化、交往、贸易的情境，承载着陕北充满浓郁民风的生活，是促进人居环境绵延地域特色的乡俗文化空间体系。

（2）内在观念方面

1）非物质传承的文化遗存。陕北地区数千年文明的传承融汇了中原与草原、农耕与游牧、汉族与少数民族文化的精髓，为我们留下了珍贵的文化遗产。我们现在感受到的陕北民歌、腰鼓、剪纸、社火、秧歌、石刻工艺、诗词歌赋、名人轶事等都是承载着久远文明历史的精神宝藏。

图4-4 乡村的戏台

2）传统风水观念。风水观念中包含外在行为规则，如根据山水形势布局建筑的方式，这也是传统风水中最为宝贵的带有科学含义的内容；还包含内在行为规则，如关于贫富衰旺的价值观念等，这些行为观念构成了关于人居环境的传统价值判断。

3）地域乡俗民约等形成的黄土文化传统观念。如人们的恋土情节、交往意识、互助精神等，形成了一些传统的与人居领域相关联的地域文化心理特征：①热情好客、豪爽纯朴的性格，安于现状、趋于保守的心态，但不乏慧黠、勇于抗争、惯于从众、乐于协作。②在建筑、装饰等人居环境要素中，喜好强烈的暖色效果，特别是红色、黄色或木本色，但在靠近北部及山西的地区，蓝色也常出现，目前则在窑洞面饰中出现更多样的色彩装饰，如白色。③随着社会经济的发展，窑洞逐渐被年轻人视为贫困落后的象征，而城市中的楼房被认为是现代化的象征。但近年来，这种观念慢慢出现新的变化，城镇郊区的一些窑洞开始重新受到自幼在窑洞中长大的年轻人的欢迎，原因是这些窑洞不仅有传统窑洞中熟悉的优势感觉，更缘于这些窑洞配备有较为完善的基础设施和公共服务设施。当然，这里所谈的多是一些传统聚居心理，在目前不同的社会层面、不同的地区中都早已有不同程度的改变；或者已完全改变，形成了不同的居住价值观。但了解传统的心理特征，对于探究人居环境的过去、现在和将来如何受文化因素的影响是有利的。

文化在景观演化中毫无疑问地要留下深刻的印记①，人居环境空间形态演化作为景观演化整体系列中的重要组成部分，文化的动力因素同样是非常突出的。文化对陕北人居环境的动因作用也主要包括两个方面，一是在物质实体空间方面的相互协调关系，另一个方面是地域文化观念对人居环境的影响。当陕北也面临城市化进程加快的时候，必须同时注重历史文化空间环境的保护和与城镇乡村空间发展的有机结合。必须在宏观和微观两个方面强化历史文化空间体系的形成，既注重延安、榆林等城市内部文化遗址等历史空间的保护及其在城市整体中的地

① Matthias Bürgi, Anna M. Hersperger and Nina Schneeberger Driving forces of landscape change-current and new directions Landscape Ecology 19: 859, 2004. © 2004 Kluwer Academic Publishers. Printed in the Netherlands

位，又注重长城、古城遗址、关隘战场等宏观历史空间的保护和体系建立。这些空间体系的形成首先会产生直接的空间效益，如文化旅游业的发展。尽管目前旅游资源开发受各方面因素的限制尚未形成规模效益，但随着铁路、公路交通网络等级的提升和建设，旅游业必将成为陕北地区具有极大潜力的经济增长极。而支撑旅游业发展的动力源正是陕北沉积深厚的文化资源以及由独特文化作底色的风景资源（图4－5、图4－6），这一宝贵资源将为延安、黄陵、宜川、榆林、佳县、神木等广大城镇和乡村人居环境提供新的发展动力。另一方面，将构成人居环境中的文化场，以文化场的形式对人居环境产生潜移默化的文化作用①。

图4－5　黄土农田地貌景观

图4－6　秋林尽染

在地域文化观念方面，风水意识依然在人们的房屋建造中发挥作用。例如，在小流域乡村住宅建造时，人们住宅院落的院门一般不会像窑洞一样的面向正南，而是要偏向东南等方向。另外，院门不会对向近处的山峰，而是尽量对向较远处的山峰，既要有远山的屏障，又没有近山的阻碍。风水观念中的许多方面，无论是迷信的还是带有科学含义的，在陕北人居环境发展历史上均占有重要地位，现在也依然产生着作用。陕北民间的许多风俗传统反映了人们热情好客、彼此关照的团伙精神，这是历史上相对严酷的自然条件和艰辛的生活培育出来的可贵品质，人们只有相互依赖、强化社会意识，才能赚取生活。农闲时间，高兴的一群人可以凑份子烧羊喝酒“搭平和”，② 节假日的秧歌舞和过街鼓等等，所有这些村社活动增进了人们的交往，增加了乡村社区的凝聚力，也带给人居环境空间形态以影响。

4.5　技术动因

这里所说的技术动因是指交通、给水排水、电力电信、抗震防洪、建筑材

① 周庆华. 居住环境与文化场. 艺术界，1992（2）；硕士学位论文

② 劲挺. 延安风土记. 西安：西北大学出版社，1986. 104

料、施工方法等技术进步对人居环境空间形态所起的动力作用。随着科学的进步和社会的发展，技术动因的作用会越来越显著，并且会不断产生新的动力因子，如信息技术①，从而产生前所未有的技术动因效应。

从陕北人居环境空间形态演化历程可以看出，道路交通对陕北人居环境的生成、汇聚、发展具有最为突出的促进作用，而人居环境又带动道路交通最初的形成，这种辩证统一的相互关系主要表现在下述两个方面：

（1）人居环境刺激道路交通的发展。先民们选择适宜条件定居使人居环境生成和发展，主要在居住地从事狩猎或初级的农业生产活动，加上不同部族间领地的阻滞，人们的活动范围有限，不同人居环境间交流不多，交通的作用也就不突出。因此，缺乏刺激人居点之外道路交通发展的因素。待到人们物品交换的需求越来越多，手工业逐渐发达，城镇的雏形出现，各类人居点之间的交往越来越频繁，刺激了人居点之间道路交通的发展。这种情况下是先有人居环境的生成，再有外围道路交通的发展。目前这种情况在偏远的乡村依然存在。为了促进乡村的发展，就必须把公路通进去，而生态移民是这种情形下生态与发展多种要素权衡下的选择；

（2）道路交通带动人居环境的发展。在很多情况下，道路交通促使人居环境向高等级发展，使原来的乡村成为镇，使原来的次要城镇发展为重要或中心城镇，这是目前更普遍的情况。

应该说，道路交通在历史上始终是对陕北人居环境具有重要影响作用的技术动因。目前，交通的作用会更显突出。随着陕北矿产资源的开发和能源工业的发展，工业交通运输将处于十分重要的地位，运输量将有大幅提高，这必然带动陕北道路交通系统的快速发展。道路交通的发展又会进一步带动人居环境的演化。同时，随着生态移民工程的实施，也会使得新移民向公路沿线汇聚，从而使得道路交通对人居环境的影响更显突出。

陕北公路国道交通有 210 线（包头—西安—南京），309 线（荣城—兰州），307 线（岐口—银川），其中 G210、G307 被交通部列入国家公路主干线系统。西安至包头的高等级公路已经建成；榆林至银川的我国第一条沙漠高速公路也已通车。由上述骨干公路与省、县级公路形成的交通网络已覆盖整个陕北黄土高原，达到了乡乡通公路。陕北的骨干铁路也在积极建设之中。西安经延安至榆林、神木的铁路已通车。这一纵贯高原南北的铁路，对于地形南北狭长的陕北加强与周边地区的联系意义重大。神木—朔州铁路是目前唯一在东西方向上把陕北与外界联系的铁路。根据陕西省城镇体系规划，山西太原至宁夏中卫的铁路将是另一条东西向铁路通道，在绥德与西包铁路、210 国道交汇，向西途经

① Matthias Bürgi, Anna M. Hersperger and Nina Schneeberger Driving forces of landscape change-current and new directions Landscape Ecology 19：859，2004. © 2004 Kluwer Academic Publishers. Printed in the Netherlands

横山、靖边、定边等。黄河陕北段有一定量的通航里程。至2000年底，黄河通航里程为207公里①。黄河航道可以承担一定的货物运输，更重要的是为黄河风光旅游的相关职能提供了重要的潜力。

在陕北地区，公路对人居环境的引导动力首先表现在过境交通的吸引力上。城镇空间形态发展的历程充分显示出过境交通对沿途人居环境空间演化所起到的几个阶段性作用。以国道210线为例，对沿线人居环境空间形态演化的促进作用主要表现在下述三个阶段上：

第一阶段，过境交通的选线往往是河谷地区地貌相对平坦、通行条件较好的地域。这里的自然条件也恰恰是对人居环境发展较为有利的地域，过境交通与城镇或乡村环境相互接近，方便了过境要求也利于促进人居的发展。尽管交通与人居之间存在着一些基本矛盾，但由于人居环境的规模有限，交通量也在一定限度之内，这种矛盾的影响也有限，呈现出原初的相互适应状态。

第二阶段，城镇等人居环境进入快速发展阶段，特别是改革开放以来的近20年，市场经济活跃，第三产业发展，人居环境的空间规模不断增长，过境交通很快成为人居环境聚集的轴线。进入20世纪80年代，许多过境线成为县城的主要街道。由于城镇乡村的人口规模、空间规模、商品流通量等急剧扩大，与此同时过境交通的交通流量也急剧扩大，使得过境交通与人居环境发展的矛盾日益加剧，成为许多城镇发展中的重要瓶颈。目前，许多小的城镇或乡村正处于此阶段，如延安的姚店等。

第三阶段，由于城市与交通各自的发展需求，特别是经过一定的发展阶段，城市自身的功能设施已较为完善，有能力脱离过境交通的带动而独立发展，于是把过境交通从城市空间形态的中心区域搬移出去已成为紧迫而又具有可操作性的工作。目前陕北210国道沿线的县城均已进入这一阶段。如果说20世纪80年代多数县城还处于第二阶段，进入90年代之后，县城一级的人居环境均已脱离了过境交通，开始进入更为合理有序的发展阶段（图4-7）。

其实，这一发展历程有其自身难以逾越的客观规律性，各阶段也有其自身存在的客观依据。当社会经济发展处于相对缓慢的低级发展阶段时，过境交通对人居环境的带动引导作用大于其给人居环境带来的不利影响，因此，过境交通与人居环境的接近有其合理的方面。这时如果通过管理措施硬性将过境交通与城镇脱离，往往收效不佳。或许这一阶段正是应该在一定的管理手段之下，在尽量减少交通带来的不利影响前提下，充分发挥交通对人居环境的带动引导作用，承认其对人居环境客观而合理的影响力。待到城镇社会经济发展已有足量的能力使城镇空间形态可以独立发展，过境交通的外迁已成为人居环境主动而客观的排斥行为时，过境交通的迁移就成为顺理成章，城市的商业主体等不再向过境交通靠近，过境线旁只吸引一些与交通服务相关的设施，对沿交通线

① 西北大学城市资源系. 陕西省城镇体系规划（2001—2020）讨论稿

市场的管理也不再是一件非常困难的工作。这一从人居环境（特别是商业设施）向过境交通贴近转化为对过境交通排斥的演化过程，我们不仅在陕北地区可以随处见到，在我国东南沿海地区城镇化快速发展的过程中，这样的实例也比比皆是。因此，对城市交通系统的引导规划应该结合城市社会经济发展阶段，对包括城市道路系统在内的空间结构进行动态的引导和安排。应该对包括道路在内的重要城市空间在城市中过去、现在、未来的总体结构中所处的角色有明确的定位。

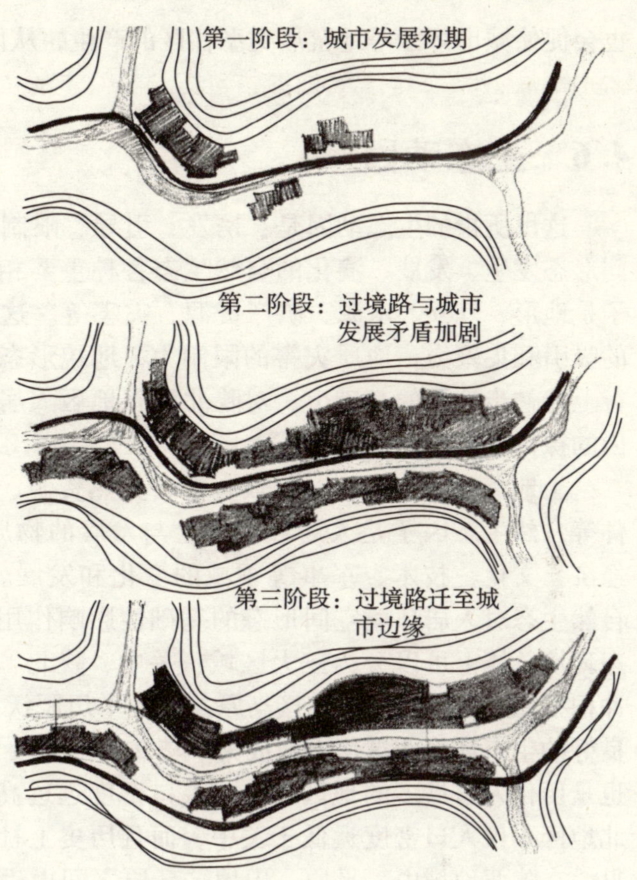

图 4－7　陕北河谷城镇与过境公路的关系

除了道路交通，其他技术动因的作用也不断加强。水资源对人居环境的作用不言而喻，随着时代的进步，水源的作用方式会不断发生新的变化。历史上，人居环境的生成首先来自于水源的存在，石器时代来自于江河湖泊等地表水，有地表水且不受水害的地方首先成为人居点的选择地。新石器时代晚期，由于水井开凿技术的成功，使得人们可以走向更远离河水的地域开拓耕地，形成定居。这种状况一直延续到现在的陕北黄土高原，乡村聚落的水源依然主要是用于生活的地下井水和用于生产的地表水。随着生活水平的提高，把井水通过自来水供水设施提供到各家各户，在陕北乡村已不鲜见。而且对统一的有组织排水也逐渐提上了日程。给水排水设施的建立必然带来生活质量的提高，是包括乡村在内的人居环境发展的必然结果。但给水排水设施也会给人居环境空间形态演化带来影响，使其更为紧凑，从而有利于设施的集约。尽管乡村中的给水排水设施不应完全等同于城市中的管道系统，可以结合小型水井的分布进行小型系统的独立组织。如以一个支毛沟为一个系统，相互在供水上独立，在排水上适当集中。然而，人居环境的空间组织依然会受其影响发生变化。

窑洞建造技术的发展也会对乡村以及城市空间形态演化产生明显影响。建筑技术的发展会改善窑洞的采光、通风等不利条件，也会使得窑洞用地更为节约，这会促使乡村聚落受新型窑洞的发而产生新的变化。同样，新的窑洞发展也会促使城市郊区等地窑居类型住区的产生，从而使城市空间形态也发生变化。

4.6　生态动因

这里所指的生态动因是：诱发、引导、限制、推动人居环境产生显著的空间形态发生、发展、演化的自然生态各种重要相关因子的综合作用力。这些因子是地形、气候、水源、矿产资源、灾害等。这些因子的作用力如水源、资源的吸引和集聚力，地质灾害的限制力，地貌形态的引导力等。在对其他动因进行上述初步涉及的基础上，对陕北河谷地区人居环境空间形态结构演化生态动因的探讨是本研究的重点。

土地资源、水资源、气候资源、光热资源、植被资源、矿产资源、地形条件等自然生态因子是人居环境发生与发展的物质基础，也影响和制约着社会、经济、文化、技术、军事等领域的变化和发展。因此，无论生产力如何发展，自然生态对人居环境空间形态的基础性影响作用也是无法替代的。陕西自然生态环境总体上可以分为三大区域：关中、陕北、陕南。关中地区是渭河中下游冲积平原，南依秦岭，北接高原，土地平坦肥沃，气候适宜，水资源相对充沛。良好的生态环境使这块土地成为中华文明的重要发源地，众多朝代的京畿所在，也是历代人口最多的地区之一，人口密度远远高于陕南和陕北地区。陕南、陕北地区不仅人口密度远低于关中，而且历史上社会经济发展难与关中相比。可见，在陕西地域内，平原、山地、高原之间由生态环境的不同造成的社会经济乃至人居环境发展差异是非常明显的。应该说，陕北黄土高原人居环境空间形态演化首要动因就来自于自然生态环境，生态动因引导了人居环境空间形态的总体演化和住宅形态、材料选择等方面的发展。

当然，在生态动力因子中，许多特性是需要引起注意的。如我们应该根据在空间范畴、时间范畴、社会范畴（institutional scale）所产生的效应来判断和决定某种生态因子是否作为生态动因的研究对象。在直接产生生态动力的因子中，还有许多与之有各种相互关联的因子的存在，我们应该区别不同层级因子的作用，把主要因子作为研究的主体。由于所确定研究对象的尺度不同，还可以将生态动因区分为研究范围内的内在动因（intrinsic）和研究范围外的外在动因（extrinsic）。此外，除了规律性动因作用外，还存在一些偶发性（accidental）的动因作用①。本书中，把在陕北黄土沟壑区空间范畴产生突出动力作用、同时也是普遍意义上人居环境重要分布地域的河谷地貌以及具有地域特征的水土保持工程等生态因子作为重点研究对象。

---

① Matthias Bürgi, Anna M. Hersperger and Nina Schneeberger Driving forces of landscape change-current and new directions Landscape Ecology 19：859，2004. © 2004 Kluwer Academic Publishers. Printed in the Netherlands.

4.6.1 河谷集聚效应

地貌形态是自然生态环境的重要构成因子，又是影响其他生态组分（包括人居环境）的重要作用因子。例如，地形的平坦程度、倾斜度的大小、日光及水分的强弱、构成状态等直接影响着植被的类型、分布和生长演替①。勿庸置疑，地形条件也深刻影响着人居环境的规模、空间形态的格局等，是影响人居环境空间形态发展的重要因素之一，更是社会经济活动的基本条件。对于陕北而言，纵横交错的河谷沟壑是地貌形态的突出特征，又是人居环境发育生长的主要区域，对人居环境空间形态具有十分突出的集聚效应。

陕北地貌的基本类型是黄土塬、峁、梁、河谷川地、沟壑、黄土覆盖的石质山地等。由于平坦的黄土原较少，地形总体上属于破碎状态，因此常常出现由小块可耕土地形成零散分布人居点的情况。相对而言，土地条件较好的河谷川地就成为具有优势的农业发展区，也是具有水源充足、地形平坦等生态优势的区域，因而也构成了陕北人居环境的主体，探讨人居环境空间形态在流域河谷川地内的演化规律具有典型意义，也具有人居环境科学理论研究的普遍意义。河谷集聚效应体现在下述方面。

4.6.1.1 河谷之于交通

河谷的集聚效应首先表现在对道路交通所具有的吸引作用上。对于总体上地形破碎的黄土高原来说，一旦相对平整的黄土原区被水土流失带来的沟壑与河谷冲击，就只有河谷川道是最为通畅、连续的带状空间，因而是交通线路的最佳选择。当历史上河谷与相对平整的黄土原或较具规模的黄土梁并存时，交通线路的选择或许在各种因素影响下，还有黄土原、黄土梁的选择可能，如西汉时高奴（延安）通往上郡的通道；但随着陕北生态环境的演化，水土流失的加剧，众多河谷沟壑的发育，至隋代，由延安北上通道已不能象西汉那样走直线，只能选择沿清涧河、无定河河谷曲线北上。由于横山山脉是陕北地势最高处，1907 米的陕北最高峰白于山也包括在此，因而是陕北所有主要河流的发源处，穿越横山的通道也由这些河流川谷形成，主要是无定河、延河、红柳河、芦河、秀延河等，进而带动了沿线城镇人居环境的发展，显示出河谷空间对交通、人居环境空间形态的强烈引导作用。时至今日，从历史资料和现状地图中可知，除了洛川塬，陕北黄土高原的道路交通体系基本上与河谷空间体系相吻合，道路促进了人居环境的发展，道路交通网络及城镇乡村空间分布完全生成于叶脉状的河谷沟壑体系之上，呈现出被河谷空间引导的状态。

陕北地区无论是整体还是局部地区的道路交通空间分布，都清晰的表明这

---

① Alados，C. L.，Y. Pueyo，O. Barrantes，J. Escós，L. Giner and A. B. Robles Variations in landscape patterns and vegetation cover between 1957 and 1994 in a semiarid Mediterranean ecosystem Landscape Ecology 2004 19：543 – 559， © 2004 Kluwer Academic Publishers. Printed in the Netherlands.

一特征，如子洲、吴旗、延川、宜川、黄陵、延安等。以子洲为例，我们可以清楚地看出，交通网络及人居环境分布完全生成于河谷沟壑体系之上，交通网络的扩展延伸也是以这一体系为基础，进行河谷间的连接、沟通与整合提升(图4－8)。尽管现代公路建造技术（如高速路）可以在一定程度上逾越河谷沟壑体系的制约，但就道路交通网络整体而言，河谷体系依然起着主要引导作用。

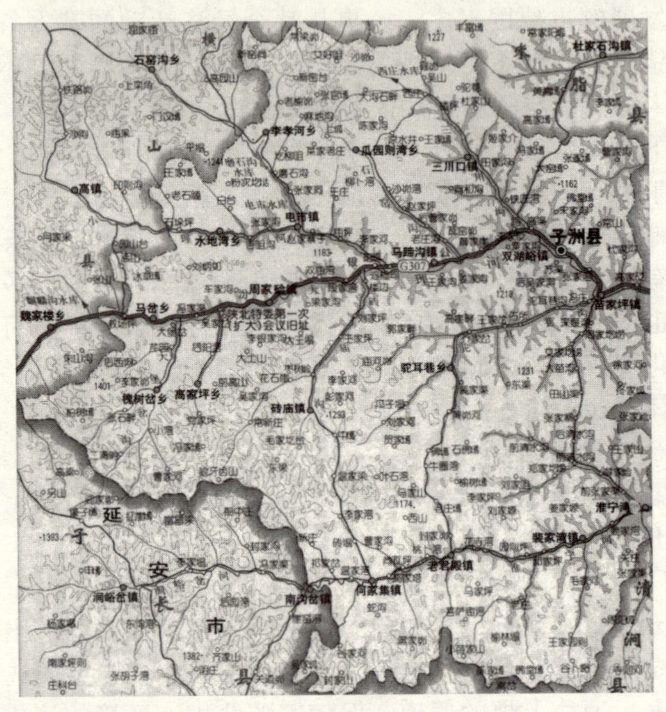

图4－8　子洲县地貌与交通关系

4.6.1.2　河谷之于军事

河谷的通道作用使之具有重要的军事意义。无论是建立军事运输线路，还是设置军镇寨堡，河谷都是重要的区域。历史上，陕北地区至为重要的战略地位来自于防卫京都、北拒入侵的军事意义，自秦汉至唐，莫不如此，其他朝代也与此相关。例如，汉武帝建元六年“匈奴入上谷，杀略吏民。遣车骑将军卫青出上谷，骑将军公孙敖出代，轻车将军公孙贺出云中，骁骑将军李广出雁门。青至龙城，获首虏七百级……秋，匈奴入辽西，杀太守；入渔阳、雁门，败都尉，杀略三千余人。遣将军卫青出雁门，将军李息出代，获首虏数千级①。”陕北等北方地区始终是战争频发之域，军事行动要地。

陕北洛河、延河、无定河、清涧河等主要河谷自古以来都是军事防卫与进攻的关键通道，是众多古战场所在地，延安是各重要河谷交汇之处，历史上延

① 汉书. 卷六·武帝纪第六

州的设置说明其首要军事地位早已得到重视，也恰恰反映出这些河谷所具有的军事战略意义。唐代诗人杜甫在《塞芦子》一诗中曾对延州的重要地位深为关注："五城何迢迢，迢迢隔河水。边兵尽东征，城内空荆杞。思明割怀卫，秀岩西未已。回略大荒来，崤函盖虚尔。延州秦北户，关防犹可倚。焉得一万人，疾驱塞芦子。岐有薛大夫，旁制山贼起。近闻昆戎徒，为退三百里。芦关扼两寇，深意实在此。谁能叫帝阍，胡行速如鬼①。"唐代诗人陶源对无定河的描述是："可怜无定河边骨 犹是深闺梦里人"，无定河河谷始终是历代军事争夺要地。

北宋时期，西夏侵袭北宋的主要战略就是以无定河畔的夏州为基地，向南攻取延州，直逼长安。进攻的几条主要通道是延州北部的延河河谷（金明道）、无定河谷、清涧河谷等。以无定河谷为例，为了遏制西夏的迂回南下，北宋采取"筑城攻城，移寨攻寨"的战略，逐步建立清涧、绥德、米脂等军寨，把防线步步向北推移。神综元丰五年（公元 1028 年），在米脂西北具有重要军事意义的永乐城争夺战中，北宋损失将士和役夫 20 万人也终未成功②。可见，无定河等河谷是当时北宋与西夏惨烈争夺的军事要地。

与河谷的军事地位紧密相关的是北部横山的军事屏障作用，陕北上述河谷通道均是为了穿越或绕过横山而使其自身重要性得以提升。春秋战国及秦代的长城、宋代大量的城堡军寨、明代"边墙"的修筑使得横山沿线在漫长的历史演化中，逐渐形成了一条由东北 - 西南的军镇防御带，进而成为现代人居带的生成基础。

4.6.1.3 河谷之于城镇

纵横交错的河谷沟壑是陕北地貌形态的突出特征，对城镇发育及其空间形态生长具有明显的集聚效应。首先，历代逐渐形成的河谷军镇、寨堡是河谷城镇人居环境发展的深厚基础，陕北重要的河谷城镇在历史上均有其特别的军事意义。其次，河谷土地条件较好，生物多样性高，具有水源充足、交通便利、地形平坦、适于农业生产等优势，成为城镇发展的良好生态环境。物理环境越复杂，或称之为空间异质程度越高，动植物群落的复杂性也越高，物种多样性也越大。一般来说，山区的物种多样性明显多于平原区，正是缘于山区空间异质性高、生境多样，可以支持更多样物种生存③。而河谷地带正是空间异质程度高的地域，因而也是人居生长的适宜区域。本书调查表明，目前陕北主要河谷地带人口密度明显高于周边区域，无定河干流河谷的绥德、米脂、清涧、子长、子洲等城镇人口密度均在 100 人/平方公里以上，其中绥德达 186 人/平方公里，米脂达 173 人/平方公里，而长城沿线城市人口密度普遍低于 60 人/平方公里。

---

① 全唐诗. 卷 217

② 史念海等. 陕西通史・历史地理卷. 西安：陕西师范大学出版社，1998. 332

③ 李振基等. 生态学. 北京：科学出版社，2000. 210

可见，无论是缘于军事职能，还是因其政治、经济、交通等需要，河谷地区显然成为陕北城镇发展的主体。

4.6.1.4 河谷之于农业

陕北是农业和畜牧业过渡区，历史上农业生产发展对人居环境有重要的引导作用。农业生产是人类定居的开始，有利于农业社会人居环境的不断发展，如果说军事是陕北众多城镇生成的重要因素，那么农业生产是这些城镇持久发展的支撑。而河谷是农业生产优质用地的集聚所在，是黄土高原最适于发展农业的高产地区。

4.6.1.5 河谷之于生态

河谷川地相对而言是空间开阔、水源充足、生物多样性好、可供人类获取更多生存资源的地域，因而具有更高的生态位优势，也成为吸引人类聚居的主要地域，这也是社会、经济、交通等均不发达的石器时代，河谷集聚效应就已存在的原因。较高生态位对人类的吸引构成了生态因子对人居环境的动力作用。人们向往生态位高的地区，城镇借助河谷生态位条件而进行空间发展等，都成为河谷集聚效应引导人居环境空间形态演化的显现。借鉴生态位相关研究，针对陕北黄土高原的资源条件，构筑适宜的城市生态位宽度，避免引起无谓竞争的城镇生态位重叠，对于人居环境在河谷地区的集聚具有长远的意义。

在河谷的这些综合效应下，河谷自然成为陕北地区集聚人居环境的最适宜地区。于是，河谷空间体系的特点也向河谷内的城镇乡村人居环境渗透。河谷的长短距离、宽窄规模、通达程度、生态条件、与其他河谷及整体河谷体系的关系等都将影响人居环境的发育与生长。当然，河谷同时是洪水的通道，人居环境的选址必须在洪水淹没线之上，同时还要躲避山体滑坡等地质灾害，这些使河谷集聚效应对人居环境的作用表现的更为全面。

4.6.2 河谷闭合效应

由于各等级流域均为一个完整的汇水区，流域枝状河谷空间体系被分水岭或分水高地划分、环绕，各个等级的流域都成为一个具有闭合特征的地域空间单元，进而使各等级河谷地貌单元上发育生长的人居环境体系产生了与闭合地貌相关联的特有空间效应，即空间闭合效应（图4－9）。

图4－9 河谷沟壑闭合特征

依据有关河谷环境的研究，河谷具有如下两个特点：其一，河谷及其流域形成了一个完整、紧密而又自给自足的经济单元；其二，从人类出现直到在河谷单元内城市的形成，这一演化是一个接续性的、一步接一步的过程①。河谷空间闭合特征在小流域的空间形态上表现的最为突出，由于小流域是整个陕北流域体系的末梢，同样是道路交通体系的末梢，因而构成了人居系统的尽端空间，进而表现出显著的闭合特性。高等级流域由于往往有县级、省级或国家级公路通过，因此，其闭合性在一定程度上被打破，使两个流域可以通过道路交通连接起来。例如，延河与清涧河都直接注入黄河，国道 210 穿越两个流域水系的分水岭，芦草梁隧道就是穿越点；穿越清涧河与无定河流域的分水岭则是在九里山。当然，由于在分水岭附近，沟通两个流域的道路交通要克服地形的复杂变化，或是通过隧道，或是通过盘山公路来解决流域间分水岭的空间阻隔，因此，尽管交通可以通达，空间活跃度提高，能量流动加大，沿线人居活动增多，但流域之间分水岭等自然地形造成的整体空间阻隔依然存在，这里空间逐渐狭窄收束，往往是人居环境很难利用的环境，所以分水岭附近人居环境很不发达，流域整体空间的闭合特征总体上并未改变，除了陕北，这种现象在各类丘陵、山地河谷地貌中都可得到印证。河谷空间的闭合效应表现在以下几个方面：

（1）人居环境分布的不均衡性

河谷地貌为枝状空间形态，在流域末端方向，地域开阔度越来越小，坡度逐渐提高，对外交通更为不便，水流、人流等各种能量流都渐次降低；而在流域出口方向，随着水流与河谷的汇聚，流域下游地貌空间越来越开阔，各种能量的汇聚越来越多。因此，人居环境的分布呈现出下游集中而上游分散的不均衡状态。流域内的人居环境由干流至支流，最后到达小流域末梢，呈不同等级规模分布于其中。在任何一个等级的流域体系内，流域中下游区段更有利于人居环境的发展，人口密度增加，城镇规模与数量趋近于向流域的开阔处加大。在上游方向，随着河谷闭合性的增加，人口密度减少，人居环境分布总体上趋近于稀疏。在高等级流域干流河谷中，尽管穿越流域的道路交通会使空间活跃度得到提升，但闭合结构的总体特性依然顽强地表现出来。各等级流域的地形基本上都呈现出树叶形状，在叶片的顶端，是空间的末梢，在叶片的下端，是空间的起始处，空间的开阔度较高。因此，高等级的人居环境更易出现在流域叶片的底部，这正是流域河谷及沟道的中下游区段。

以延川县为例，县城出现在清涧河与其几个主要支流文安驿河、清坪川、永坪川的交汇处，同时又是 210 国道通过之处，也是黄河干流开阔地带与上述几条能量流动通道的汇合处，即流域叶片的底部，反映出交汇处引发人居环境的动力，也表明高等级人居环境在与黄土高原沟壑区自然地貌相关联的方面，更易出现在这一闭合系统的出口方向。在低等级的小流域中同样表现出这一特征，乡镇的分布倾向于出现在距流域出口处或高等级干流较近的地方，而较大规模

① ［美］吉迪恩·S·格兰尼. 城市设计的环境伦理学. 张哲译. 沈阳：辽宁人民出版社，1995. 6

等级的人居环境向流域末梢方向随河谷空间收缩明显减少。总之，在有利于系统外向的地方也是有利于人居环境生长的地方。在延川县7个镇6个乡中，除了延水关镇、杨家圪台镇、土岗乡、马家河乡、眼岔寺乡分布在黄河干流川地外，其余5个镇3个乡都分布在上述主要支流上，而越靠近系统末梢，人居环境的等级越低，数量越少。尽管210国道沿文安驿河把清涧河流域延川部分与延河流域沟通，但文安驿河上的文安驿镇和禹居镇都向河流出口延川县城方向靠近，而延河流域的甘谷驿镇、姚店镇等也均远离两个流域分水岭处，使流域分水岭虽然有国道通过，但人居环境的形成却是小规模的。另一条省级道路沿二级干流蟠龙川也把两个流域连接，但连接通道上的高家屯乡仍然分布在流域出口处。可见，道路交通虽然对人居环境引导力很强，但常常让位于自然生态的引导力，只有当自然生态条件相近时，交通条件才更易成为影响人居环境发育生长的主导因素。在陕北黄土高原人居环境分布调查中，虽然情况错综复杂，但闭合系统人居环境分布的这一总体特征还是清晰的（图4-10）。在闭合空间系统内，所有能量都随水流、交通流等向空间的开口处或水流交叉处汇聚，因此，这里更适于人居环境的发育和成长。

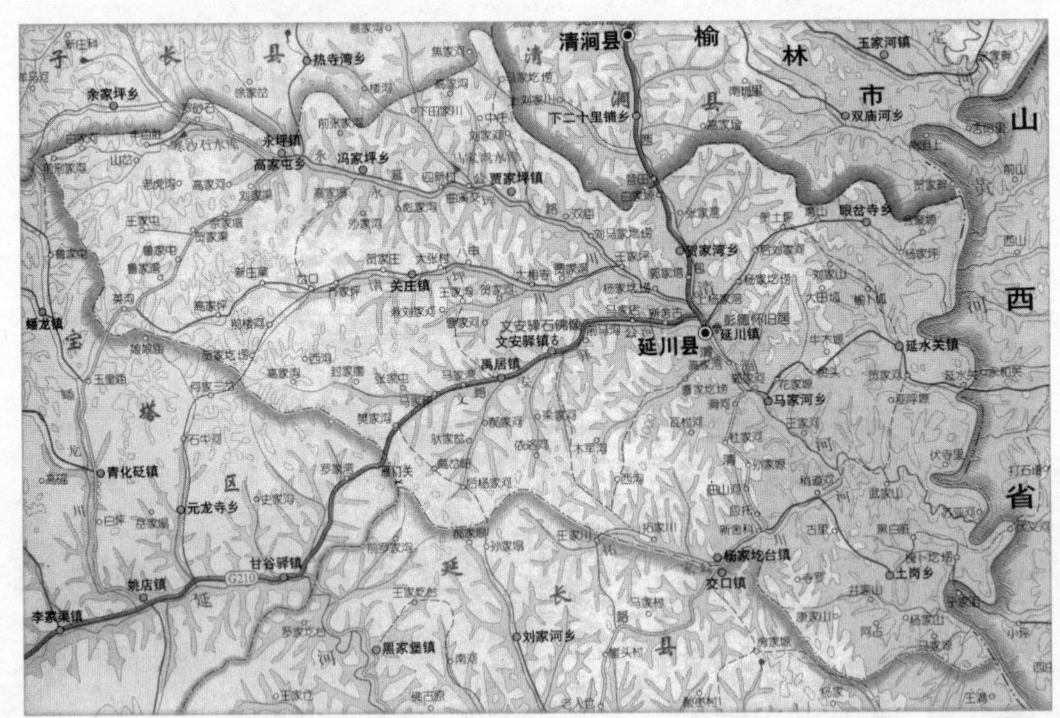

图4-10　延川人居环境与地貌关系

（2）道路交通的方向性

河谷闭合效应促成了交通流的方向性特征，除了穿越高等级河谷的外向交通公路，流域内部枝状道路系统呈现出一定的方向性，即交通流量在与水流一致的方向上趋向于逐渐加大，反之则减少。道路交通方向性在低等级流域中更加突出，在小流域中，由于道路体系总体上为尽端式，故出入流域闭合空间的人流与车流都要经过小流域的的门户处（也就是流域出口处）等场所，这就使小流域靠近门户处的前段部位成为人流易汇聚处，交通流量在与外部连通的方向上逐渐加大。道路交通的方向性对于流域内公共服务设施等方面的布局会产生直接影响。当然，穿越流域的外向性交通会适当改变闭合特征，使得尽端式的道路系统增加了出口，或者形成回路，甚至具有一定程度的网络特性，但这种改变在低等级流域中是有一定限度的，道路交通的方向性依然十分明显。

（3）人居环境空间相对独立性

闭合空间效应导致了流域内人居环境突出的空间稳定性、空间内聚力和空间向心感。小流域往往都是不同的乡或者村的所属地域，这是由于自然地貌的闭合性有利于行政区域的划分。小流域分水岭可能很清晰，也可能起分水岭作用的是塬、峁等地貌，这些地域是由相连接小流域的乡村共同分享的。当然，这些地域也可能成为一个独立的村、甚至乡。无论是哪种情况，在闭合效应作用下，小流域都容易成为相对完整的人居环境。尽管这种闭合效应给人居环境发展带来许多不利，但也带给人居环境许多难得特征和发展机遇，空间内聚性等正是这样的特性。河谷闭合效应使得小流域成为相对完整的社会与经济单元。特别是小流域支毛沟形成的闭合空间，正是一个相对独立、安静、邻里气氛很强的尽端式地貌单元，有利于形成干扰性很小的基本聚居单位。

4.6.3　河谷传输效应

陕北黄土高原人居环境主体空间结构形态伴随枝状河谷体系生成，其主要部分是主干（如无定河谷）、次干（如大理河、秀延河等各种规模的小流域）和末梢的细枝（小流域中的支毛沟），其结构形态与树木的枝干形态十分相似，因而也具有类似树木枝干的能量传输效应。人居环境空间形态结构体系依赖于这一河谷体系生成，主干河谷上发育出较大的城市，次干河谷上发育出小的城镇，末梢河道细枝上发育出乡村。这里的能量流有物质流、信息流、人流、交通流、文化流等，而主要由主干提供的能量往往是电流等基础设施、交通能力、商品等物质流、外部新的文化流等。

与网络结构多向的能量传输方式不同，枝状结构的能量传输是双向的，但常常以某一单向为主，如同树木的根系和枝叶从两个方向吸纳能量一样。树的能量供给有两个单向传输途径：（1）由末梢的叶片接受阳光，通过光合作用而获取能量并提供给整个系统；（2）由根系获取大地蕴涵的水分、微量元素等营养物质并转化为能量，满足系统生长的需求。与之比较，枝状结构人居环境似乎有类同的能量输送方式：（1）各末梢小流域的物质产出（如粮食等农业产出或矿产资源等工业产出）如同末梢叶片吸纳阳光，光合作用产生的营养最终提供给整个人居社会系统以一些基础性的物质能量；（2）由人居环境主体枝干（主干上的城市、枝干上的小城镇等）伸向“社会大地”的无限根须获取的能量（如社会经济能量、交通等技术能量、外部文化信息能量等），再通过枝状结构自身层层传输到达末梢的乡村。在这种能量的传输过程中，存在着能量的衰减与增加：向末梢逐渐衰减，反之就是能量的加强。

新的精神文化信息流沿着人居枝状体系由大城市向乡村传输时，如果不经过强化作用，信息也会逐级衰减，信息的抵达就会滞后，从而造成偏远的小流域乡村人们观念的落后，甚至信息的枯竭。反之，由末梢方向向主干方向的能量传输是逐渐的加强。原因是上述由主干向细枝的能量传输是一种分散，而由万千细枝向主干的能量传输是一种汇聚。例如，小流域乡村的物质原产往往是农产品原料，流向上一级的方向不仅是数量的增加，而且通过技术能量的参与加工，使得产品的附加值提高，能量作用得以提升。能量的汇聚越向高一级人居环境增加，聚集量就越大，于是就提供了高一级城镇出现的条件。因此，几个小流域的汇聚处就更具备发育出一个镇的条件，而几个镇所在流域河谷的汇聚就更易产生一个小城市。这是单向能量流动的特征之一，尽管在局部范围能量的传输可以是逆向的，如加工后的产品又返回系统末梢，各级人居体系都同时为消费者，某时间都要减少某一类能量传输的总量，甚至由地貌环境等导致一定量的多向流动，但陕北人居环境枝状结构能量的单向流动是其主要特征，表明了一种基本趋向。当然，这是客观的情形，人们可以根据各种不同的需求进行一定程度的调节、强化和改变。

这种枝状空间结构呈现出能量由上游向下游汇聚的总体趋势，但当流域上的区段中心城市出现后，就会出现该区段内下游能量向上游汇聚的局部逆向传输。例如，嘉陵江与长江交汇处的重庆和汉江与长江交汇处的武汉均为长江流域局部区段上的中心城市，各自下游一定范围内的小城镇、乡村的人流、物流、水陆交通流等能量流都会出现分别向上游这两个大都市汇聚的局部逆向流动，这是一种正常的情况。然而，就总体趋势而言，长江流域上游向下游的能量汇聚蕴育了上海这一流域最大的城市，作为长江入海口处的上海，承接了整个长江流域向下游的能量汇聚。当然，流域各区段中心城市的发育生长还与自然生态的其他动力因素如地形、气候、资源以及社会、经济、交通、文化等因素密切相关，是以生态动力为基础，相关各因素综合作用而成的。然而，流域体系，特别是流域中的河谷体系形成的能量传输作用依然是各类要素中十分显著的要素之一。

在陕北黄土高原，河谷结构的这种能量传输与聚集效应促进了河谷中下游重要城镇的发展，显示了人居环境分布与河谷空间结构之间的内在关联。自古以来，无定河中下游逐渐汇聚了肤施、米脂、绥德等重要城镇；洛河中下游汇聚了甘泉、富县、黄陵、白水等；而渭河中下游的关中平原目前更是汇聚了宝鸡、兴平、咸阳、西安、渭南等城市。可以看出，尽管不同流域城镇分布情况千差万别，但随着流域能量向下游的逐渐汇聚，一般而言，不同流域的中下游均是城镇人居环境的集中生长之地，这缘于中下游是对上游各级支流有控制意义并承接其能量汇聚的区域，也缘于中下游越来越开阔的河谷或平原的土地资源，更加丰富的水资源，更加便利的交通优势，更加充沛的信息文化资源等。总之，是中下游的能量聚集蕴育了繁盛的人居发展。小流域处于这一系统的上游末梢，如同毛细血管，能量流速慢、流量少、聚集滞后，故小流域是千百年来人居环境发展最为稳定或缓慢的区域。因此，无论是河流交汇处，还是河谷两岸，无论是中下流域，还是上游小流域，无论是重要的城镇，还是偏远的乡村，都可以找到其与河谷沟道体系和周边区域的能量汇聚关系。在这一关系中，道路交通是能量传输的重要空间载体。

在陕北，河谷能量传输效应的重要原因正是河谷空间体系与道路交通结构基本叠合，构成了河谷效应的空间基础。当然，通过人为的调整，河谷传输效应也会产生一定的变化。如在末梢小流域把尽端道路与其他流域交通系统沟通，形成流域交通系统回路，则会使末梢成为两个枝状系统的连接部，适当改变末梢环境状态，使人居所需能量输入得以增强。但由于地貌等其他自然生态条件很难得到根本改变，所以一般情况下，小流域末梢人居环境的基本属性不可能改变。

在这种能量传输过程中，由于河谷如同管筒的空间特征，能量信息的传输会受到流域河谷空间走廊的联动效应影响，即当一个信息产生时，其传播不像平原地带呈圈状波纹式向外扩展，而是受地貌限制，主要沿河谷空间廊道向外传播，同时适当向河谷周边区域扩散，使得河谷中更易受到这种传播的空间震荡和扩散，特别是在同一流域之内。例如，当延安呈现出沿河谷向外进行空间扩散的趋势时，周边的安塞等城镇很快也向延安方向呈现类似的连接趋势，总之，城镇受周边环境影响的程度和速度更具河谷特征。

根据河谷能量传输的特点，我们可以通过对各类河谷枝状空间结构以及其他相关因素的分析，结合具体情况，找出人居环境与河谷空间结构的内在关系，探寻其能量传输的内在机制，从整体系统的角度，认识人居环境与地貌、河谷等自然要素间的关系，为更加适应自然生态的人居环境规划研究探讨新的途径。

4.6.4　河谷交汇效应

自古至今，河流交汇地往往是聚落、城镇发育、生长之处。在西安附近的沣河两岸分布有众多石器时代的文化遗址，聚落密集，可以说是中国历史上最早的人口密集区之一。几千年后，这里成为周王朝的沣镐都城所在地，显示了人类居所在河谷交汇处这一适宜生态环境中的演化历程。

图4－11　河流交汇处的子长县城

陕北黄土高原的城镇、乡村主要分布于河谷川地，呈现出沿洛河、延河、无定河、窟野河等主要河谷枝状发展的格局。在同一等级的流域河谷或大小流域河谷交汇处，往往更易形成人居环境，具有明显的河谷交汇空间吸引效应。大、中流域交汇处易出现大的城镇，小流域内的交汇处也往往成为较集中的居民点或公共设施的分布场所。例如，延安市地处延河、南川河交汇处，呈"Y"字形态发展；子长县城地处秀延河、南河交汇处（图4－11）。在陕北延安、榆林的25个区县中，位于两河交汇处的有9个，可以说在区县分布的主要河谷系统中，重要的河流交汇处均已被人居占据，当城镇发育之初，大多数河流交汇处往往是人居的首选之地。当然，由于大河交汇处有洪水泛滥之忧，石器时代人类抵御灾害的能力有限，因而那时这里的人居点较少。

榆林南部榆溪河与无定河交汇处是鱼和堡小镇所在地，并非榆林这一城市所居，似乎是个例外。其实在明代之前，这里始终是陕北北部最重要的城市所在地，秦代始就是上郡治所肤施之所在。该交汇处城镇的衰落是在明代，基于长城军事防卫的原因，使得这一北部中心城市向现在的榆林漂移。从历史地图集中可以看出，东汉时期无定河称为奢延水，肤施正处于奢延水与榆溪河交汇处，肤施一直延续至后代的儒林、银城，始终为陕北重镇。隋朝时期，当无定河河谷开始了人居重镇的聚集时，雕阴郡治所上县作为具有规模的城镇，则出现于当时称为平水的大理河与奢延水交汇处，并世代沿袭至今日绥德。走遍陕北黄土高原，无论是黄河重要支流河谷，还是众多的小流域沟道，从古至今，分布在河流交汇处的城镇、乡村可以说比比皆是。石器时代，人类聚居点的分布同样具有这一特征，只不过主要出现在小河交汇处。在渭河流域发现的众多仰韶文化遗址主要分布在渭河支流的阶地之上，特别是各级河流的交汇处①。在陕北吴堡县境内青河沟发现的新石器时代龙山文化聚落群遗址的南部，青河沟与黄河的交汇处同样有龙山文化遗址的发现。纵观人类聚居点的生成历史，河流交汇处吸引人居环境发育生成的例子更是不胜枚举，河流交汇处是人居环境

① 史念海等. 陕西通史·历史地理卷. 西安：陕西师范大学出版社，1998. 93

生成的生态诱因（attractor）①。

河谷交汇效应的原因，应该有下述几个方面：

（1）较高的生态位优势

生态位（niche）指“生态系统或群落中，一个种与其他种相关联的特定时间位置、空间位置和功能地位②。”著名生态学家 E. P. Odum（1959）把生态位定义为“一个生物在群落和生态系统中的位置和状况，而这种位置和状况则决定于该生物的形态适应、生理反应和特有的行为（包括本能行为和学习行为）。”Odum 把生境比作生物的“住址”，把生态位比作生物的“职业”③。简而言之，生态位是物种在群落中所占的时间、空间、功能地位。

城市生态位（也应该指乡村等各种形态人居环境的生态位）“是一个城市给人们生存和活动所提供的生态位。是城市提供给人们的或可被人们利用的各种生态因子（如水、食物、能源、土地、气候、建筑、交通等）和生态关系（如生产力水平、环境容量、生活质量、与外部系统的关系等）的集合④。”城市在区域环境中所占据的地位和它提供给人们的生产和生活条件均是城市生态位的重要内涵，而生态位的相关特性对于我们充分认识人居环境内在机制同样具有重要意义。

这里有必要了解与生态位相关的几个重要概念：

1）生态位的重叠与竞争。“当两个生物（或生物单位）利用同一资源或共同占有其他环境变量时，就会出现生态位重叠现象⑤。”从理论上讲，生态位的重叠将导致物种间的竞争排除现象。然而，现实中如果资源丰富，重叠现象并不意味着竞争的发生。在人居聚落与城镇空间分布中，生态位的重叠是否引起聚落间的排斥现象，聚落间的相互关系如何，同样与聚落所处环境资源等各方面情况相关。

2）生态位分离。“生活在同一群落中的各种生物所起的作用是明显不同的，而每一种物种的生态位都同其他物种的生态位明显分开，这种现象就称为生态位分离⑥。”城市生态位的分离有利于城市职能的发挥和城市间整体关系的形成，有利于减少城市间消耗性的排斥作用。

3）生态位宽度。“生态位宽度是一个生物所利用的各种资源之总和。一个物种的生态位越宽，该物种的特化程度就越小，也就是说它更倾向于是一个泛

---

① Matthias Bürgi, Anna M. Hersperger and Nina Schneeberger Driving forces of landscape change-current and new directions Landscape Ecology 19：863，2004. © 2004 Kluwer Academic Publishers. Printed in the Netherlands

② 安树青. 生态学词典. 哈尔滨：东北林业大学出版社，1994. 244

③ 转引自尚玉昌. 普通生态学. 北京：北京大学出版社，2002. 284

④ 沈清基. 城市生态与城市环境. 上海：同济大学出版社，1998. 61

⑤ 尚玉昌. 普通生态学. 北京：北京大学出版社，2002. 284

⑥ 尚玉昌. 普通生态学. 北京：北京大学出版社，2002. 284

化物种；相反，一个物种的生态位越窄，该物种的特化程度就越强，也就是说，它更倾向于是一个特化物种。泛化物种具有很宽的生态位，以牺牲对狭窄范围内资源的利用效率来换取对广大范围内资源的利用能力。如果资源本身不能十分确保供应，那么作为一个竞争者，泛化物种将会优于特化物种。另一方面，特化物种占有很窄的生态位，具有利用某些特定资源的特殊适应能力，当资源能确保供应并可再生时，特化物种的竞争能力将超过泛化物种①。"

4）生态位动态。"大多数生物的生态位是依时间和地点而变化的②。"其实，由于物种竞争等因素所造成的生态位压缩、生态释放和生态位移动都表明了生态位并非一成不变。城市通过产业结构调整等社会经济手段所形成的生态位动态发展，也是城市持续发展的途径之一。

景观生态学的连接点效应也说明在自然生态廊道交汇处，生物多样性更高，往往具有较高的生态位：在自然植被廊道的交接点上，常常有一些内部种出现，而且其种丰富度高于网络的其他地方③。

河流交汇处相对而言是空间开阔、水源充足、生物多样性好、可供人类获取更多生存资源的地域，因而具有更高的生态位，也成为吸引人类聚居的主要地域。这也是社会、经济、交通等均不发达的石器时代，河谷交汇效应就已存在的原因。根据生态位原理，较高生态位对人类的吸引构成了生态因子对人居环境的动力作用。人们向往生态位高的地区，城市借助生态位条件而进行空间扩张等，都成为城市空间形态演化生态动力作用的显现④。借鉴生态位相关研究，针对陕北黄土高原的资源条件，建立城市间相互关联又与资源环境相适应的产业定位与结构，引导构筑适宜的城市生态位宽度，避免引起无谓竞争的城市生态位的重叠，具有可持续发展的深刻意义。例如，城市与乡村的统一结构，会形成对环境具有更多适应性的生态位宽度。

（2）耕地资源的优势

当人类进入农业社会之后，农业生产促进了人类的定居生活，不同于狩猎时代对山林野兽的依赖，良好的耕地条件成为促进人居点生成的更重要条件。在黄土高原，相对于坡地和梁峁耕地，河流交汇处的农业用地开阔平整，水分充沛，土壤有机质含量高，成为最具吸引力的耕地区之一，也成为引导人居点生成发展的重要动因。

（3）道路交通的优势

河谷交汇处也是河谷通道汇聚之处，当社会不断向高等级进步的时候，这里成为人流、物流、信息流、文化流等各种能量的汇聚场所，商品交易的便利

① 尚玉昌．普通生态学．北京：北京大学出版社，2002. 289. 294

② 尚玉昌．普通生态学．北京：北京大学出版社，2002. 292

③ 邬建国．景观生态学．北京：高等教育出版社，2000. 218

④ 沈清基．城市生态与城市环境．上海：同济大学出版社，1998. 61

之地，具有与周边人居点等保持紧密关系，强化全面交往的有利区位，其交通带来的人居环境优势越来越突出。

(4) 军事攻防的优势

由于河流交汇处向各方向的道路通达性，往往使得河流交汇处成为控制各方向军事行动的战略要地。延安、肤施、绥德等河流交汇处正如棋盘上的关键点，早已作为陕北军事地图上的要害之地而得到设防，而这种缘于军事背景发展起来的城镇也说明了河谷交汇效应的另一个因素。

与河谷交汇相类似，各公路交汇处往往也都是人居环境兴旺之地。在陕北公路交汇处一般情况下与河谷交汇处相吻合，因此可以认为是河谷效应的衍生，但在其他平原地区，交通枢纽的人居集聚现象比比皆是。其实，无论是河谷交汇还是道路交汇，人居环境集聚的本质因素是这里为能量汇聚之地，是各种物质流、信息流、交通流、水流、文化流等产生的能量——自然生态能量、社会经济能量、文化艺术能量等汇聚的结果。而人居环境的生成与发展如同生物有机体，离开了能量的支撑，是无法想象的，正如世界万物的生成与运动都离不开能量一样。当我们看到甘肃兰州通往青海西宁的河谷中，往往仅由二级公路、高速公路、铁路、通讯电缆、河流等各种能量流就把河谷空间基本充满时，使我们深刻感受到这一传输能量的河谷对于西宁这一省会城市来说，是多么的重要。各类能源汇聚之地一般为人居之发祥地，为人类生存提供了基本的条件。能量的组成结构、传输方式、强弱、空间分布形式、可持续性等决定了人居环境的类型、社会构成、规模、空间布局与可持续性。因此，充分认识人居环境发展的能量背景，更能深刻认识人居环境发展的相关规律。

当然，河谷交汇效应的作用与人居环境发展其他因素是相互关联的，就如同已经示例的无定河、榆溪河交汇处的变化一般，交汇处的职能会在多种因素作用下发生变化。然而，就整体而言，深刻认识河谷交汇效应对于推测人居环境的历史变迁过程，预测人居环境空间形态的未来发展趋向，均具有指导意义。此外，河谷交汇处又是生态敏感区域，当人居环境已成为不可改变的客观选择时，则应注重减少人居环境对生态环境的扰动，保护河谷交汇处的生态优势。

4.6.5　边缘效应

边缘效应是景观生态学的重要概念。边缘效应是在“两个或多个异质系统交错处，由于种间关系、某些生态因子或系统属性的差异而引起系统边缘带的组分和行为（如种数、种群密度、生产力等）发生较大变化的一种自然现象。相关因子间协调适应的，效应为正，否则，产生负效应①。”也就是说，“在景观

① 安树青. 生态学词典. 哈尔滨：东北林业大学出版社，1994. 13

要素的边缘地带由于环境条件的不同，可以发现不同的物种组成和丰富度，即边缘效应①。”山地与川谷、林区与农田等不同景观的边缘地带以及河流交汇处等多种景观要素汇聚的敏感点均是重要的生态区域，应该认真加以保护，尽量避免人工环境的扰动；然而，这些区域又往往是人居环境的有利点。因此，如何协调人居环境与生态环境的关系，是十分重要的。对于正效应而言，会使我们在景观边缘地带看到更加丰富的生物多样性、更具活力的行为能力和更为稳定的生态系统关系。而边缘效应同样对人类的居住行为产生着作用。

我们从中国地势图中可以看出，大中城市的分布基本都遵从一个规律——沿不同地貌交接处（边缘处）分布。中国地势从整体海拔高度上分为四大台阶：1）海洋；2）平原；3）黄土高原及南部云贵高原丘陵高地等；4）青藏高原。而不同台阶的交接处往往是重要城市的分布处。以华北平原和长江中下游平原为例，在第2台阶平原区与第3台阶黄土高原及南部丘陵高地的交接处汇聚了北京、唐山、秦皇岛、保定、定州、石家庄、邢台、邯郸、安阳、新乡、郑州、许昌、南阳、丹江口、襄樊、荆门、宜昌、常德、长沙、岳阳、武汉、南京、马鞍山等，济南这一大城市尽管在中部，但却与淄博、潍坊等一同在泰山山脉与平原的交接处。在天津、沧州、东营与北京等沿山城市围合的华北平原北部，除了德州外，基本没有具有一定规模的城市的存在，如果说把德州也作为边界的话，中部广大地区则毫无具有规模的城市，这与周边密度很高的城镇群形成了鲜明对比（图4-12）。

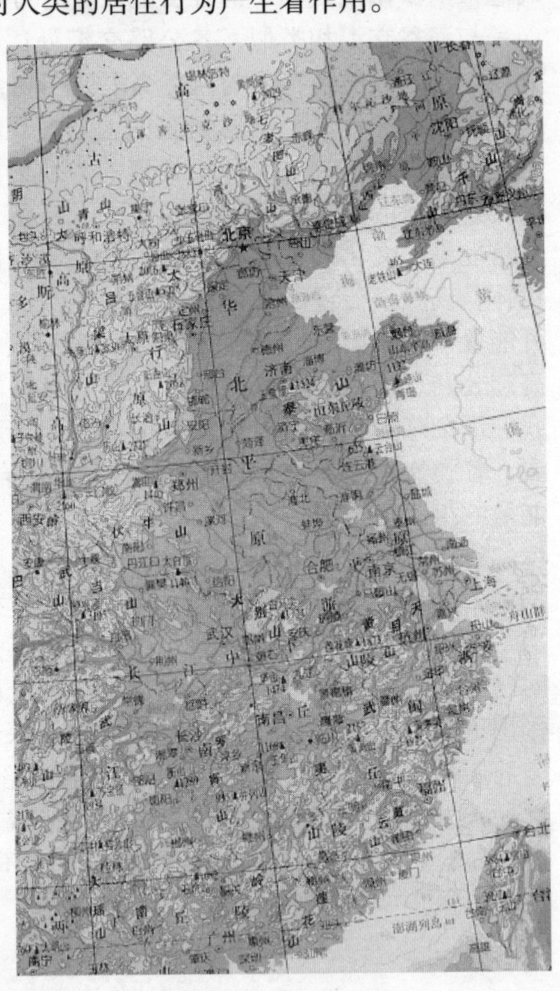

图4-12 华北平原边缘效应

这种情况在华北平原的南部、长江中下游平原的北部、东北平原等处都可以见到。西安处于关中平原与秦岭的交汇处；太原处于汾河平原与周边黄土高原的交汇处；沈阳、长春、吉林、哈尔滨等则形成了东北平原东部、长白山沿

① 傅伯杰等. 景观生态学原理及应用. 北京：科学出版社，2002. 66

线的城市带；在第 3 台阶黄土高原及南部云贵高原与第 4 台阶青藏高原交接处，成都、重庆处于四川盆地与周边山地、青藏高原的边缘处；兰州、白银、武威、嘉峪关等则处于祁连山北部边缘，西宁则处于青海黄土高原带与高原区的交接处；乌鲁木齐、昌吉、石河子等构成了天山北部的沿天山城市带；昆仑山、天山与塔克拉玛干大沙漠的交接线则分布了和田、于田、若羌、喀什、莎车、库尔勒、阿克苏等。在中国的东南沿海地区，第 1 台阶海洋与第 2 台阶陆地平原的交汇线上分布的上海、天津、厦门、广州、香港、深圳、珠海等重要大中小城市更是不必细述。

这一现象的原因可以用边缘理论来解释，具体说，应该有如下方面：

（1）边缘地带具有更高的生态位

根据生态学原理，边缘区往往是生物多样性突出的区域，生物生存条件较好，聚集了不同环境的优势，因而也为人居环境提供了较好的条件。例如，边缘区植物的多样性形成了食草和食肉动物的多样性，进而也为人类提供了丰富的猎场。同时边缘地带往往是平原上许多河流的上游，对于城市来说，有近水之便但无洪水之忧，且背靠山脉，攻守自如。

（2）边缘地带具有交通优势

边缘处往往是不同交通汇聚之处，具有通达不同类型地貌的便利。北京向南的通道沿太行山东边缘南行，又有通达西部的便利。

（3）边缘地带具有商贸优势

边缘处具有不同地理区域物产商贸交易与文化交流之优势。山地与平原的不同物产往往在边缘地带进行方便的交易。

（4）边缘地带具有生态安全优势

边缘地带不仅具有地势、防洪等各方面生态优势，而且可以留出大片适宜耕种的土地从事农业生产。

在陕北地区，边缘效应也十分明显。北部毛乌素沙地与黄土高原沟壑区的交接地带的横山山脉边缘区域具有敏感的军事意义、特别的交通条件、物资集散与商贸的需求、相对多样生态环境，因而成为人居环境的易生地带，经过长期演化形成了人居环境城镇带。这一城镇带于宋代的形成主要是基于军事防卫的需要，元代的消失是缘于社会政治的更迭和农牧经济的演替，明清的恢复除了军事防卫，更有商贸职能突出的原因，当前的强化则是长城沿线矿产资源开发的结果。然而，尽管不同时代其兴衰缘由各有侧重，但又都可以找到它们与自然生态条件的紧密关联，可以认为是边缘效应的结果。而河谷同样是充满边缘效应的地带，因为河谷地区也可以看成为微观层面上山体与河流的边缘交汇地带。生态环境通过边缘效应对人居环境产生影响。边缘效应中的正效应提供了许多适宜人居环境发育生长的条件，因而成为人居环境空间形态发展的动因。

4.6.6 海拔效应

地形的海拔高度对人居环境空间分布也有重要影响。就人居环境的基础性要素—人口分布的一般规律而言，人口密度与海拔高度成反比关系，海拔越高则人口密度越低。从历史情况看，在其他自然生态条件基本相同、社会经济发展水平较低情况下，低海拔的平原地区人口密度远大于高原地区和山区。在当今社会经济发展条件下，这种人居环境与海拔之间的关系依然具有主导性影响作用。1990 年，中国大陆地区海拔 200 米以下的地区平均人口密度为 450.8 人/平方公里，海拔 200～500 米则降为 202.8 人/平方公里，500～1000 米为 68.7 人/平方公里，1000～2000 米则降为 43.7 人/平方公里，海拔 2000 米以上则仅为 0.9 人/平方公里，海拔 200 米以下地区与 1000～2000 米地区的人口密度相差 10.3 倍①。

陕北黄土高原海拔 600～1900 米，由东南向西北逐渐升高，人口密度也基本呈现由南向北、由东南向西北递减的趋势，居民点愈加分散，规模也愈加减小。延安南部的咸阳北五县海拔多在 700～900 米，明显低于西北部定、靖等县的 1300～1900 米。当前，咸阳北五县人口密度基本上都在 200 人/平方公里左右，而靖、定区域随着海拔的提升，耕地条件越来越差，人居分布越发稀疏，散居情况十分普遍，人口密度均在 40～80 人/平方公里范围内，总体上表现出海拔高度对人居环境的显著影响。当然，自然生态诸因素对人居环境空间分布的影响作用是综合发挥的，海拔效应是与河谷效应、边缘效应等共同作用于人居环境的。因此，在总体上由南向北人口密度逐渐减少的格局中，又包含着沿河谷延伸的高人口密度分布带。

4.6.7 水源效应

水是人居环境生成与发展最基本条件之一。从关中和陕北石器时代人类遗址的分布情况可以看出，在当时生产力发展水平条件下，人居点必定与河流或湖泊等地表水有紧密的联系，水源直接影响着人居点的分布。人居点一般位于临近大河的支流两岸阶地上②，既有近水之利，又无洪水之患。这一原则始终是人们在处理城市选址与江河关系时遵循的，如《管子 乘马》："凡立国都，非于大山之下，必于广川之上。高勿进旱而水用足，下勿近水而沟防省，因天材，就地利。"城址与水源的这种关系早已为人们所关注，这或许也是黄河这一大川之畔在陕北地区缺少成规模人居的原因之一。然而，在黄河的众多支流则完全

① 张善余. 中国人口地理. 236. 转引自薛平栓. 陕西历史人口地理. 北京：人民出版社，2001. 452

② 史念海等. 陕西通史·历史地理卷. 西安：陕西师范大学出版社，1998. 93

是另一种状况，这里地形适宜，物种多样，日照充足，茂密的林地宜于狩猎，肥沃的土地宜于农耕，形成了人居环境的适宜之地。在人类长期的进化过程中，江河湖泊等天然水体不仅提供了人们的日常生活用水，也直接引发了农业生产的发展和水上运输的产生。

陕北地区影响人居环境的水文条件主要是纵横高原的地表河流水系，包括湖水、泉水等。受巴山和秦岭的阻挡，东南暖湿气流很难把陕南受益的丰沛降水带到陕西的中部和北部。陕南地区年平均降水量一般在800毫米以上，最多可达1400毫米；关中地区为550~700毫米；而陕北大部分地区则不足550毫米，并且由南向北降水量愈加减少，长城沿线一带多数地区不及350毫米。然而，陕北降水集中于夏季，且常常以暴雨形式出现，是造成水土流失的重要原因。因此，在陕北地区，降水则是以水土流失这种特殊的不利形态对人居环境构成影响的。此外，从目前地质勘探情况看，陕北黄土高原与西北其他地区一样，深层地下水蕴藏量丰富，有很好的利用前景，但除米脂、绥德等榆林一些地区外，多数地区地下水埋藏很深，在历史上，对人居环境的影响十分有限。因此，陕北多数地区可供人居环境发展的水资源缺乏，常常成为限制性因子，对人口的密度、社会经济的发展途径都会产生重要影响。

陕北河流水系对人居环境表现出强烈的吸引力。本书相关前述显示了人居环境向水系的趋向力，相关历史资料也充分反映了这一点。西周的沣、镐二京位于渭水支流沣河两岸；秦咸阳位于渭河北岸；汉唐长安均位于渭河南岸；陕北历代各郡县治所几乎无不位于河流沿岸或其附近。以北宋为例，位于无定河沿岸的有夏州、银州、绥德军、米脂寨、开光堡；位于大里河沿岸的有威羌寨、万安堡、威戎城、克戎寨等；位于清水（延河）岸边的则有肤施、延长、金明寨、龙安寨、安塞寨等；位于洛水沿岸的则有敷政、甘泉、洛交等。陕北黄土高原是缺水地区，故人居环境的发育首先从水资源丰富的大流域河谷附近支流开始，逐渐向远离丰水区的流域末梢和更加缺水的地区扩散。水资源相对丰富的流域河谷体系的走向直接引导了人居环境的分布，河谷区的地表水提供了农业灌溉用水，而相对充足的地下水则满足了人们的日常生活用水。

水文变化带给人居环境深刻的影响，特别是河湖水体的变化会直接推动人居环境空间形态的演化。无定河上游红柳河北岸的统万城是由匈奴首领赫连勃勃于公元413~416年修筑的十六国时期称雄一方的大夏国都城。“世祖之平统万，定秦陇，以河西水草善，乃以为牧地。畜产滋息，马至二百余万匹，橐驼将半之，牛羊则无数①。”从当时牧场的规模，可以想见其生态环境的优越。赫连勃勃“于朔方水北，黑水之南，营起都城”，充分利用了这里当时水草丰美的宜人环境，意欲统一万邦，使统万城成为陕北当时规模宏大、坚固持久、显赫一时的重要城市。统万城一直存留至北宋时期，后逐渐淹没在茫茫荒漠之中。

① 魏书. 卷一百一十·食货志六. 第十五

图 4-13　统万城遗址

历代战争对统万城不断造成破坏，然而，曾经滋养这块绿洲的“广泽”和“清流”尽已消失，水文环境变迁等自然生态演化无疑是统万城兴衰的重要原因。（图 4-13）陕南的安康，其老城址曾几经迁移，与汉江保持着由近而远，又由远而近的关系，其原因就来自于不同时期受汉江洪水威胁的地域空间范围的变化。陕北人居环境的一个突出特征就是沿流域河谷分布，城镇环境特别是乡村居民点受河流迁移或洪水影响的程度会更大。

另外，水资源的品质状况也是影响人居环境的重要因素。不同的水质对于人们的健康、生产、生活、甚至文化都会产生不同影响。在现代科技水平下，水质情况已受国家相关标准的规定，水质作为水资源评价的一项重要指标，对人居环境的发展规模，发展方向等更是起到了重要的引导与控制作用。

根据限制因子原理，生物的生存和繁殖受各种生态因子的综合影响，在诸多因子中，任何接近或超过某种生物的耐受范围，直接制约该生物的生长、发育、繁殖、活动、扩散和分布的关键因子就被称为该生物的限制因子。在一个复杂的生态系统中，只要出现影响某一物种甚至某一子系统的限制因子，就会直接影响该物种或子系统的存在状况与功能，进而有可能牵一发而动全局，影响整体系统的发展。因此，一方面要避免限制因子的出现；另一方面也可以通过对系统组分的控制来调节组分与限制因子的关系。减少限制因子对系统整体的影响。在陕北人居环境中，对于一个小流域生态单元而言，其水源或土地资源往往成为环境容量的限制因子，从而制约整个地域单元的人口密度等，进而对人居环境规划建设产生重要影响。对于水资源来说，我们既可以通过合理开发和利用水资源减弱其限制作用，也可以通过人口控制、耗水部门的调节等措施减弱其限制作用。

4.6.8　矿产资源效应

资源（resource）是某种生物所能利用的任何环境成分。因此，不同生物的资源范畴有所不同。就人类而言，自然资源是指在一定时间和地点条件下，能够产生经济价值，以提高人类当前和将来福利的自然环境因素和条件。因此，凡是自然环境中能够满足人类生活和生产需要的任何客观物质都被看成是自然资源，例如空气、水、土地、森林、草原、野生生物、各种矿物和能源等①。除

① 李振基等. 生态学. 北京：科学出版社，2000. 400

此之外，影响人居环境的重要动力还有其他各类物质和非物质资源，如文化资源、旅游资源等，当然这不是本文讨论的重点，这里的资源主要指自然生态资源。严格的说，所有与人居环境发展相关的自然资源都是基础性的因素，但不同历史时期，不同的资源发挥的作用，对人居环境的影响力是有差别的。对于远古时期，充沛的水源、茂密的森林、丰富的动植物，自然成为吸引先民们聚居的主要生态动力；对于现代人居环境而言，除了传统的生态资源动力，矿产资源则成为影响人居环境发展的最重要动因之一。

地下矿产资源分布直接影响了人居环境空间形态。首先，矿产资源开发会快速刺激人口的聚集和人居环境的发展；另外，矿产资源开发方式也决定了矿业城镇区人居环境的空间分布方式。20 世纪 80 年代开始，随着神府煤田和靖定天然气田的开发，使榆林地区神木、靖边等城市空间快速扩展，人口密度明显提高。以神木为例，根据笔者的调查，1986 年县城非农业人口仅为 1.5 万人；1990 年县城非农业人口已达到约 3 万人，全县总人口为 30.8 万人，全县非农业总人口为 3.8 万人，占总人口比例为 12%；2003 年县城非农业人口则为 7.3 万人，加上流动人口总数近 10 万人，全县总人口为 36.6，全县非农业总人口为 9.2 人，占总人口比例为 25%。在不到 20 年的时间里，县城城市人口和城市用地规模增加了约 5 倍，城市化水平大幅提高，对周边地区起到了很强的吸引作用，而这一切主要缘于神府煤碳资源的开发，说明了矿产资源对人居环境的动力作用，这与美国等世界各国不发达地区开发中矿产城市的发展有许多相同之处。煤矿资源分布状态直接影响了城镇空间分布形态。从目前陕北神府煤田及内蒙准格尔煤田城镇发展情况看，形成了以管理、服务职能为主的中心城市为核，外围煤矿生产基地为点，城镇之间、城镇与矿产点之间、运煤专线等交通网络为联系的城镇人居环境空间形态结构，而这一结构完全决定于矿产资源的分布、生产运输方式、生活管理方式、社会综合发展途径等。

同时，由于矿产资源的逐渐减少，矿业城镇的产业置换、各种人力资源、技术资源、社会资源等的重组成为许多矿业城市面临的问题。正是未能很好的解决这一问题，许多矿业城市在资源枯竭后很快走向衰落，如甘肃玉门的情况。而甘肃金昌、白银等城市也正面临同样问题，白银已经在这方面探讨着有效的途径。陕北正在兴起的矿业城镇最终也将面临这些问题。因此，长城沿线的矿业城镇发展带空间结构会受到资源的多少、产业的置换等方面的直接影响。

此外，对于陕北来说，地质构造成就了地下的矿产资源，同时也限定了地上的土地资源。而土地资源也是陕北人居环境发育生长的最重要动力之一。当河谷陡坡和过渡残破的沟壑成为环境中土地的主体时，对人居的制约就会十分明显。可以说，土地承载容纳度是陕北黄土高原人居环境发展重要的根本条件之一，在其他条件具备的情况下，土地规模就成为影响人居环境发展的至关重要的因素。因此，由于黄河峡谷及其延伸带的地貌特征，两岸多为陡峭石崖或黄土坡地，缺少适合较大规模人居环境形成的土地条件，尽管是陕北黄土高原最大的流域沿线，人居环境的大规模形成并不多，黄河岸边的县城只有吴堡、佳县、府谷三个，占延安、榆林市县城总量的12%，这一点不同于长江流域和黄河下游地区。陕北较大的人居环境均产生于黄河几大主要支流提供的较为开敞的河谷川地，这里为人们提供了相对丰富的河谷耕地、塬坡耕地、城镇乡村建设用地等，表明了土地空间的容纳度与人居环境生成的紧密关系。

4.6.9　气候的影响

气候对人居环境影响十分明显。海南岛的热带气候、青藏高原的极地严寒、西北地区的干燥、江南水乡的湿潮等都给人居环境空间形态带来明显的影响，造成不同气候地区人居环境空间分布特征的巨大差异。世界各地传统民居是建筑适应自然生态环境的最好典型，如果说与北方广袤草原相适应的流动住屋是蒙古包、帐篷等，与南方浩瀚大海相适应的流动住屋就是水上船屋，这种由船构成的家组成的渔村在越南、泰国、印尼等水域密布的地区常可看到①。现代人口地理学的研究还表明了人口密度与不同类型气候之间的紧密关联。1990年，我国南温带和中温带半湿润气候区的人口密度达347人/平方公里，热带地区为170人/平方公里，半干旱区为71.4人/平方公里，干旱区则为12.2人/平方公里，北温带仅为5人/平方公里。研究成果还表明，人口密度与气候的干燥度密切相关。例如，陕西三原县干燥度小于1.0，农业人口密度达500人/平方公里以上，甘肃皋兰县干燥度为2.0，其人口密度仅为50人/平方公里，新疆哈密干燥度达16.0以上，人口密度则仅有2人/平方公里，可见，人口密度与干燥度完全成反比②。

生态学有关规律揭示了气候对动物形态演化的影响。艾伦法则（Allen's law）表明：同一分类单位的恒温动物的突出部分在低温环境中，有变短变小的趋势。如北极狐、法国赤狐、非洲大耳狐；而比尔格曼法则（Bergmann 's law）说明：同一分类单位的恒温动物的大型种类，趋向于生活在寒冷气候中③。也就是说具有体积大而散热小形态特征的动物，其单位体重散热量较少，身体保温性能好，是生活在寒冷地区的优势种。这些规律充分说明了动物对气候的形态适应，同时也说明生态系统及其组分之间紧密相关的联系和整体性，整体和谐是保证系统平衡发展的最重要特性。与此相一致，人居环境整体系统的和谐性、整体结构的功能发挥、各子系统与整体系统的和谐统一是非常重要的。

---

① 荆其敏等. 中外传统民居. 天津：百花文艺出版社，2004. 329

② 张善余. 中国人口地理. 269～270. 表47　转引自薛平栓. 陕西历史人口地理. 北京：人民出版社，2001

③ 李振基等. 生态学. 北京：科学出版社，2000. 43

我们可以看到当气候由南至北逐渐寒冷的时候，西北和青藏高原传统民居空间形态逐渐在整体上呈现出紧凑低伏、围合封闭、外形简洁、避风防寒、收缩内敛、依山就势、缺少突兀的形态特征，（如陕北、青海、西藏、新疆民居）这种减少蒸发面、利于节能的空间形态似乎反映出对单位体积表面积少的寒地动物形态的趋近，传统风水格局的围合收缩特征也与这一趋势相吻合。

图 4－14　傣族木屋

我国南方及东南亚地区传统民居则整体表现出高耸的屋脊、架空的屋底、舒展的构架，形态体块间高低、凸凹变化多、反差强烈、布局相对分散等特征，既利于通风散热、又长于排水，从而与热带闷热气候相适应[①]，如傣族的木屋（图 4－14）、印尼船形屋（图4－15）等，似乎与单位体积表面积增大、利于散发热量的热带动物舒展体形相趋近。而传统风水格局中适用于北方的避风在南方也改为通风，强调的是通透与伸展。由此我们是否可以认为：如果生物界的某些生态学规律同样适用于作为动物家族一员的人类，那么是否也意味着这些规律的本质意义在人类的聚居环境空间形态组成方式中也以适宜的形式表现出来呢。

图 4－15　印度尼西亚船形屋

陕西秦岭是重要的南北气候分割带，秦岭山地自身属南暖温带湿润气候，陕南属北亚热带湿润气候，关中平原属南暖温带半湿润气候，陕北高原多数地区属北暖温带半干旱地区，长城沿线以北则属温带干旱气候[②]。因此，陕西地区由南至北气温逐渐降低，降雨量逐渐减少，干燥度越来越大。在这样的气候条件下，陕北黄土高原人口密度自古以来一直远远低于关中地区，并且呈现出整体上由南向北递减的规律，城镇乡村规模数量等也随之发生相应变化。

现代科学技术的发展使得人们可以更加精确的探测气象变化等自然生态因素对人居环境的影响作用。以在河谷地区的山谷风为例，地貌的起伏宽窄、昼夜的温差变化、朝阳与背风的不同、城市各部分的形态差异等都会促成不同的

① 荆其敏等. 中外传统民居. 天津：百花文艺出版社，2004. 195～234

② 陕西省计划委员会. 陕西省测绘局. 陕西省资源地图集. 西安：西安地图出版社，1999. 30

风向、风速、风力的变化①，进而引起城镇乡村空间形态的适应性发展。

对风力的避让也是传统窑居环境的重要考虑。在新疆开阔无拦的广袤戈壁上，大风可以卷起石沙飞扬，当地传统的是与恶劣的气候条件相适应的住居方式"地窝子"实际上是半地下的生土民居，倾斜屋面的低端由地面而起，并且朝向主导风向，既具备生土建筑的综合优势，又低伏于地面，把寒冬的狂风平滑的引导通过住屋，具备很好的防风功能，可以说是风力引导而成的典型住宅形态（图4－16）。陕北黄土高原沟壑区年平均风速多在2.5米秒以下，11～28米秒的极端风速发生频率并不多，风灾危害并不大。特别是依山背风而建的窑洞，具备天然的防风优势。当然，这一优势的前提是窑洞不应迎风而建，符合传统风水格局的背风面是最好的选择。这样，除了南坡外，坐西面东的坡地窑洞也具备相对较好的防风功能。

图4－16　新疆山口地区防风功能突出的"地窝子"

在我国，南北方日照因素对人居环境空间形态的影响差异也很大。获得阳光是寒冷的北方居住生活的重要需求，因此，在地形复杂的陕北，冬季阴影中的区域就成为最为不利的居住地段，获得最多日照时数的南向坡地自然成为人们居住用地的主要选择。当然，受土地资源的制约，也因为西晒等问题不像南方那样严重，其他各类朝向的住宅也都存在，但都必须获得一定时间的日照。这样，在寒冷的冬季，避风的山坳里就能出现充满阳光的窑院，透过窗帘洒入的温暖就会充满整个窑居，这对陕北的住居是非常重要的。所以，只有冬季各时间段持续阴影区之外的阳光地带才是人居环境生成的地带。

4.6.10　水土保持的影响

陕北黄土高原最突出的自然生态问题就是水土流失，千百年来，当地人民一直在这块土地上努力适应这一生态现象，探寻减弱其危害的方法，而无论是适应与治理水土流失的途径、还是水土流失本身，都对人居环境空间形态演化产生着影响。

（1）淤地坝对地貌的改变

淤地坝是各类小流域生态治理模式的重要基础性工程，黄土高原千沟万壑

① M. Piringer and K. Baumann Modifications of a Valley Wind System by an Urban Area-Experimental Results Meteorology and Atmospheric Physics. 71, 117－125 Springer-Verlag 1999 Printed in Austria

中的淤地坝将构成深具生态意义的空间体系，也将成为人居环境建设的前提性空间体系，既对人居环境建设有所制约，又对人居环境建设有所引导。随着淤地坝工程的长期效应，各级沟道，特别是小流域主沟道所淤之地不断加厚，使沟道底面不断抬高加宽，使小流域地貌发生了改变。如米脂县榆林沟主沟道最低处底面 40 年来抬升了近 30 米，迫使道路、住宅等空间分布向沟道上方发展，或直接向支毛沟内发展。（特别是当主沟道抬升后，主沟坡面不适于住宅建造的时候）米脂县高西沟村民住宅由主沟逐渐向支毛沟扩展的原因正来源于此。高西沟淤地坝建设 40 多年来，使主沟道底面抬高约 20 多米，原有道路、住宅早已被所淤之地淹没。由于现有主沟道坡面多处陡峻，不适于建造窑洞，已使主沟窑居大为减少，使原来全部位于主沟道的窑居下降为总量的 50%，其余均在支毛沟之中，当然，由于建设用地绝对值的扩大，村民住宅用地向支毛沟扩展也是原因之一。这一演化成立的前提来自同样的原因，即由于支毛沟底面相应的抬升，使得沟道底面开阔，不仅形成了平整的坝地和堰窝，也使得道路更易形成，窑居更为方便。

淤地坝的建设在使沟底等地貌形态发生明显变化的同时，通过与其他生物水保措施的配合，也使坡面等许多地带水土流失大为减少，地貌更为稳定，成为人居环境用地的良好选择。可见，由于淤地坝工程通过长期的作用，促使小流域地貌发生显著变化，也自然对小流域人居环境空间分布具有明显的影响作用。

（2）水保体系空间布局优先原则

人居环境空间形态的发展必须以保护淤地坝工程设施及其环境以及其他水土保持设施为前提，必须保证水土保持相关设施空间格局的优先布局。因此，村镇建设必须避让坝系、小水库、堰窝、生态林、各类沟坡植被网络等，从而与各类水土保持设施空间体系保持协调的关系。这样，小流域水土保持空间体系成为在发挥生态功能的同时，成为对人居环境具有明显制约影响的空间体系。

（3）水保体系空间布局的利用

水土保持设施空间体系一方面对人居环境空间分布造成了制约，另一方面也可以得到利用，从而与人居环境形成协调的关系。淤地坝的建设使得小流域沟道两岸空间通过淤地坝得以沟通，淤地坝在完成其水保职能的同时，也成为跨越各类沟道的桥梁，这一特性完全可以得到利用，使淤地坝成为人居环境道路交通系统的组成部分。此外，小流域地形陡峻、坡长的坡面、塬边、支毛沟的沟头、沟谷等敏感区是重点植被防护地带，住宅布局在局部范围内应该适当降低密度，避免截断关键林带，与植被体系融为一体。同时，又可以把重要的植被区域直接与人居环境空间分布相结合，使之成为人居环境的有机构成。因此，除了淤地坝，保护小流域水土保持工程中的植被系统，与之形成协调、合理的有机整体，是人居环境建设中的另一个重要生态任务。黄土丘陵沟壑区自坡顶至沟道水土保持措施梯层结构配置模式共同点可概括为：山顶草灌；坡上经济林；山腰梯田；山下造林；沟底谷坊和淤地坝。这些生态措施构成了水土保持系统的空间分布格局，不同植被的分布、截洪沟道的设置、淤地蓄水工程的安排等，共同形成了水土保持的空间网络，人居环境要在这一空间网络基础上形成，在维持这一空间体系优先的同时，可以与之形成有机结合的关系。同时，窑洞的挖掘、道路的修建等人居环境建设工程自身对水土流失有两个方面的作用。首先，在这些设施的建设与使用过程中，会造成新的水土流失，特别是未经硬化的道路和庭院等，会形成新的黄土裸露竖向断面、水平面等，这些地段正是新的水土流失敏感处。如许多山间土路形成后只经过一个雨季，就被毁坏至沟痕累累的模样。因此，不进行适应水保的科学建设（如在道路一侧加建排水沟渠），人居环境建设会造成新的水土流失；另一方面，经过合理规划建设的人居环境又同时可能成为水土保持的有利工程，如硬化的院落和道路，同时可以成为保护黄土、收集雨水的设施。

总之，水土保持体系是小流域综合治理中的关键体系，其空间系统理所当然是人居环境规划建设的空间基础，人居环境必须通过避免接触、有条件接触等方式，在选址、发展等方面与水保空间保持协调关系。

4.6.11 土地资源的影响

以川谷地貌为主要特征的陕北黄土高原人居环境形态发展的另一根本条件是土地承载容纳度，在其他条件具备的情况下，土地规模就成为影响人居环境发展的至关重要的因素。因此，有较多适于建设用地的无定河、延河等中流域的川谷交汇地形成了城镇，但由于黄河边缺少适合较大规模人居环境形成的土地条件，尽管黄河两岸是大流域主河道沿线，城镇的形成并不多，这一点不同于长江流域和黄河下游地区。当然，这与黄河并未形成重要水运交通条件也有极大关系，缺乏促使人居环境大规模形成的交通动力。

4.6.12 综合动因

尽管各生态要素对人居环境的影响力度有强弱之分，但人居环境空间形态演化的生态动力必然是各种生态效应综合作用的结果，在河谷效应发挥作用的同时，气候、海拔、资源等同样产生着影响。这种综合作用存在着一些内在机制。首先，最小限制因子是生态综合作用中的一项关键因素。就如黄河峡谷地带，当所有生态动因都倾向于吸引人居环境的聚集时，土地的稀缺成为制约人居环境生成与发展的最小因子。其次，我们还可以认为存在生态阻力最小原理，即人居环境的生成是沿着生态阻力最小的方向发展的。如果不考虑社会、经济、文化、心理、技术等因素，仅就生态动力而言，人们的居所定然是向着生态阻力最小的方向发展：在避开洪水威胁的淹没线之上，人们为了克服最小的重力作用，为了交通的便捷，自然倾向于尽量低的居所；当城市可以沿着河谷平面发展时，就不会向坡地或山地发展；人们自然是首先选择水源充足、土地肥沃、资源丰富的地域作为居住地。当然，还有非常重要的一条，就是人居环境受生态主导因子的作用。如地下矿产资源得到开发利用时，这一因子就成为抑制其他生态因子作用，吸引人居生成的关键动因。因此，在主导因子、最小因子、最小阻力等因素的综合作用下，生态因子共同引导和推动着人居环境的生成与发展。

第5章

陕北人居环境空间形态结构演化适宜模式

通过前文的分析可知，陕北人居环境空间形态在自然生态、社会经济、政治军事、文化技术等各方面因素综合作用下，有其演化的客观性；同时，人们可以通过主观的引导使人居环境空间形态演化更加合理。

5.1　生态适宜性与发展分析

根据前文提到的生态环境分区以及生态保护、矿产资源开发、交通系统建设和其他社会经济发展因素等，可以从宏观地域分区方面对陕北人居环境的适宜发展区及社会经济发展途径进行框架性的分析。

（1）适宜区域

首先，适于陕北人居环境发展的是黄河一级支流河谷地区以及水资源相对保证性较好的黄土塬区，即无定河、北洛河、延河等干流河谷及洛川塬地域；其次，是与一级河谷紧密相连且距离不太远、交通方便的二级支流（小流域）地区。这些地区是陕北生态环境相对较好、耕地和水资源较丰富、交通方便、城镇发展体系较完整、人居环境历史久远、社会经济发展动力强的地区。由于人居环境与自然生态的关系经过数千年的磨合已相对稳定，生态环境可以在可控制的条件下逐渐得到恢复和治理，因而这些地区成为既具有人居环境持续发展的潜力，又对生态环境干扰相对较少的区域。

由于本生态区无定河流域的中、南部，延河流域的东部，洛河流域中部等区域生态环境相对较为稳定，是陕北最为适于人居环境发展的区域，是社会经济发展与城市化的重要地区，因而难以避免地承担着安置生态移民和向此地集中的城市化人口的责任，人居环境规模的扩展也势在必行，进而形成陕北地区具有较高品质和较大规模的城镇人居环境发展带。

种植业和畜牧业是本区域传统的农业生产类型，其中果品种植有着突出优势。洛川塬一带海拔高度、日夜温差、日照时数、降雨量等自然生态条件使之成为世界级的优质苹果生产区，使洛川已经发展为陕北优质绿色苹果生产、贸易、加工、运输中转的核心基地。因此，本地区农业生产应该以生态农业为目标，加大农业生产的高新技术含量，积极建立生态林草培育、经济林果生产、特色杂粮种植、绿色家畜养殖一体化的生态农业经济复合系统。根据不同地区的自然生态条件，因地制宜，合理配置生态林、经济林、粮食生产、畜牧业的结构比例。例如，根据自然生态环境特征，在向北的方向逐步加大畜牧业的比例，从而构成与自然生态环境相适应的农业经济发展模式。同时，大力发展滴灌、喷灌、窖灌等节水灌溉形式，充分利用水资源，建立生态农业生产的用水体系。要充分利用河谷川地、小流域淤地坝地水资源丰沛、土壤肥沃等优势，大力建设高质量的基本农田，提高农业种植产量，从而加大对25度以上坡地退耕还林还草措施的保障。加大延河、洛河、清涧河等主要河谷地区的生态环境保护，加大流域天然林保护工程的力度，提高河流湿地生物多样性等生态指标，把本区建设成为以河谷川地为绿色构架的黄土高原最具生态优势的区域。

这一区域自然地形等生态环境最具黄土高原特征，各级流域河谷体系所形成的枝状城镇、乡村分布格局突出反映了人居环境与生态环境的紧密关系。由于受河谷地形条件及水资源等的制约，城镇个体规模均应受到控制。尽管人居环境发展必然呈现沿河谷枝状体系串珠般连续分布的形态，但不宜形成城镇空间过于密集的状态。除延安、榆林可以达到中等甚至大城市规模外，其他只宜控制在小城镇规模内，如绥德、佳县、米脂、吴堡、子洲、清涧、子长、黄陵、洛川、志丹、延川、延长、宜川、富县、甘泉、安塞、吴旗等。

延安狭窄的自然地形条件对其城市空间发展形成了极大的限制，但作为历史文化名城和陕北地区以旅游、商贸、工业发展为支柱的社会经济增长极，缘于其突出的交通等区位优势，延安所具有的综合性中心城市的地位会进一步得到加强。延安城市空间形态必然会沿着几条河谷川地呈带状递阶扩张方式进行跨越式的发展，形成沿枝状川谷组团式扩展模式。姚店、河庄坪等周边镇区已成为城市的组成部分，安塞等远距离的县城也有可能逐渐成为市区或郊区，成为在社会构成、经济结构、文化教育、基础设施、空间形态等方面紧密联系的城市整体。然而，尽管南部的甘泉与延安的空间距离使其和安塞一样具有成为延安城市整体有机部分的可能，但由于有洛河与延河流域分水岭的阻隔，在自然地貌单元上已经分属不同流域，自然地貌的分离作用不容忽视，延安南向的发展将因此受到制约。

绥德位于榆林市南80公里处，行政区划上归属榆林，但在自然地貌格局上却与延安地区的城镇属同一类，历史上始终具有区域交通和商贸活动的优势。近年来，陕北长城沿线资源型城镇带的快速发展，使绥德的优势逐渐丧失。随着国道主干线307与国道210线的等级提高以及太中铁路和包西铁路的建设，绥德将成为铁路和高等级公路的交汇点，这是其重新成为陕北区域交通枢纽，重获物流与商贸重镇地位的良好机会。

洛川县则应充分利用自然生态的优势，大力发展苹果生产业，洛川县城将成为以苹果生产加工、贸易中转为主的生态型小城镇。志丹、吴旗、子长、安塞等黄土沟壑区的众多小城镇则以特色农业、蓄牧业发展和规范的石油、煤炭等能源矿物资源开发为主，追求社会、经济、生态协调发展的目标。

黄陵将发展成为陕北地区更加著名的旅游城镇，与延安一同成为带动陕北地区旅游经济发展的核心。旅游业是本区极具发展潜力的产业。由于人居环境发展历史久远，形成了深厚的地域文化沉积，黄土高原风土民情、历史文化遗迹、自然风光特色、中国革命根据地等都可以成为开发旅游业的独特资源，并成为促进生态环境恢复与保护的优势产业。

石油与煤碳开采与加工是本区经济结构中的重要组成部分，由此带来的工矿企业建设、道路交通等基础设施的完善等将对生态环境产生直接的影响。因此，这些建设应该严格执行国家有关环保规定，把对生态环境的干扰降低到最低程度。

治理水土流失，加强生态环境建设，应该是陕北地区时刻不能放松的根本战略。经过建国50年来的建设，陕北防护林体系、沙漠治理、生态农业、小流域水土保持等都取得了显著成绩。继续强化以控制水土流失为关键的流域治理，减少流入黄河的泥沙量，退耕还林，恢复植被，调整产业结构，优化水土资源配置，探寻人居环境与自然生态的和谐发展途径，依然是陕北地区在西部大开发宏观背景下实施流域生态治理战略的核心。

（2）控制区域

对于人居环境的发展势在必行，但生态环境又十分脆弱的地区必须控制人居环境的空间扩展。长城沿线风沙滩地区是国家能源重化工基地，丰厚的煤炭与天然气资源蕴藏量为陕北经济发展提供了强大的动力。矿产资源的开采、运输及相关能源产业构成了本地区经济结构的主体，对西部大开发战略的不断深化实施有着重要的意义。能源工业促使本地区城镇化快速发展，陕北及周边地区也开始出现类似美国“速成式”城市的发展速度，近十余年来，本区城镇人口与用地规模迅速扩大充分说明了这一点。然而，包括陕北长城沿线风沙区在内的整个晋陕蒙接壤区能源工业开发带来的环境污染日趋严重。许多地域经过数十年艰苦努力而取得的令世界敬佩的治沙成就在能源工业的发展中不断受到消减，很有可能受到难以弥补的损害，而黄河受到的严重污染已经引起国家相关部门的强烈关注。减少工矿企业建设和生产带来的环境污染，在建设工程中强化生态意识，实施生态施工计划，已成为这些生态脆弱地区经济建设中十分紧迫的问题。同时，本地区人居环境的大规模发展对生态环境的维护极为不利，应该在满足社会经济发展的基本前提下，更多的从可持续发展的高度，降低高昂的生态、经济、社会成本，控制人口和用地规模，发展紧凑集约的人居环境。因此，对本地区工业发展和人居环境建设进行严格的生态控制，促使社会经济与自然环境的协调发展非常重要。应该集中发展与矿区保持适宜距离，具有相对良好宜居条件的城镇，使之具有长久发展动力。此外，必须培育与能源开发相关联并具有自我发展前景的相关产业，并与兼具地域资源和生态优势的畜牧业等相结合，为未来矿产业的顺利转型奠定基础。

水资源缺乏是长城沿线风沙滩地区社会、经济、生态协调发展的突出问题。尽管本地区浅层地下水较丰富，沙地中除了红碱淖这一大规模的天然湖泊，还留有不少小块的水泊湿地，但这些地表和地下水资源是治沙植被区和沙地绿洲自然生态环境得以持续的重要水源，是控制沙漠化的重要保证。工矿企业和人居环境的过度开发必将耗用大量宝贵的水资源，导致地下水位超限下降，绿洲减缩甚至消失，沙地植被难以存活，最终严重破坏沙地生态系统的平衡。因此，一方面，应该进一步有效利用现有地表河流水系，积极建设水资源集约化利用工程和其他水利设施，并积极探寻新的水资源供应，特别是依据近年来国家水利部门新的勘探研究成果，进行深层地下水的勘察开采；另一方面，要依据地区生态承载力，充分研究工业、农业、人居、生态用水比例结构等各种因素，合理配置水资源。本地区生态治理与保护的重点依然是进行沙地治理，通过植树种草等生物工程措施，控制土地荒漠化的趋势。另外，从本地区自然生态环境条件出发，应该控制种植农业的发展，而以圈养畜牧业为主要农业发展途径。

榆林地处陕北、晋西、蒙西接壤区的重要区位，是陕北长城沿线城镇和工矿开发带的核心，是重要的能源开采、加工业中心和区域性交通运输、商品流通中心，甚至具有在区域中发挥超越行政区划作用的潜力。作为著名的沙地城市，榆林控制、治理和利用沙地的成就具有国际影响力。从地貌环境、水资源等自然生态因素分析，榆林有条件发展成为在陕北地区乃至整个陕、晋、蒙接壤区具有重要区域影响作用的大城市。

神木、靖边、府谷、定边是近十余年来快速发展起来的资源型小城市。神木以其煤炭开采、相关工业的发展和所在交通区位的优势，有条件率先成为本地区居榆林之后的重要城市，根据其近 10 余年来人口增长的趋势，其人口规模具有在未来 10 余年达到 20 万人的可能；靖边是我国西气东输工程的重要枢纽地，天然气开采、储运、加工等必然构成其主导产业，人口的集聚使其成为长城沿线城镇带西部发展最为快速的城市；处于城镇带东端黄河边的府谷毗邻山西和内蒙古，具有煤炭开采、能源转换和物流交换的产业优势。这些城市的快速崛起对于带动整个长城沿线城镇带的发展，进而促进北部地区城市化进程具有重要意义，使该区域城镇化进程有可能居于陕北地区的最高水平，其城镇规模发展所受到的自然地形方面的限制一般要比黄土高原沟壑区城镇规模发展所受到的限制小。

对于黄土高原沟壑区的一些生态相对敏感的地区，如一些远离一级支流河谷的沟壑体系末梢，由于生态承载力更为有限，交通不便等因素，同样应该控制人口规模、人居环境空间扩展、耕地面积、载蓄量等，把握人居环境与生态自然之间的平衡关系。

（3）不适宜区域

指历史上人居环境发展历史较少，生态环境受到的干扰也较少的地区，既十分宝贵，又由于大生态环境的脆弱性，更易受到人居环境发展带来的破坏，如黄龙及黄陵地区的天然林区，毛乌素沙地的腹地等。在社会经济和城市化过程快速发展的今天，城镇和乡村空间不断向这些生态敏感区侵入，必须进行毫不迟疑的遏制。这些地区是各种生态保护区和敏感区域，如历史上遗存下来的子午岭与黄龙山天然次生林区，无定河、延河、窟野河、神木红碱淖等湿地保护区，荒漠、沙地生态保护区等。对于土地或水资源过于缺乏、交通十分不便、生态急需恢复的生态敏感区，则应该逐步进行生态移民，减轻人口对承载力有限的土地的压力。

陕北东南部的黄龙山、西南部的子午岭等有较大面积的天然次生林分布，森林植被郁郁葱葱，对陕北地区气候调节和水土保持有着重要的意义，是生态

图5－1 子午岭山林

保护的核心地区，也可以说是研究数千年前陕北地区森林植被分布等状况的“活化石”区域，见(图5－1)。黄龙山地区人口密度是全省最低之处，不到25人/平方公里①。但随着人居环境规模的扩展，一方面毁林垦殖、破坏植被现象日趋严重；另一方面，由于山地林区不适于人居环境，国家对森林生态的保护力度不断加大，想在这里靠农业生活的群众愈加贫困，加之交通不便、地方病严重，这里理应首先进行生态移民，进一步降低人口密度，加大退耕还林力度，全面恢复和保护森林生态环境。对于白于山区等其他急需进行生态保护的山地林区也应该采取同样的措施。其他远离一级支流河谷、交通不便、生活贫困的偏远山村和各类散居人口均是生态移民的重点对象。这是付出相同生态、社会、经济成本的情况下，减少陕北地区贫困人口，治理和恢复自然生态环境，促进社会经济综合发展的更为有效的措施之一。

5.2 引导框架

在前文分析基础上，我们可以对陕北人居环境空间形态构成体系的引导框架进行梳理，从而确定引导模式的构成体系。根据吴良镛先生人居环境科学的理论模式，对人居环境的研究必须本着整体思维的观点，从纵向层次与横向构成两个方面进行系统的分析。

2005年2月，吴先生在一次对笔者的论文提出指导意见时，结合陕北人居环境研究，细致地阐释了人居环境的构成层次、构成内容、构成方式等。对于陕北而言，从生土窑居院落，到由地形等条件控制而成的基本生活单元、整个小流域村落、县城与乡镇、直至整个陕北黄土高原地区乃至更大区域，各层级综合构成人居环境体系，而不同层级人居环境构成要素又构成横向体系的差异，所有这些构成了人居环境的整体系统，如图5－2所示。整个系统构成单元间存

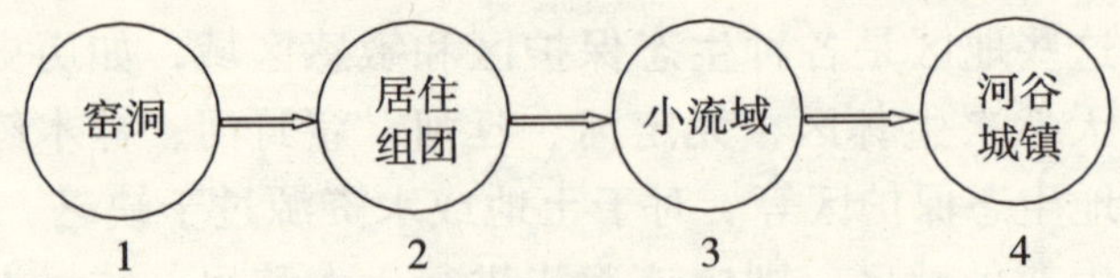

图5－2 陕北人居环境空间形态构成层级

① 陕西省计划委员会．陕西省测绘局．陕西省资源地图集．西安：西安地图出版社，1999.69

在着相互制约与影响的依存关系，整个系统同时与外部环境存在紧密的关系，人居环境各个单元的研究都应该置于整个系统中进行。

本着这一从纵横方面的系统性出发，对人居环境进行整体探讨的思想，前文已对陕北人居环境进行了有重点的系统性解析。同样，对人居环境空间形态结构引导也应从系统的角度进行，使陕北人居环境空间结构形态逐步向保持传统精华，同时融入更多时代要素的方向发展。引导系统包括人居环境空间结构的构成层次、构成要素、构成规模、构成方式。

（1）构成层次

如果把陕北人居环境的发展从空间形态历史演化及构成层次的角度看，其演化经历了穴居—窑洞—窑洞聚落—具有规模的乡村—城镇这样一个发展历程。同时，也留下了这样一个空间构成的层次。因此，对陕北人居环境空间形态结构的引导主要涉及如下层次：

①窑洞—人居环境空间形态基本元素；

②居住组团—由窑洞构成的融合生态、经济、社会、技术等综合因素的人居环境基本生活单元；

③小流域—由若干居住组团构成的人居环境最小系统，同样是生态、经济、社会的协调共生系统；

④城镇—由乡村小流域或城镇居住小流域、城镇各功能单位（工业、居住、公共服务、交通、基础设施、绿色环境等）共同构成的城乡空间统筹发展系统（图5－2）。

（2）构成要素

对陕北人居环境空间形态结构引导涉及的主要物质形态及非物质形态的构成要素在不同层次上会有差异。

①窑洞层面：涉及窑洞的空间形态（如居室、厨房、卫生间、储藏室等），水、电设施，集水设施，沼气、太阳能等生态节能设施，庭院及庭院经济生产场所（如菜地、果园、家畜围拦等），居住审美、传统风水等文化观念，家庭人口构成等社会因素，建设投资等经济因素，建筑材料等技术因素、自然因素等（图5－3）。

②居住组团层面：涉及窑居院落，集水设施，水土保持设施（小型淤地坝、堰窝、截洪沟、生态植被等），道路，饮水给水（高位水池、给水管道），中水给水（集水坝、窖、高位水池、管道），自然生态环境，农业用地（果园、粮食与蔬菜用地等），室外活动场所，邻里交往、血缘关系等社会因素，土地产出等经济因素，文化因素，技术因素等（图5－4）。

③小流域层面：包含居住组团，道路交通，小流域层级的水保设施（如主沟道淤地坝、截洪沟渠、生态植被等），经济林，耕地，小型农产品加工厂，公共服务设施（如学校、商店、文化科技体育设施、医疗站、管理机构等），基础设施（给水排水、电力电讯、电视）小流域自然生态系统，城市化影响、人口

变化、社会组织等社会因素，农、林、牧、渔、乡镇企业等经济因素，传统与现代文化交互作用等文化因素，新技术的引进、培训等技术因素等（图5－5）。

④城镇层面：包括城镇的居住区，工业区，交通设施，历史文化遗迹、商业、文化、体育、教育、管理、医疗等公共服务设施，基础设施，自然生态系统以及郊区和内部的小流域乡村等。非物质因素有城市文化的影响，城市与乡村社会构成的调整，第三产业等城市经济发展，新城乡关系的建立等（图5－6）。

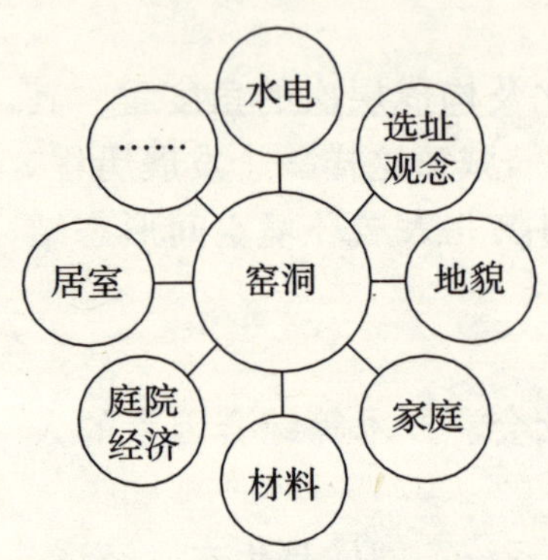

图5－3　窑洞层面主要构成要素

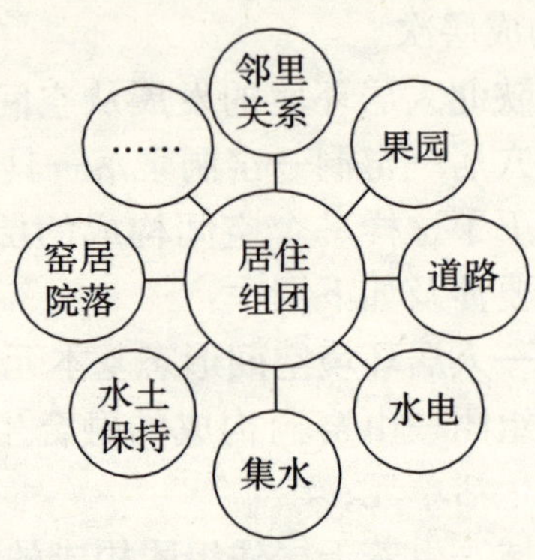

图5－4　组团层面人居环境主要构成要素

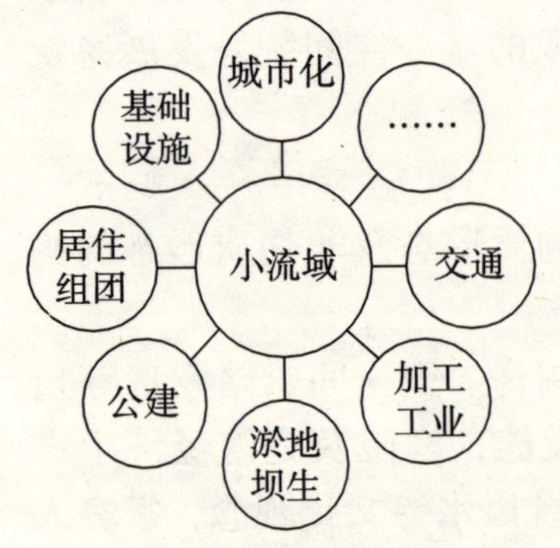

图5－5　小流域层面人居环境主要构成要素

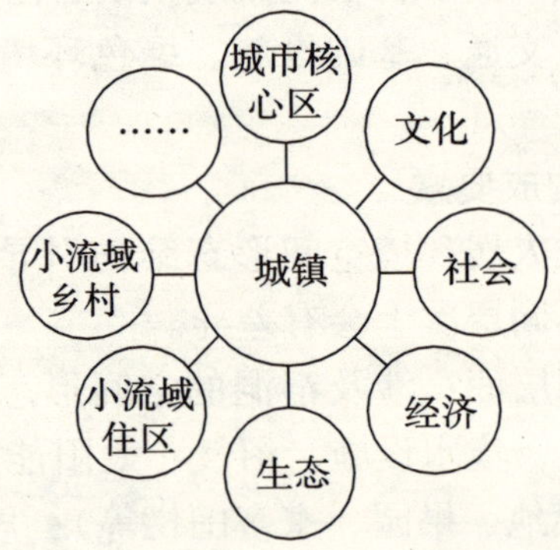

图5－6　城镇层面人居环境主要构成要素

（3）构成规模

重点是指居住组团、小流域乡村、城镇等层面中的人口、用地等规模。对规模注重的原因是由于自然生态环境的脆弱性，人居环境的规模就成为是否适于和自然环境协调共生的重要因素。然而，规模问题又是与不同的自然条件、社会经济发展水平等密切相关的。不同条件和不同发展阶段下，规模都有发生相应变化的可能。因此，这里只是就合理规模的确定作一些探讨。

对于居住组团而言，应该是一个与自然地貌、水土保持、集水、供水等要素紧密联系的最基本邻里单位，其规模可以在5～10户之间。这一单元可以构成邻里交往、相互协助，在生产、生活等方面彼此照应的理想规模。虽然其规模可以根据地貌等因素有所变化，但是其幅度应该有限。

对于小流域乡村而言，其理想的基本单元规模应该是一个小学的人口支撑规模，可以在 1000 人之上，3000 人之内。小于 1000 人，则适龄儿童数量过少，很难形成具备一些基本办学条件的学校；高于 3000 人时，由于小流域内人口是沿河谷沟道线状分布，则分布距离过长，一般可以达到 7 公里以上，这就意味着小学生上学距离太长。小学设置的原则应该是逐步减少学校数量，提高质量，扩大服务空间范围，在有条件的地区，逐步通过车行交通解决远距离上学问题。当然，有许多小流域距离达到几十公里，则可以划分为若干个小学服务区，即形成若干个跨越行政村落的小流域人居环境基本构成单元。当然，即便是在一个小学服务区内，当小流域乡村规模低于 1000 人时，只能逐步鼓励学生就近到其他小流域乡村小学就读。

对于城镇规模而言，涉及的因素会非常多。但鉴于陕北河谷生态环境的制约，除了榆林有条件向具有一定规模的大城市发展，延安则必须克服许多不利条件，经过阶梯式的空间扩张连接周边镇区与县城，方可满足城市规模扩大的需求；陕北其他城市原则上都应控制在小城市规模之内，避免各个城市团块对河谷形成过大的用地侵占和生态冲击。

（4）构成方式

各个层次综合在一起的整体空间构成方式基本是：下一层次是上一层次的组成部分，上一层次包含下一层次内容。在各个层次自身构成方式中，不同构成条件、不同发展水平情况下构成方式会有不同，但对于陕北黄土高原而言，自然生态始终是首要关键的条件。例如，地貌条件往往成为各要素空间构成的决定性因素。在平原城市中，处于城市外围郊区的乡村成为城市重要组成，而“都市里的村庄”则面临城市的多面压力，现实中最终方向就是被城市形态消弭。但黄土沟壑区城市地貌空间最大的特点就是密集的枝状河谷体系，地貌环境把乡村很自然的融入城市之中，相互独立又联系，保持了一种天然的整体平衡关系。因此，陕北黄土沟壑区河谷城市空间构成方式可以与平原、沙地城市形成很大的区别。又如，小流域中有大量的支沟发育，随着水土保持的深化，淤地坝效应的产生，微地貌环境会发生变化，原本狭窄的支沟基底会抬升，形成空间相对开阔的新的沟谷形态，从而使支沟成为十分理想的小流域居住组团环境。而当小流域居住组团置于主沟山坡时，地貌环境的差异会使两种组团空间构成方式具有很大不同。因此，在总体构成关系基础上，不同自然生态环境以及社会经济发展水平等使得不同环境条件下的空间构成方式产生不同变化如图 5－7 所示。

通过分析可知，黄土沟壑区河谷地区既是生态敏感地区，又是人居环境适宜地区，各级黄河支流河谷是人居环境的集聚区域，也是本文探讨的重点区域。

对陕北人居环境空间形态结构引导的目标是在充分认识自然生态等因素的动力基础上，对人居环境进行符合客观规律的、更加合理的引导，使之与陕北

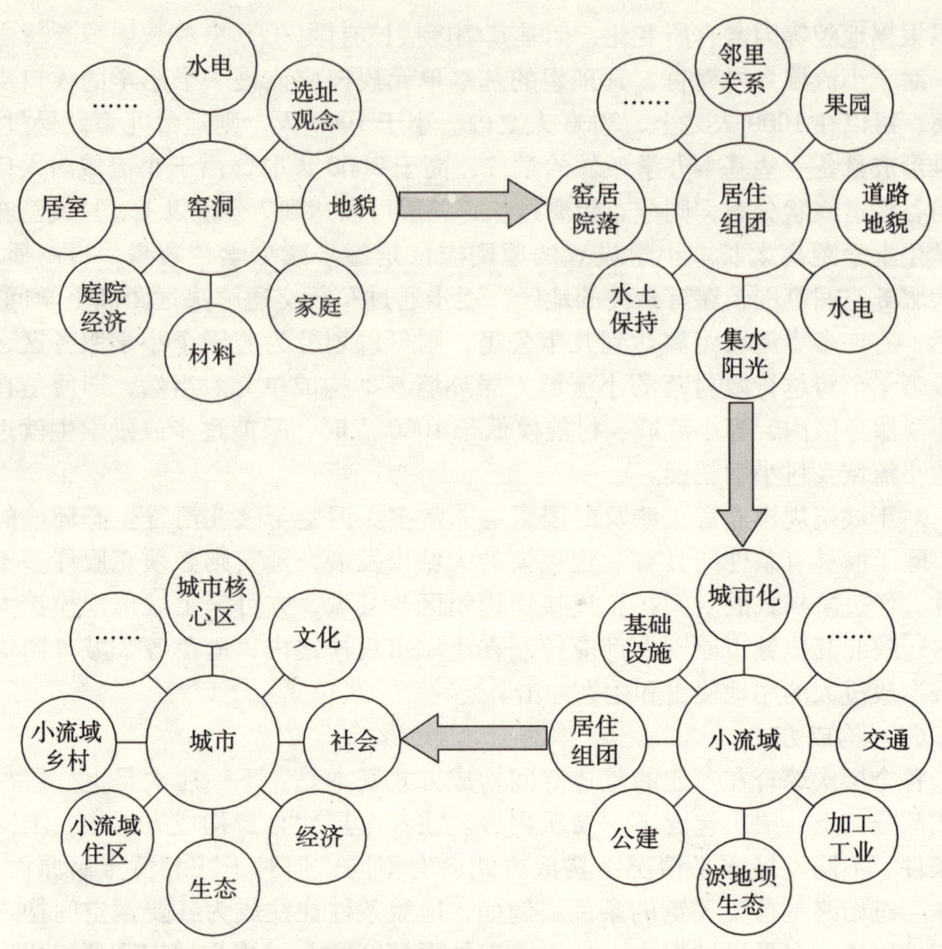

图5－7　陕北黄土沟壑区人居环境主要构成要素及构成方式

自然生态环境相协调，寻求有利于水土保持、保护耕地等生态治理、综合体现社会、经济、文化、技术等发展水平的空间结构形态演化途径，实现人居环境的科学发展，坚持生态复兴的观点，实现生态环境的重构。

尽管由于矿产资源的开发，陕北长城沿线风沙区以矿业城镇分布为特征的人居带发展迅速，但由于该地区生态环境以沙地地貌为主，人居环境空间形态结构演化与黄土沟壑区有很大差异，构成了相对独立的类型，故本书不对这一地区人居环境空间形态结构引导模式作具体涉及。由黄土丘陵沟壑区形成的河谷地区是陕北人居环境分布的主体地区，也是黄土高原自然生态环境特征最为典型的地区，与自然、社会、经济环境相适应的人居环境经过千百年的长期演化，构成了独具特色的空间形态结构，因而是本书研究的重点地区。

对陕北人居环境空间形态结构发展原则的研究可以从不同等级流域河谷人居环境的研究开始。在黄土沟壑区分布带中，出于黄河不同等级支流河谷空间体系的层级特征，人居环境空间形态结构的引导也与这一层级关系相一致，即以大中城市为代表的人居环境空间形态结构引导；以小城市及其周边乡村一体化地区为代表的人居环境空间形态引导；以乡村为代表的小流域人居环境空间形态引导；另外，对陕北人居环境空间形态的基本组成元素—窑洞也应进行空间形态引导。因此，陕北黄土高原人居环境空间形态结构的演化主要应该在4个层面上进行合理的引导，从而形成与陕北地区自然生态状态、社会经济发展更相适应的空间形态结构适宜模式。

这里所说的4个层级与前面提到的窑洞—组团—小流域—城镇构成层级略有不同，即去除组团层级，增加区域层级。陕北人居环境空间结构体系的最高层级是一级河谷中城镇之间构成的宏观区域人居环境空间结构，由于这一层级主要涉及区域层面上城镇间的空间结构关系，故上文中未作为研究重点，因此未在上述人居环境构成体系中加以展开。但是，正因为区域层级是人居环境空间体系的宏观背景，不能排除在陕北人居环境空间体系之外，因此在下述陕北人居环境空间形态结构适宜模式的探讨中，依然进行必要的讨论。另外，由于居住组团层级与小流域乡村社区层级人居环境的从属关系更加明确，故在整体人居环境空间体系构成中，将居住组团层级并入小流域乡村层级。这样，陕北人居环境空间形态结构适宜模式构成体系主要由下述4个典型层级构成：

（1）宏观——大中城市人居环境空间形态结构适宜模式；

（2）中观——小城镇与乡村一体化人居环境空间形态结构适宜模式；

（3）微观——小流域乡村人居环境空间形态结构适宜模式；

（4）元素——生土窑洞空间形态改进模式。

5.3　适宜模式

对应前文的分析，陕北人居环境空间形态结构适宜模式应该包括宏观、中观、微观三个层次。

5.3.1　宏观—空间递阶扩张模式

5.3.1.1　引导原则

陕北一级支流河谷地带以延安为代表的城市地区在逐渐进入快速城镇化过程的背景下，其空间形态演化引导适应生态的主要原则应该是：

（1）保护河谷川地

一级支流河谷是陕北自然生态条件相对优越地域，又是陕北良好耕地集中所在，应是生态保护的着重之处。然而，一级河谷又是陕北人居环境的首重之地，是陕北城市化发展的主要区域，这又必然给生态环境带来不断加大的干扰，在一级河谷区域的城市空间形态演化中，这一矛盾始终伴随。也正因为如此，人居环境空间形态演化引导的首要问题就是适应生态的原则，其中的首项就是保护川谷耕地，尽量使人居环境在少占用川地良田的条件下发展。

川谷往往是多样景观（水体、湿地、农田、林地等）集聚处，又是两侧山体相互联系的生态廊道必经之处，还是产生山谷风等多种生态效应的必要条件，具有生物多样性相对较好的优势。根据多样性导致稳定性的生态学原理，维护生物多样性是保护生态环境的极其重要的方面。生物多样性①包括多个层面，主要指遗传多样性、物种多样性、生态系统多样性和景观多样性等。生态系统多样性（ecosystem diversity）指生境多样性、生物群落多样性和生态过程多样性。群落多样性（community diversity）主要指群落中物种的多样性以及群落的组成、结构和功能的多样性。生境多样性主要指地形、气候、水质等无机环境构成要素的多样性②。可见，生物多样性应该体现在生态系统的不同层面和不同方面。

生物多样性具有多方面的价值③，而导致生态系统多样性的因素很多，如系统进化时间、空间异质性、气候稳定性、物种竞争、捕食状况、生产力等。以空间异质性为例，物理环境越复杂多样、其空间异质性越高，动植物区系就越丰富，群落的物种多样性越高④。生态系统的稳定性指系统的抗干扰能力和受到干扰后的恢复能力。生态系统构成要素的多样性和结构与功能的复杂性有利于生态系统的动态稳定性。尽管至目前的研究为止，依然能够举出许多不同结论的例证，但在较为普遍的情况下，多样性导致稳定性是生态系统表现出来的规律性特征。

因此，人居环境的形态发展应该有利于生态系统的多样复杂性。维护自然生态环境的空间异质性，保护物种多样性、保证产业构成多样和功能体系的复杂及适应性，对于人居环境的系统稳定性具有积极的意义。在陕北黄土高原，

---

① 联合国“生物多样性公约”对生物多样性（biodiversity）的定义是：“生物多样性是指所有来源的形形色色的生物体，这些来源包括陆地、海洋和其他水生生态系统及其所构成的生态综合体；这包括物种内部、物种之间和生态系统的多样性。”

② 戈峰．现代生态学．北京：科学出版社，2002. 251

③ 生物多样性价值主要表现在：（1）直接收入：通过旅游观赏、考察、钓鱼，狩猎和采摘果实等活动直接获得物质和经济收入；（2）遗传库：一种生物就是一个遗传库，其中遗传物质的保存有于动植物品种的改良，并且是提供新医药、新食品的来源；（3）生态平衡：动植物自然种群保障了生态系统的稳定，例如可以避免有害生物的大爆发，野生生物和人类都是生物圈的组成部分，休戚与共（多样性导致稳定性）；（4）教育价值：通过直接或有趣的方式，让人们知道生物世界是如何产生功能的，使人们从中得到教育；（5）科学研究：生物多样性是人们研究生物学问题的材料，并且有益于科研工作者的训练；（6）满足自然爱好：生物多样性为一些业余爱自然爱好者提供兴趣基础，也为摄影家、艺术家、诗人等提供题材；（7）地方特征：某些地方的特有生物多样性成为其地方特征（Helliwell 1969）。见：李振基等．生态学．北京：科学出版社，2000. 413

④ 戈峰．现代生态学．北京：科学出版社，2002. 255

河谷川地是生物多样性相对较高的地区，生态环境相对优越，是吸引人居环境集聚的重要原因；然而，人居环境的集聚又对河谷自然生态造成了明显的生态压力。河谷完全被城市人工环境充满，将对局地生态环境十分不利。城市环境宜与自然环境、农田、林地等形成交错，成为带状串珠格局，这将有利于不同发展状态下城市生态获得新的稳态平衡。绿色开敞空间等应该尽量设置在流域交汇处、景观边缘处等各类生态敏感点和其他需要保护的自然生态区域。

（2）生态结构的完整

根据生态系统整体和谐性原理，整体和谐性是生态系统最重要的特征。生态系统结构的整体和谐性表现在结构与功能的和谐、系统与环境的和谐、组分间相互关系的和谐、系统不同进化阶段间的和谐等方面。生态系统中的生物与环境之间存在着复杂的物质、能量交换关系，生物从环境中获取能量，同时又向环境释放能量。环境制约着生物的生长与进化，生物的存在又影响着环境的演替，从而构成相互作用、协同进化的统一体。任一环境都有其核心生态区域。对于川谷而言，重要的山体（可能产生滑坡、也可能是冬季寒风的重要屏障）、重要的植被区、水源、生态治理体系（如防护林、淤地坝）、基本农田、重要的斑块与廊道、景观敏感点、地质敏感点等均属于这样的区域。这些区域构成了生态环境的主体结构，其完整性对于生态格局的稳定至关重要。人居环境应该按照生态优先的原则，在生态结构相对完整和生态容量许可的前提下形成，并解决好相互关联的问题。

（3）避免生硬的边界

根据景观生态学斑块边界原理，复杂的边缘有利于生态的稳定。一般讲，斑块形状复杂而不规则，有利于斑块边缘的效用发挥，有利于动、植物的迁移和扩散，弯曲边界比平直边界的生态效益更高，有利于野生动物活动并减少水土流失；此外，斑块越大，生境多样性亦越大，生物多样性越高①。这对于城市规划来说很有意义。城市相对于其所处的自然环境，就是一个斑块，城市的边缘被笔直的道路等界定为过于简单的规则形态，不利于复杂生境条件的形成，不利于空间异质性的形成，也不利于生态环境的能量交换、生物多样性等。尤其是在地形复杂的山地环境中，简单生硬的人工地域空间设置将会造成对生态环境的强烈干扰，难以促成人工环境与自然环境的融合及新的平衡态的产生。此外，对于脆弱生态区而言，应该减少人工斑块和廊道等自然生态区域的分割与干扰，尽量保持较大自然斑块的尺度。对于河谷川地等生态敏感区域，更应该保持生境的多样性，进而保持生物的多样性。因而，在地形变化多、生态脆弱的黄土高原川谷地带，更应避免生硬笔直的道路等形成的人居环境斑块边界。应该在生态结构形态基础上，确定人工环境与周围自然环境交错渗透、相互融合的边界环境。

---

① 邬建国. 景观生态学. 北京：高等教育出版社，2000. 215～216

（4）充分利用坡地

由于城市功能、空间形态结构的连续性等方面的要求，城市所在川谷中的一些川地（特别是中心地区等）一般已成为城市建设用地。这一状况更加说明城市应该尽量利用主要河谷及周边小流域河谷的坡地作为空间形态发展区域。这一原则有如下必要性：1）最大可能的保护耕地；2）为川谷带状城市提供非常必要的绿色农业组团分割带；3）减少洪水对城市的威胁及防洪成本；4）提供阳光、通风、景观条件良好的城市台地居住区等功能单元；5）提供城市疏密有致、高低变化的整体空间形态基础。

（5）保护河谷两岸绿化

依据景观生态学的相关研究，河流两旁应保持足够宽的植被带，以控制来自景观基底的溶解物质，为两岸内部物种提供足够的生境和通道等①。河流两岸不间断且有一定宽度的植被带对于维持良好的河流生态过程有明显的作用。对于大多数人居环境都分布在河流川谷的陕北黄土高原来说，加强河流两岸绿化，减少人居环境污染物对河流和周边生境的影响，是人居环境发展中需要关注的问题。

（6）紧凑的城镇空间形态

在完成城镇化职能的同时，陕北城镇空间形态的发展应该以紧凑为原则。尽管榆林、延安等地区中心城市的规模发展势在必行，城市的扩张不可避免，但城市用地的集约化使用更应强调，从而保证城市所在区域自然生态系统的整体性。由于水资源条件的限制，退耕还林的需要，保持水土的紧迫，必须控制城镇的用地规模，避免城市空间形态的任意扩张。要把城镇用地和周边林地、草地、农田等绿色空间有机协调，使城镇相对而言成为融入绿色空间中的紧凑斑块。

（7）增加基质孔隙度

在一具有闭合边界的区域中，景观基质内所分布的大小不同斑块的密度用基质孔隙度来量度②。根据基质孔隙度原则，基质孔隙度对景观具有很大的意义，特别是对生物多样性、斑块间能量流通等。美国学者理查德·瑞杰斯特表述的更加清晰："自然生物种群多样性的实现需要有相当大的地区。一般地，人们在建设定居点时应当使其在地图上呈现点状，其背景是自然和农业用地；而不是使人类定居点蔓延扩张成为背景，让公园和自然地区呈现点状分布"③。对于逐步进入快速城镇化阶段的陕北城市来说，既然一级河谷作为陕北城镇化主要地区的现实不能回避，那么也就必须承担起这一职能，同时应该使这一职能在生态承载力范围内有效完成，增加人工基质中绿地等生态斑块，在相对紧凑

① 邬建国. 景观生态学. 北京：高等教育出版社，2000. 217

② 赵羿，李月辉. 实用景观生态学. 北京：科学出版社，2001

③ ［美］理查德·瑞杰斯特. 生态城市伯克利：为一个健康的未来建设城市. 沈清基等译. 北京：中国建筑工业出版社，2005. 18

密集的城市区域通过增加基质孔隙度，把城市人工区域中的生态斑块和廊道与外围生态大区紧密连接等方式，保持城市生态容纳度，改善城市生态功能，通过适宜的途径合理而有限地扩展川谷城市空间结构，从而适应城镇化的快速发展。

5.3.1.2　模式建立

根据上述原则，可以对陕北河谷地区宏观人居环境空间形态结构演化引导模式进行探讨。

河谷城市的空间扩张与生态承载力有着紧密的关系。生态承载力指生态系统的自我维持、自我调节能力，资源与环境子系统的供容能力及其可维育的社会经济活动强度和具有一定生活水平的人口数量①。生态学家 E. P. Odum 认为，生态系统呈现多层级的稳态台阶。当系统受到干扰时，系统可以通过某一层级自校稳态机制（Self-correction homeostasis）进行自我调节，从而保持系统该层级的稳定与平衡；当干扰超出系统该层级自校稳态机制调节限度时，系统会从一种稳态台阶走向另一种稳态台阶，生态系统在整体上依然保持着稳定。然而，这种多层级的稳态台阶是存在于系统生态承载力总体限值范围内的，当干扰超出这一根本限值时，系统则会走向崩溃（图5－8）。对于生态承载力而言，最终承载对象是人类，而基本承载媒体是由水源、空气、土地等生态因子组成的非生物环境。在人与基本承载媒体之间还存在着两个生物层级，即植物和动物。植物与动物既是承载媒体，又是承载对象。上述从承载媒体到承载对象的四个单元构成了四个层次，而最终方向是承载最高层级—人类的可持续发展②。我们可以用生态承载递阶原理的内涵加以表达：只有生态系统各个递阶层级的演替发展都与生态承载力相适应，使各个层级都处于稳定平衡的状态中，生态承载力的最终对象—人类的可持续发展才能保证。

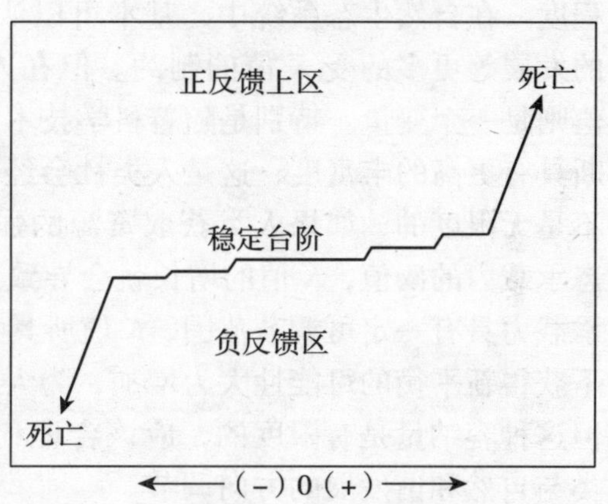

图5－8　生态系统状态变化图

把生态承载递阶原理用于人居环境空间形态演化的思考，我们可以认为人居环境的不同空间扩张阶段可以理解为不同生态递阶层级。每一个层级都与自然环境等构成相应的关系，具有一定的生态承载力。而最高层级（也就是人居环境最大空间扩张阶段）与自然环境等所构成的生态承载力就是整个人居环境系统的最后空间稳态台阶限度。当人居环境空间演化在一个层级上突破稳态限

① 高吉喜. 可持续发展理论探索. 北京：中国环境科学出版社，2001. 15

② 高吉喜. 可持续发展理论探索. 北京：中国环境科学出版社，2001. 12～15

度，则人居环境在另一个高层级空间台阶上重新获得稳态。但是，当人居环境空间扩张突破最终层级的稳态时，整个系统就会面临崩溃。因此，生态承载递阶原理为人居环境的空间发展提供了启示，也同时表明了人居环境空间发展应该受到的控制。城镇空间形态的发展必然受到生态承载力的制约，在陕北黄土高原，生态环境的恢复与保护是首要任务，耕地有限，水资源珍贵，如果城市的扩展不加制约，必然造成巨大的生态压力。

在经典的 Logistic 模型中，系统容纳量 K 值表征了系统所能提供资源的丰富程度。在自然生态系统中，基本可以认为 K 值是一个常数，种群的增长、系统的发展等更多的受 K 值的制约。但在人类生态系统中，由于人的能动作用，K 值则是一个变量。特别是随着科学技术的进步，K 值不断得到提高，资源供给不断具有更高的丰富度，这是人类社会经济持续发展的基础。但是，K 值的增长并不是无限度的，如果人类获取资源的强度超出生态系统的自调节范围，超越生态承载力的阈值，K 值的增长就会导致人类生态系统的衰退①。因此，尽管生态承载力具有一定可调节范围，K 值所具有的可塑性使得生态系统在不同递阶层次下获得新平衡的可能性大为增加，为人居环境的发展提供了必要的生态宽容度，但这种容纳量是有限度的，应该合理利用 K 值的可塑空间，使之朝向有利于人类与自然和谐发展的方向调节。

河谷城市生态系统在承载力限值内也应存在稳态台阶。我们的态度应该是在城镇化快速发展背景下，既承认稳态台阶的存在，更应该为城市生态系统的自校稳态机制留有更多的余地。河谷城市从发生到发展的形态演化基本是沿川谷带状进行，不同的社会经济发展阶段会造成不同的形态发展阶梯，而这种阶梯更多地表现在城市沿川谷不断递阶扩张的段落上。

以延安为例，城市的发展已促使姚店等外围镇区成为城区的一部分，从而使城市形态进入新一阶梯的扩展状态，在下一阶梯的扩展中，更外围的安塞、甘泉等县城区域将有可能成为与延安主城区关系紧密的一体化地区，从而构成以延河河谷为主的新一轮城市扩展模式。如图 5－9 所示，A 阶段是城市发展初期，中心极核达到一定的规模之后，外围可能出现小规模的组团；B 阶段是在城市中心极核发展到一定程度之后，会将外围组团合并，构成新的中心极核，同时在河谷空间廊道中借助原有人居环境形成新的外围组团；C 阶段则是河谷城市扩展应该达到的最终合理状态，中心极核可能进一步扩展，合并邻近的外围组团，同时在更大的空间范围内使得已经具有相当规模的人居环境（如县城）成为与中心城市有着紧密关系的外围团块。

应该承认，这种随着城市的发展，从城市内在功能联系上不断把适宜距离内的城镇进行合并，从而使城市生态与形态在动态发展的整体结构中不断达到新的平衡，或许是河谷城市发展的必然。青海西宁也从内在职能等方面呈现出

① 高吉喜. 可持续发展理论探索. 北京：中国环境科学出版社，2001. 45～47

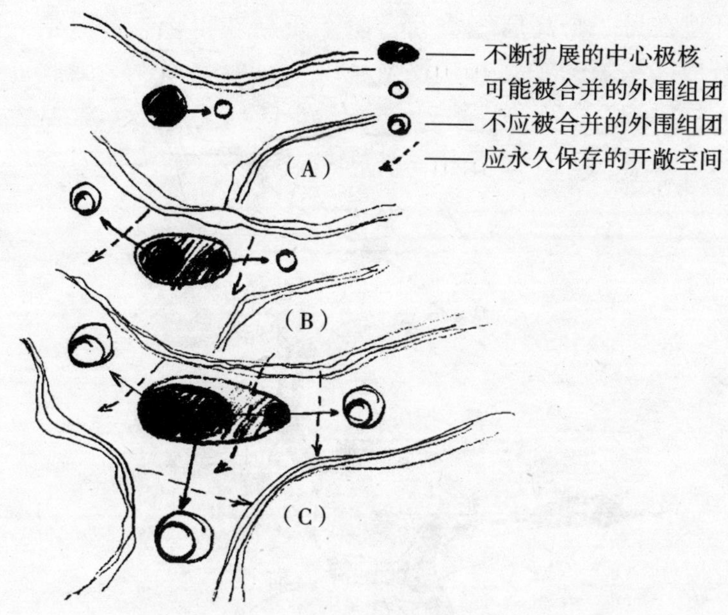

图 5－9　延安城市区域空间形态结构递阶扩张过程

把周围的平安、大通、南川等城市和地域纳入新的城市形态阶梯发展阶段的趋势，在西北河谷地区中小城市空间发展过程中，这种现象具有一定程度的普遍性。每一个中心极核的规模决定了其所控制的开敞地域范围的大小；当中心极核自身规模扩大时，首先把外围组团合并，同时回填早已被控制的两个城市团块间的开敞区域，形成更高一级的中心极核；并且，将其控制区域扩展到更大的开敞空间范围中。

这一过程在一定范围内不断循环，直至带状河谷城市受到自然地形等生态条件的限制或发展到其空间极限规模。然而，这种形态阶梯的抬升也导致城市生态稳态台阶的不断提升，城市生态安全也就成为愈加突出的问题，应该对城市扩展过程进行有效合理的控制和引导。例如，在中心极核不断扩展之中，应该保持永久的开敞空间及生态廊道；在城市空间扩展达到一定规模之后，外围组团应该保持独立性，使得城市整体发展过程处于生态承载力范围内。

在这样一个前提下，陕北黄土沟壑区域层面上的“Y”形河谷体系中，延安、绥德、洛川等城市均有可能在自身动力推动下，在一级河谷干流川道空间中呈现递阶扩张发展状态，从而在一级河谷 Y 形整体层面上形成城镇之间的串珠状连接和呼应，进而形成一级河谷宏观城镇分布带（图 5－10）。

现实中，陕北地区河谷城市的带状递阶扩张一般以合适距离外的某一人居斑块为基础，作为跳跃式扩张中新的城市组团，从而形成带状串珠的格局。对于陕北河谷城市空间形态的引导而言，如果城市发展的规模是确定的，那么城市空间形态结构发展可以有两种方式。一是河谷城市空间形态全部集中，构成大的带状城市。二是将城市空间进行分段，控制各段规模和长度，把城市整体

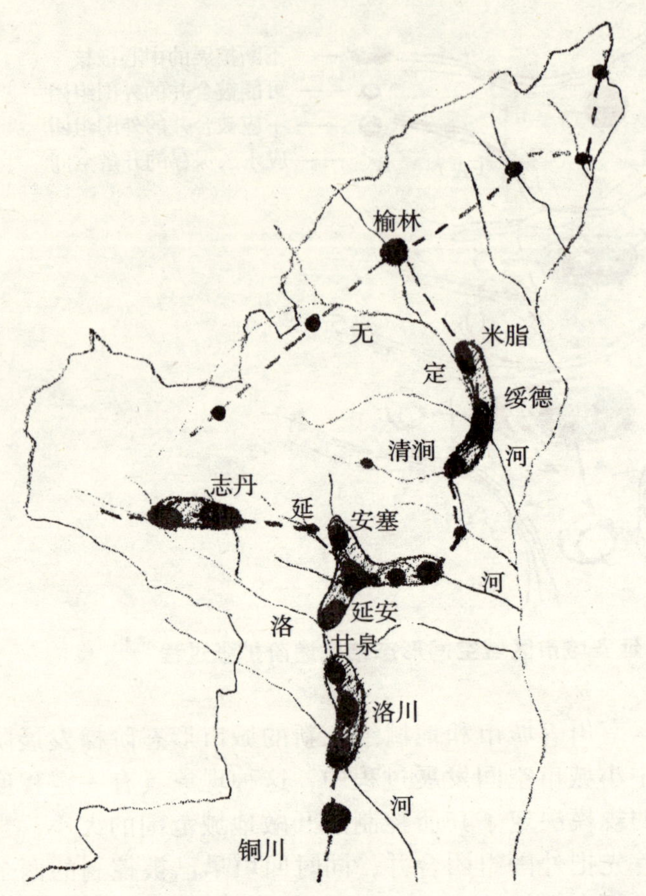

图5－10　陕北一级河谷区域城镇宏观空间形态递阶扩张结构

空间形态适当拉长，构成带状组团形态。两者相比，前者整个城市在河谷中的分布长度要少于后者，而后者城市空间占用河谷的连续距离上明显少于前者。哪个更加合理呢？具体而言，哪种结构对生态环境、城市内部功能等更加有利？根据基质空隙度原则，本书主张后者。当然，这里与规模大小有直接的关系。特别是每个组团占用河谷的长度。这一长度涉及河谷生态稳定（如生态廊道的间距、人居环境斑块的长度规模对河谷生态的影响，斑块自身长宽比、自然地形、植被、河道水流情况等），城市内部空间、功能、交通组织，防洪等基础设施安排等多方面。

然而，随着城镇化进程的加快，城市不断沿川地扩展，若干区段已呈现出城市团块间距缩小甚至消失的趋势，吞噬着黄土高原最为宝贵的川谷农田、林地等绿色区域，对生态环境造成极为不利的后果，延安等城市均已呈现出如此发展的态势。因此，尽管递阶扩张是宏观层面陕北河谷城市空间形态演化的基本途径，反映了一定的客观规律性，但是，如果不进行合理的引导，递阶扩张也会给河谷生态环境带来越来越突出的问题。对于陕北河谷城镇空间形态发展的远景，是否可能发展成为更加连续的带形城镇分布区，可以在现实中进行更多的观察、调查后加以关注。

保护川谷环境中必要的生态廊道，使城市人工斑块与自然环境、农田、林地等形成交错关系，成为带状串珠格局，这将有利于不同递阶发展状态下城市生态获得新的稳态平衡。这些绿色开敞空间首先应该设置在流域交汇点、景观边缘处等各类生态敏感点和其他需要保护的自然生态区域，从而使生态结构关键部位得到整体保护。

5.3.2　中观—城乡空间统筹发展模式

上述河谷城镇空间递阶扩张模式是指具有一定区域核心作用的城镇在一级河谷中连接外围小城镇等人居环境，从而构成区域层面上城镇带状串珠方式的宏观空间结构形态。然而正如前文所述，在承认城镇在一级河谷中扩展的同时，必须避免城镇对大量河谷绿色地域无限制的回填，在河谷城镇空间形态演化中，无论是空间的外溢还是回填，河谷城市的扩展都以牺牲黄土高原地区最宝贵的河谷耕地为代价。如果说有些牺牲不可避免，那么减少对开敞区域的回填，从而最大限度地保护河谷生态环境和农业景观，则是有利于城市远景利益的。因此，为了尽量减少城镇对干流河谷的侵占，在河谷城镇（包括一级和二级河谷城镇）的中心城区内部，还必须寻找城镇扩展的出路，即在中观层面上探寻城镇空间发展的适宜模式，这对于引导城市空间形态模式既适应城市发展总体趋势，又更具有长远发展动力十分必要。

弗里德曼在总结中国20世纪六七十年代经验基础上，提出了针对人口多、处于城市工业化初期的发展中国家的乡村城市发展战略（Agropolitan development）。该战略有以下要点：（1）通过增加对农村的投资，引入城市化生活方式，把乡村聚落转型为乡村城市（city-in-the-fields）；（2）在乡村之外发展社会交互作用的网络，创造一个更大的社会、经济、政治空间，称为乡村城市地区，同时也是大城市外缘的基本聚落单元；（3）在同一个地域社区内，把农业和非农业活动结合起来，稳定乡村和城镇收入，缩小城乡差别；（4）加强对乡村城市地区自然资源的开发，发展农业生产，完善乡村公共设施，扩充农业指向型工业，更加有效的使用劳动力。（5）建设和改善乡村城市地区之间的交通和通讯，把乡村城市地区联成区域的网络通过一定的高级服务的区域化来扩大城镇①。

日本学者岸根卓郎在总结日本第4次国土规划经验教训的基础上，于1985年提出了城乡融合设计论。该理论认为新的规划应该建立在自然—空间—人类系统综合结构之上，全面体现城市与乡村社会的优点，创造自然与人类的信息交换场，构筑城乡融合的理想社会②。日本学者 Makoto Yokohari 和 Marco Amati

---

① 周一星. 城市地理学. 北京：商务印书馆，1999. 421

② 王祥荣. 生态与环境. 南京：东南大学出版社，2000. 94

通过对东京和多伦多不同类型绿色空间的比较，表明了这样一个现实：加拿大多伦多的 Tommy Thompson Park（TTP）尊重自然生态的演替过程，把公园作为野生物种的栖息地加以保护，同时把公园作为地域生态网络的节点，使之与整体生态系统构成紧密的联系，这种做法明显优于东京 Tokyo Bay Bird Sanctuary Park（TBBSP），后者仅仅把公园作为人类活动的绿块镶嵌在城市的钢筋混凝土拼图之中。然而，较之于把城市完全与乡村相互融合的结构，前两个实例均属于把自然引入城市，而城乡一体化结构则是把城市融入自然，体现了更高境界的人居环境与自然的关系。在现代化的今天，我们可以想象这样的画面：在山谷、河流、原野、林地等大自然环境中，分布有绿色的田园、茂盛的果林、成片的鱼塘，伴随着绿色的产业园、文化设施、居住区、办公区、快速的通信网络及便捷的交通等，这应该是城乡融合社会可以呈现的景观。

人居环境是人类活动与自然生态综合作用的结果，我们应该通过对城乡所在地区自然、社会、经济、文化、技术等各方面因素的综合分析，对各种影响因子进行整体性的比较研究，通过影响因子作用程度等级的分析，得出其关键性因子和普通因子的构成情况，从而确定土地利用的总体原则，进而对城乡所在地区的不同土地类型进行合理的评估，最终根据地形、植被、农业发展、交通、与城市核心区的距离等情况得出土地利用的整体模式①。

5.3.2.1　模式建立

陕北河谷城镇地貌一个突出特征是城镇建成区内外垂直于主河道的众多小流域沟道，这些小流域与城镇所在的干流河谷紧密相邻，成为河谷城镇富有特色的空间构成。目前这些邻近或处于城市之中的小流域均为乡村形态，且与城市整体空间结构关系松散。于是一方面是城市建设用地紧张，城镇化的趋势使得城市用地难以控制地向河谷川地侵占；另一方面却是近在咫尺的小流域乡村与城市环境几乎没有联系，缺少有机的整合与有效的利用，造成了空间的浪费。其实，这些小流域即使始终保持乡村环境，也与那些距离城镇遥远的乡村有很大的不同。这些城市里和城市郊区的小流域乡村无论在产业构成、社会发展、人居环境空间形态等方面都不可避免的要与城镇整体结构建立紧密的关系。如果是平原地区，这些乡村早已被城市包围，成为人们已多加研究的城市里的乡村。正是特殊的地形条件等使得这些小流域乡村一直保持着目前似乎十分独立的乡村形态。这或许只是陕北社会经济发展现阶段的一种现象，其将来的演化途径未必如此。我们恰恰可以结合这种特有的自然地形等生态条件，参考我国许多平原地区城市与乡村相互关系的演化途径，促进富有地域特征的城镇空间形态结构演化方式的形成。

① Keiko Nagashima, Roger Sands, A. G. D. Whyte, E. M. Bilek and Nobukazu Nakagoshi Forestry expansion and land-use patterns in the Nelson Region, New Zealand Landscape Ecology 16: 719 – 729, 2001. © 2002 Kluwer Academic Publishers. Printed in the Netherlands.

如图5－11所示，在陕北城镇功能区主体只能沿主要河谷发展这一客观现实基础上（a），我们可以引导城镇向周边不同等级的小流域发展，从而导出新的发展方向和发展路径，为这种具有线形生长特征的结构探寻更为合理、适宜于生态的空间生长轨迹（b）。这一引导过程如同在一个方向上生长的树干被剪控为向四周较为均匀的生长枝干，即在微观层面上把带形枝状结构引导为团块枝状结构，从而构成枝状结构中的网络特征。这一途径的核心就是使城镇周边小流域与城镇主体构成紧密的结构关系，并且使小流域空间职能更加多样化，如具有新的意义的乡村职能，具有生态意义的城镇住区职能，具有疏解与疏通意义的交通职能等。

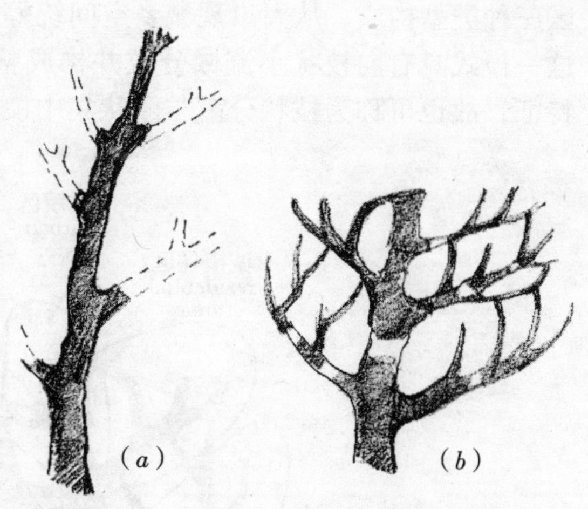

图5－11　河谷城镇不同空间发展途径

通过大量现场调查与研究，笔者认为这些城镇郊区的小流域不可能与城镇主体空间结构长久地相互隔离，必然应该组织到城市整体空间结构中去，成为城市的有机部分。通过相关影响因子的比较分析，特别是陕北黄土沟壑区不同地貌环境等生态因子的比较分析，城镇所在的宽阔河谷周边小流域乡村人居环境由于不同的发展条件，其演化与引导方式可以有三种：

（1）保持乡村形态。从社会经济等方面把小流域人居环境建成乡村形态的城市组分，强化小流域乡村与城镇在交通、公共设施等多方面的紧密联系，与城镇一同建成社会、经济、自然协调发展的城乡综合体；

（2）转化为城镇形态。通过各种途径促使村民就地城市化，同时引导城镇住区向这类小流域中的坡地发展，使之成为低密度窑洞生态型居住单元或其他适宜的城镇功能单元；

（3）恢复为自然形态。对于生态承载力有限，规模过小的小流域乡村应该进行生态移民，使之恢复为对城镇整体十分有益的自然生态单元。

此外，无论是哪种类型，都可以根据城镇总体结构的需要和小流域自身条件，使外围小流域成为过境交通等城市道路网综合布局的用地，从而改变河谷城镇带状交通带来的各种弊端。延安市已经建成通车的过境路和高速路选线是小流域交通职能作用的最好说明。

总之，小流域空间职能的挖掘和整合将使其成为城镇空间形态中的有机构成，使黄土高原沟壑区城乡空间发展呈现新的局面。小流域空间形态三种演化方式可以同时存在于一个城乡整体空间模式中，即城镇周边小流域不再是单一的乡村形态，而是由独立的新农村、低密度的生态型城镇住区及自然生态恢复区三种类型构成，从而出现城乡空间统筹发展模式（图5-12）。由于在形态上，这一模式具有向枝状小流域分散并构成整体上呈现类似团状的新的集中形态的特征，故也可称为枝状分散与团状集中模式。

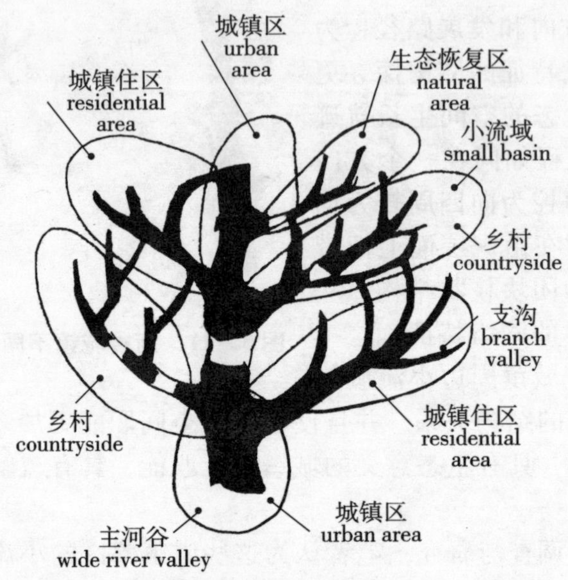

图5-12　城乡空间统筹发展模式

现实中，陕北黄土沟壑区城镇空间发展已经在一些地方呈现出向小流域扩展的端倪，如米脂县城的东沟，延安市南川河东岸的燕儿沟等（图5-13）。一方面显现了高大的城市楼群对小流域自然生态与景观的强力扰动和冲击，另一方面也说明了城乡空间统筹发展模式的现实必要性和可行性。本书选定陕北米脂县作为研究案例，在多方面工作基础上，提出了米脂县城乡空间统筹发展的概念性规划途径（图5-14）。

图5-13　渗入延安市燕儿沟的城市住宅

城乡空间统筹发展模式的形成需要遵循下述原则：

（1）区域整合性

在区域范围内建立基于产业空间结构和生态空间结构的土地利用区划框架，从而对城镇区、持久性乡村居民点、种植业畜牧业用地、工矿产业用地、生态用地等进行综合而又合理的确定。

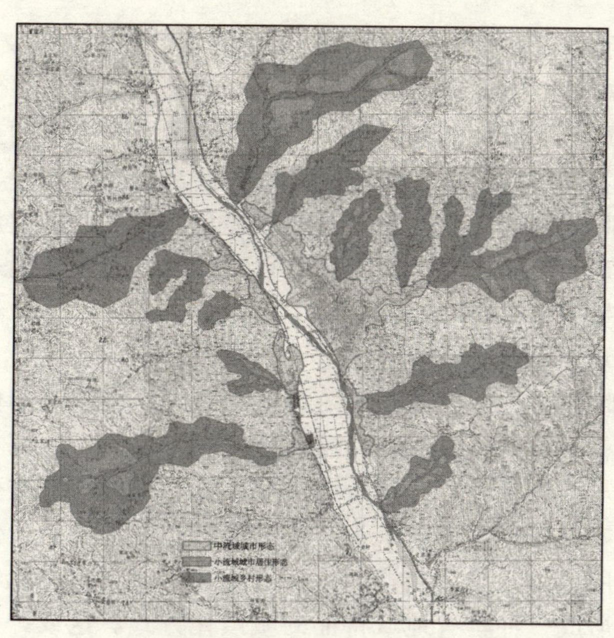

图5－14　米脂城乡空间统筹发展规划示意

（2）生态完整性

充分结合自然地貌等地域生态要素，保持各类生态用地及乡村生态景观的系统完整性。

（3）结构关联性

实现城镇、乡村人居环境功能结构的互补和空间结构的紧密关联性。

（4）交通紧密性

建立城镇、乡村人居环境之间有效便捷的交通体系。

（5）空间紧缩性

依据生态保护和产业布局等要求，进行必要的生态移民，实现城乡空间统筹结构的紧凑发展。这一原则表明，城乡空间统筹发展模式的核心是在保持城镇、乡村形态相对紧凑、独立前提下的融合与整合，而不是城镇空间形态的简单分散。

小流域空间与主河谷川道内城市主体空间融合而成的城乡空间统筹模式为主要河谷地区集聚效应的作用提供了新的空间平台，既承认了河谷集聚效应在城镇化过程中越发突出的现实，又在较大空间范围内提供了必要的疏解途径，力图表达聚与散的辩证统一。城乡空间统筹发展模式具有如下意义：

（1）有利于保护河谷川地

城市空间向小流域的扩展可以控制城市扩张对河谷川地的侵占，保护优质河谷耕地，保持相对良好的城市生态格局，形成城市各空间单元间的山、水、田、林生态隔离区，形成城市空间结构中具有重要价值的生态廊道、生态斑块等，增加基质孔隙度；同时，由于城乡融合带来的人类活动的多样性，对维护城镇环境的不同的生境类型和生物多样性等具有显著的积极意义①，并且在一定程度上有效避免对城市生态环境十分不利的空间形态回填现象。河谷传输效应的主要空间廊道是不同层次的河谷川地，这些河谷如同人体的血管，如果城镇像“血栓”一样在河谷中膨胀扩张，就会减弱甚至阻塞该河谷与系统上下的能量流通。因此，避免城镇在河谷中的无限制集聚，使其职能向周边疏散，带动整体河谷空间体系的均衡发展，是十分有利的，也与人居环境避开大河向支流阶地分散的远古基因存在着内在的联系。

(2) 有利于城乡融合的地域城镇化

在充分利用陕北特有地貌条件的前提下，可以形成特有的城镇乡村融合模式。这一模式有利于城乡职能与空间的统筹安排；有利于形成相互依赖又同时相互独立的城市与乡村社会；有利于缩小城乡社会、经济、文化等各方面的差别，实现城乡统筹发展。也可以认为，通过地域空间的整合，使得农村居民能够较为方便地使用城市各类公共资源，成为能够留在乡村土地上工作和生活的城市住民，进而形成一种具有地域特征的城镇化方式。这或许是对城市本源的一种回归，正如芒福德所说：“最初的城市把圣祠、城堡、村庄、作坊和市场形成一个城市整体后，后来一切的城市形式多少都采用它们的物质结构和公共机构的形式。这一结构的许多部分至今对人类的联系仍然是重要的，即使是当时最初源自圣祠和村庄的那部分。”② 对于生态脆弱但地貌特征显著的陕北来说，不应盲目追求沿海地区城镇化方式，而应探索富有地域特征的城镇化途径，这才是符合我国城镇化发展方向的途径。

(3) 有利于紧凑城市空间发展

保持河谷中的开敞空间，表面上城镇布局走向分散，实际上脱离主河谷向周边小流域发展，避免了城镇形态始终在狭长河谷中带状延伸，使城镇空间具有向纵深发展的前景，扩展了狭长带状城市的纵深，总体上使得城镇空间形态更为紧凑，同时有利于减少一般带状城市中难以避免的纵向交通量，有利于河谷城市内部交通联系网络的形成。

(4) 有利于富有特征的生态住区的形成

城镇结构中的小流域居住环境有利于形成更具备归属性、防卫性、私密性、独立性等空间特征的居住社区。由于小流域的空间闭合性特征，居住单元同时成为相对独立闭合的空间单元，小流域主沟道成为居民交通、交往、活动的主体带状空间，强化了居民的接触环境和接触机会，对于居住小区新型社会网络的建立十分有利。

---

① Vesa Yli-Pelkonen and Jari Niemela Linking ecological and social systems in cities：urban planning in Finland as a case Biodiversity and Conservation (2005) 14：1947

② [美] 刘易斯·芒福德. 城市发展史. 宋俊岭，倪文彦译. 北京：中国建筑工业出版社，2005. 580

（5）有利于降低城市建设综合费用

河谷中留有尽量多的开敞区域，避免了城镇建设区域在主河谷中的过度汇聚。引导城镇建设区域向周边小流域坡地分散，相应减少了主河谷区的防洪等城镇基础设施费用，尤其是利用坡地，节约耕地，以生土窑洞小住宅取代川地中的单元楼，除去生态意义外，还降低了城市建设土地征用等综合费用，用相对廉价的小流域坡地替换出农业生态和土地价值更高的河谷川地，同时，提供了居住质量和生态价值更高的住区。

（6）有利于丰富城市景观

城市空间形态向小流域的扩展开拓了多种景观环境的对比。无论是城乡共存还是低密度生态型住区模式，都提供了不同特征景观间交错分布的可能，为构成丰富的城市空间形态结构打下了基础。在新的空间结构整体中，有城市核心区域的典型河谷城市景观，有小流域中与自然生态紧密结合的乡村或低密度居住区景观，还有分割小流域的自然山体景观，构成了城市、乡村、自然生态交错共生、浑然一体的城市形象。

通过城乡空间统筹模式的完整实现，城市及其周边区域整体景观应该呈现如下空间秩序：城市地区圈层的最外围是受到保护的草原、生态林区、畜牧区、黄土沟壑地貌等；圈层的中部以农业区、经济林区、生态林区、少量的乡村人居点为主，兼有畜牧区、工矿产业区等；圈层的内部核心区域是城乡空间更加融合的区域，主要由城市各类功能区、乡村、穿插于城乡之间的农田、各类生态与经济林、生态恢复的小流域、圈养为特征的畜牧业用地、相对集中的城乡居住区等构成。整个景观空间序列反映了城乡空间统筹发展结构与区域整体生态景观系统完整的空间关系。

这一模式在疏解的同时，本质上却表达了一种集中，使城镇收缩在一定的范围内，避免在主河谷中的无节制蔓延。同时，使得被城镇遗忘的小流域获得全新的发展机会，土地价值得以提升。“有机分散的目的，是要把城市土地的价值，纳入一种有秩序的经济体制内，使人民得到安全感①。”

在这一整体系统中，城市人工环境与自然、农业生态空间相互交融。城市为乡村提供市场和公共服务系统，乡村既是城市的多种功能单元之一，又与自然环境一同构成了如同城市生态公园的环境，为城市居民提供了更多接触绿色的机会。有资料表明，病房面对停车场的病人康复的时间比面对绿色的病人康复的时间要长的多②，绿色对于居民的身心健康是有着紧密的依存关系的。因此，构成城市人工区域与自然区域的相互穿插，对于构建生态健康型城市至关

① ［美］伊利尔·沙里宁．城市：它的发展、衰败与未来．顾启源译．北京：中国建筑出版社，1986. 219

② ［美］莱斯特·R·布朗．生态经济：有利于地球的经济构想．林自新等译．北京：东方出版社，2002. 230

重要。同时，“因势利导，合理利用城市组成的人工要素与自然要素，可组织合理的城市空间结构，体现城市的个性，提高城市的活力与魅力，给人以美的享受①。”因此，真正与地域自然环境等城市个性特征相结合，我们将获得赋予城市更多个性含义的机遇。

5.3.2.2 保持乡村形态的小流域

在城镇空间结构中保持乡村形态的小流域，构成了城镇周边小流域空间形态演化中最为现实又最具生态价值的途径，构成了城镇——乡村空间统筹模式。这一发展途径主要特征是保持城镇郊区小流域的乡村形态，但是必须对小流域的产业结构、社会构成机制等逐步进行整合，使之成为城市社会经济结构链中的一环，成为河谷城市里不可缺少的村庄。小流域乡村可以成为城市的蔬菜与林果基地、城市休闲场所、城乡文化交融环境、城乡一体化社会等。不同于平原地区城市里的村庄往往都成为率先城市化对象的情况，小流域乡村如同平原城市郊区乡村一样，可以成为城市功能与空间构成中稳定的组成部分。也就是说，由于特殊的地形条件，河谷城镇农业构成单元不仅可以存在于郊区，而且可以同时存在于城镇内部。小流域乡村既是城镇蔬菜、果品生产基地，又以农业绿色空间单元形态成为城市生态空间结构中的有机部分，在城市功能和空间结构方面都成为城市的合理构成。因此，应该从城市功能、城市生态、城市空间等方面对小流域乡村进行整合，使之成为城市整体中不可分割的一部分。这一模式在生态、经济、社会、文化等方面构成了具有特别意义的城市空间体系。城市里的乡村既可以建立与城镇空间体系的有效联系，建立功能上的互补，建立城镇乡村间社会、经济、文化、技术的能量交换，又由于自然地形的相对封闭性，具有与一般城市里的村庄不同的特征，耕地与生态环境的独立性可以得到保证，从而其社会、经济单元的完整性也得到保持。一些城镇内外乡村小流域形态向城镇形态转化的现象表明这一模式具备现实趋向性。这一模式的意义是：

（1）促进城镇、乡村不同社会形态的协调共存，成为缩小城乡差别的空间途径；

（2）促进城镇、乡村经济结构的协调与相互补充，构成生态经济产业体系；

（3）促进城镇、乡村生态系统的协调共生，实现城镇生态系统真正合理的构成模式；

（4）促进城镇、乡村多元文化的协调整合，在共享现代与传统文化的同时，提供不同生活与生产的方式；

（5）促进城镇、乡村居民拥有品质协调同时又各具特色的社会服务以及逐渐接近的生活标准。

陕北自然地理条件使城市与乡村空间一体化具有了现实可能，使小流域成

---

① 王祥荣. 生态与环境. 南京：东南大学出版社，2000. 215

为富有特色的城市里的村庄。由于自然地理空间的相对封闭性，这一乡村形态具有与一般城市里的村庄不同的特征，其独立的社会经济单元有与城市整体结构协调共存的可能。在一级支流串珠状城镇空间结构中，连接适量的小流域乡村或城市居住组团，构成城市完整的枝状空间形态。可以认为，在这一整体结构中，一部分城市内住民的工作是从事农业生产，生活在独立的小流域中，却能够方便的使用城市中的公共服务设施，享受城市文明的进步。米脂县城周边小流域的乡村形态正是具备适宜这种空间结构形态的条件，这些小流域的整合利用可以给城市空间发展带来全新的形态，也将为无定河河谷川地的保护提供有效的途径。

5.3.2.3 转化为城市生态住区的小流域

城市内部和郊区小流域乡村的第二种演化途径就是转换为城市低密度生态住区形态，进行就地城镇化，从而成为城市空间结构中与生态环境具有良好适应关系的有机组成，构成城市整体空间形态演化的生态住区枝状形态模式。这一方面使小流域纳入了城镇形态中，避免城镇始终在河谷川道上扩展，从而使优良的耕地尽量得到保护，又使小流域中的坡地得到了充分利用，构成城镇形态中富有特色的、具有较好防卫空间效果的居住区；另一方面，小流域用地性质的改变可以促进整体生态环境的改善，在合适密度的条件下，窑洞更是有利于生态环境的建筑形态。小流域要有现代化的城市基础设施配套，有完善的公共服务系统，从而形成高标准的独立式窑洞住宅区。当然，这种小流域职能与空间的转换也面临许多问题。首先，小流域沟道外围的耕地应该在市场运作中重新进行土地资源整合，或归属邻近村庄的土地经营者，或由城市住区开发者进行生态保护性利用，成为生态住区的绿色屏障环境。其次，也存在着城镇化过程中普遍遇到的失地农民问题。其居住问题相对容易解决。可以保留原有乡村窑洞住宅（如果原有住宅相对集中的话），城市生态住区在周边形成；也可以进行统一房地产拆迁建设，对原有村民进行补偿安置。对于众多小流域而言，地下水资源和土地资源并不会成为城市生态住区的障碍，流域内开阔的坡地可以安置具有规模的城市居住小区。当然，必须在充分考虑承载力的前提之下。然而，失地农民的就业问题则是需要认真对待的社会问题，就像所有城市建设中遇到的问题一样。然而，在小流域乡村中，却有一个相对有利因素，这就是流域内坡顶原、峁耕地和一定的川地会得到保留。这些地带是不适于建设的地带，是城市生态林地和生态观光农业用地的理想所在，因而也有可能提供新的就业机会。

城市郊区和内部的小流域多为农村，在生态环境急需改善，人均耕地较少，生活水平与城镇有明显差距的情况下，人口外流已成为很突出的客观现实。许多小流域人口变化已出现相对稳定或负增长的情况，这与全国其他一些农村地区情况相似。在这种背景下，这些在空间形态上与城镇有紧密关联的小流域的职能转换有很大的现实可能性，目前，米脂县城的部分城市职能空间（如某些企业）向小流域的渗透已经表明了这种转化的必要性。在充分结合生态因素的理论模式引导下，小流域完全可以结合退耕还林还草战略的深化，转化为适应现代生活质量要求并以水土保持型窑洞为特色的城市绿色住区。

以绥德为例。绥德县城北距榆林115公里，南距延安210公里，地处无定河与大理河交汇处。无定河由北向南流经全县，县域内流程60余公里，流域面积约1450公里。无定河河谷宽阔、地势平坦、沃土良田，是县域内宝贵的生态资源，也是县城赖以存在的主要空间地域。除了无定河，县境内还有大理河、淮宁河等大小480余条河流，尽管多数均为季节性河流，却足见各等级河谷沟壑密布程度。历史上，绥德常常处于陕北交通要道和商贾云集之地。目前，随着社会经济的发展，绥德这一历史地位会得到恢复和进一步加强。国道210线（西安—包头）与国道307线（太原—银川）交汇于此，西安—包头铁路与太原—中卫铁路也在此交汇，GZ35国家高速公路也通过于境内。突出的交通优势必然使绥德获得城市发展的良好机遇，也必然促使城市空间形态在无定河河谷川地进一步扩展。然而，这一扩展的生态代价又是巨大的。如果通过城镇—乡村空间统筹模式的引导，减少城市空间在无定河川地上的扩展，把城市职能和空间向无定河谷周边小流域进行适当的分流，将是一条更加有利的途径。当城市中许多住宅小区以现代窑洞住宅为主，在小流域坡地上构成生态型住区时，必然在无定河川地上置换出宝贵的受到保护的基本农田。因此，挖掘城镇内外小流域不宜耕种的坡地潜力作为建设用地，并能使城镇离开主川道在周边小流域的坡地上伸延，构成新的城镇形态发展模式，同时，保留韭园沟等水土保持和农业生产环境良好的小流域继续成为独立的城市乡村形态，将具有多方面的意义。

在这一模式引导下，陕北黄土高原沟壑区一级支流河谷城镇空间形态会构成城市中心建筑高密度区，郊区和城市内部小流域（乡村形态或城市住区形态）生态窑洞低密度区，外围乡村窑洞区，城市内部及外围生态保护区等几个空间层次的结构方式，并形成由中心向外围密度递减的格局。

5.3.2.4 恢复为自然生态区的小流域

城市郊区和内部小流域的第三种演化方式是进行生态移民。对于生态高度敏感而生态承载力有限、人类生存难以适应其自然生态条件的小流域，特别是人地矛盾尖锐，贫困人口数量多，且贫困问题难以彻底解决的小流域，应该进行移民搬迁，构成自然生态恢复区。对完整的小流域乡村进行生态移民，一般应该符合下述条件：

（1）规模小。小流域空间规模有限，有时只能称得上是小的流域沟道。无论是乡村形态还是城市住区，都无法形成合理的基本规模。而零散的乡村住户和不具规模的城市住区都无法达到现代城乡居住生活的基本要求；

（2）不适于农业生产和人居条件。尽管有些小流域就空间规模而言并不算小，但其耕地等农业生产条件并不好，难以承担必要的人口规模，难以形成基本的社会组织结构，因而乡民生活长期贫困且无法解决，这些地区理应进行生态移民。此外，由于地形陡峭等因素而使得居住用地也不易安排，如交通极其不便，地质环境不利，洪水灾害巨大等。尽管通过现代技术手段可以改善，但却得不偿失，这些地区也只能用作纯粹的生态地域；

（3）并未形成完备的水保设施。通过当地群众数十年艰辛建设而成的水土保持设施（如淤地坝、排洪渠、谷坊等）已经形成小流域有效的水保体系，不断发挥着重要的拦泥保水功能。而这些设施年年都需要进行维护，否则就会失去作用，对水土保持非常不利。因此，具备完善水保设施的小流域始终保持必要的农业人口规模才是合理的。而进行生态移民的前提就是该流域尚未形成很完善的水保设施，小流域的生态治理目标可以通过林草工程等达到；

（4）有特殊意义的生态敏感区。如生态廊道、生态林地保护区域以及生态承载力有限的区域等。

在生态移民的实施中，应该制定妥善的搬迁安置计划，认真执行国家有关移民政策，通过技术、资金、政策的优惠鼓励适宜地区吸纳移民。同时，在进行生态移民的小流域地区划定封山禁垦、禁牧、禁猎、禁采石等区域，实施相应的生态恢复与保护工程。小流域内除留有少量植树造林、生态维护管理专业户外，应该防止逆向移民的迁入。这些原则同样适用于城镇以外地区需要进行生态移民的乡村。

5.3.3 微观—小流域枝状模式

前文对一级河谷城镇间的宏观空间发展模式和一级与二级城镇中心城区自身中观空间发展模式进行了探讨，下面将对以三级河谷川道为主的小流域人居环境（主要包括上述独立村落和城市生态住区）微观空间发展模式进行探讨。由于小流域是目前陕北人居环境空间分布的主体，占据的空间地域最大，人口最多，是陕北人居环境构成的基础单元，在特殊的自然环境条件下，具有多方面的典型性。因此，本部分不仅对小流域人居环境空间形态结构模式进行重点探讨，而且对与小流域空间形态有紧密关系的社会、经济、景观等特征也有所展开。

5.3.3.1 久远的历史渊源

临近一级支流等生态条件较好的小流域往往是古村落、集镇的生成地，常有石器时代人类活动遗址发现，表明这类小流域包含着人居环境最久远的基因。另一类较为偏远的小流域人居环境（往往远离一级支流干流河谷，远离历史上的交通干道），则由历史上的军寨、移民点等演化延续而来。由于北部横山一线自古以来多为陕北军事防卫要地，历代建立了许多军事寨堡、关隘边墙等防御设施，驻有军队和中原的移民，因而逐渐形成边塞的军镇乡村，同时伴有多民族的交融。以移民为主的村落常以某一姓氏为主，有些小的自然村落甚至半数以上村民均属同一大家族，有一定的血缘关系。除了秦汉以来官方实施建立的移民区域遗存的移民村落，还有民间形成的移民活动形成的乡村。由于陕北地区在历史上始终是中原王朝与北方部族争夺的战场，频繁的军乱匪患使偏远的小流域常常成为避难场所。因此，许多村落的居民来自四面八方，在困境中聚集成乡。或许是自然与社会环境压力的作用，村民间相互协助的传统久长。

5.3.3.2　变化的人口规模

通过前文的统计可知，陕北地区 192 个乡政府有 55% 分布在小流域中。因此，在自然生态、规模、交通、区位等条件较好的小流域中，往往是乡政府的所在地。个别沟道空间规模较大的小流域内甚至分布有多个乡政府或镇区。在这样的小流域中，有些包含十余个行政村，人口可达上万人，最大空间规模的小流域人口可达数万人。一般来说，小流域内人口常常为数千人，而小规模的小流域则只有一个或两个行政村，人口只有几百人。极个别的流域内甚至只有自然村，人口仅有几十人，难以形成行政规模，多是生态移民的对象。

1000 人的小流域一般能支撑一个具有基本规模的小学。由于村落的分散，许多规模过小的学校依然存在，很多小流域有 3～4 个小学，甚至更多。有些小流域内有中学，多数小流域乡村的中学生在城镇的中学就读。目前，由于城镇化的冲击，许多劳动力进城务工，他们的子女有些也随之离开农村，从而造成一些小流域的学校无法持续。米脂县高西沟村的小学正是缘于这一因素而停办。因此，规模较小的小流域学校已经很难成为必备的设施。除了学校外，小流域中还有商业网点、文化站、医疗点以及相应的管理机构。根据人口规模的不同，小流域乡村服务设施的需求会有很大的差别。

在基础设施方面，小流域乡村目前全部有电力供应。在发展条件较好的一级河谷周边地区，一般均有无线通信网络的覆盖，80% 的农户有电视，靠近县城的许多小流域乡村电话普及率在 30% 以上，有些甚至达到 70%。生活用水均采用地下水，通常把共用水井水源提升到高位水池，再通过简易供水管网把自来水供给农户，许多农户已通过这种方式使用上到达院落的自来水，而经济条件较差的乡村农户则仍然使用井水，条件更差的乡村则全村使用同一个汇聚泉水的水源作为生活用水。所有乡村均是无组织排水方式，因而多数乡村卫生条件差。目前除少数农户使用自家安装的土暖气外，多数农户依然靠火炕取暖，但通过无定河干流周边乡村的调查，已有许多家庭把提供烟火的厨房与卧室分离，改变了传统的厨、卧同室的状态，明显改善了窑洞室内的空气、光线、卫生条件。30% 的乡村主要道路有硬化路面，其他均为土路，交通条件不好。特别是小流域南北坡之间交通更显得不便。在雨季河水较大的时候，由于一般乡村只有简易桥梁，甚至没有桥梁，经过沟底河道的交通就会非常不便，洪水时期则会完全断绝。当然，淤地坝提供了沟通两岸交通的便利。主沟道路是整个小流域的交通骨架，是全流域必经之路，再通过枝状道路连接乡村的各部分。乡村主干道一般处于洪水线之上，窑洞住宅等建筑则位于主干路之上，因此主干路具有交通与防洪兼顾的功能。

5.3.3.3　基本的社会单元

由于小流域的空间特性，内部乡村人口规模相当于城市中的一个居民组团、居住小区、甚至一个完整的居住区。在多数情况下，数千人的小流域如同一个居住基本组团，构成了一个相对完整的、具有地域认同感、内聚向心性和空间防卫性的农村基本社会单元。自然地貌环境（如分水岭）往往是小流域内乡村行政周界确定的参考，而带有闭合空间特征的自然环境加强了小流域作为完整农村社区的趋势。也正因为如此，要注重小流域与外部社会、经济、文化等方面的整体联系。

5.3.3.4　基本的经济单元

小流域地理单元的封闭性决定了以土地为依托的农业、蓄牧业的空间独立性，构成了与自然、社会空间单元相统一的经济单元。受自然地貌、交通条件等限制，小流域自身空间范围内是农业生产组织，产品收获汇聚与组织运输的一个相对完整独立的经济单元，如果在小流域有简单的农产品加工生产的组织，这一特征或许更加突出。

5.3.3.5　基本的生态群落

小流域主沟道与支毛沟一同构成陕北黄土高原黄河流域最低一级的流域体系，形成最小汇水区域。在小流域主沟道等处设淤地坝，就可以拦截所有可能流入黄河的泥沙。因此，黄土高原水土流失治理是以小流域为独立的基本地域单元。从水土保持角度，小流域可以构成地貌、流域、植被（图 5－15）、水资源利用等诸方面自然生态要素相对完整的独立单位；从生态学更为综合的角度，小流域人居环境则具有类同于生态群落的特征。这对于我们更为深刻的认识小流域人居环境的发育与成长提供了新的视角。

图 5－15　小流域沟道植物群落

“在任何一个特定的地区内，只要那里的气候、地形和其他自然条件基本相同，那里就会出现一定的生物组合，即由一定种类的生物种群所组成的一个生态功能单位，这个功能单位就是群落（community）①。”正如“种群是占有一定特别地域空间的同一物种个体的集合体（group）②”一样，群落则是种群的集合体。因此，“一个自然群落就是在一定空间内生活在一起的各种动物、植物和微生物种群的集合体。群落内的各种生物由于彼此间的相互影响、紧密联系和对

---

① 尚玉昌. 普通生态学. 北京：北京大学出版社，2002. 243

② Manuel C. Molles，Jr. Ecology Concepts and Applications McGraw-Hill Companies，Inc. 2000. 164

环境的共同反映，而使群落构成一个具有内在联系和共同规律的有机整体。因此，生物群落是特定空间或特定生境下生物种群有规律的组合。它们之间以及它们与环境之间彼此影响，相互作用，具有一定的形态结构与营养结构，执行一定的功能。生物群落的概念具有具体和抽象两重含义，具体的概念指的是一个可以观察研究的具体群落区域；抽象概念指的是符合群落定义的所有生物集合体的总称①。"

生物群落内的各种生物之间以及生物与环境之间存在着相互依赖、构成有机整体的特征。在小流域中，居民作为生物群落中的一员，与小流域生态环境之间形成了特定的相互关系。人口超过生态承载力时，对环境造成难以承受的压力；但适宜的人口又是耕种土地，养护林地，退耕还林，维护水土保持设施并不断进行生态治理所需要的。人居环境与小流域生态环境之间形成了在一定条件下的相互依赖，相互关联的整体结构。因此，对于大多数陕北黄土沟壑区小流域来说，经过千百年的演化，人居环境已经成为小流域生态系统的有机组成部分，与其他要素一同构成了小流域生态群落的整体。

在远古时期，人类作为各类动物种群中的一员，是生态群落中主导地位越来越稳固的"优势种②"。然而，人类的活动虽然直接影响着群落中其他物种的存在状况，但人类自身也比现代更易受到其他物种和自然环境的影响，人类的行为也必然带上自然界生态演进规律更深的烙印。作为人类躲避风雨和野兽侵袭的洞穴居所的位置与形式的选择，居所作为人类在群落生存活动中的一种行为结果，也自然带上生态群落演化机制的印记。人类行为的空间分布、活动方式、与周边环境的关系等都直接影响了人类居所的分布位置、方式、密度等。也就是说，如果我们可以用生态学的理论去研究人类的行为规律，那么，由于人类活动的空间载体—人居环境也同时受到生态环境及人类行为本身的影响，带上了自然生态群落的色彩，我们可以对人居环境进行对应性的生态学研究，从而建立生态学与人居环境科学之间更为紧密的关系。

其实，可以认为各类生物、动物都有其住居系统：动物的洞屋，飞禽的窝巢，昆虫的宅穴，乃至植物的根植定居之地，都是生物的住所环境。如果我们借用生物群落的抽象概念，对具有明显群落色彩的生物居所环境加以描述，则可以说在生物及其环境构成的生态群落之中，还存在着由生物居所与其环境构成的居所群落。居所群落同时反映了生态群落许多相应的特征和规律。因此，我们可以用生态学的观点去观察小流域人居环境，把小流域人居环境作为人类的居所群落加以研究。

自然界的生物群落具有如下特征：（1）具有一定的物种组成。（2）不同物

---

① 李振基等. 生态学. 北京：科学出版社，2000. 194～195

② 指群落中优势度大，并且有很大作用和影响的植物，它通常指群落结构中每个层次中占优势的植物。见：安树青. 生态学词典. 哈尔滨：东北林业大学出版社，1994. 321

种之间的相互影响。（3）具有形成群落环境的功能。（4）具有一定的外貌。（5）一定的动态特征。（6）一定的分布范围。（7）群落的边界特征①。

小流域人居环境作为人类的居所群落，似乎也具有这些特征。各类形式的窑洞、农田、林地、家畜、野生动物、禽鸟、微生物、粮食、林果、气候、饲草、人口、水源、山地河流、社会、经济、文化等构成了相互制约、相互依存的关系；人居环境、动物巢穴、林草定居等与山地和河谷等互为关联，构成了一个具有空间相对独立、要素相互关联、能量自我平衡、边界相对清楚、与外界存在着能量交换、不断动态演进的完整的人居环境群落体系，显示出明确的群落特征。因此，小流域人居环境的演化发展应该依据其群落特征，进行合理的引导。各个构成要素的构成比例、位置关系、结构方式等都应该适应群落自身内在机制，构成协调共存的整体。人居环境的发展是适应甚至强化这种整体性，而不是破坏这一整体性。当然如果我们把小流域人居环境对应于生态群落，则由小流域乡村及城镇构成的人居环境系统就可以对应于生态系统层级，从而构成更加完整的人居环境体系。

在自然生态群落中，绿色植物在垂直方向上的成层现象，是根据光在垂直方向上沿高度变化的规律，在不同高度上出现不同的植物种类、数量的现象。由于植物的成层现象，动物在垂直方向上也有一定的空间分布特征②。在小流域人居环境群落中，沿山坡垂直方向的分布也同样显示出自然环境促成的规律性。当小流域河谷狭窄时，山坡窑居一般而言必然是在对面山峰阴影之上出现，从而接受阳光。因此，小流域山坡人居环境空间分布一般是：山坡的顶端是林地与梯田耕地的分布，山坡的中部是住宅区，山坡的底部则是主干道路或公共服务设施的必然位置。

5.3.3.6　典型的特色景观

小流域人居环境空间景观具有陕北黄土高原各级河谷地区景观的典型特征。主要有以下方面。

（1）自然生态之美

小流域人居环境的建筑形式以生土窑洞为主，窑洞隐于黄土高坡之中，不与自然山体争高低，传统乡村的突出景观就是保持了小流域的原生自然景观。于是，当我们走近小流域乡村时，首先感受的是自然生态的山川流水之美。特别是经过有效的退耕还林和水土保持措施，我们更加能够领略到黄土高原山川秀美的自然风光。目前，在米脂县高西沟我们看到的正是这样的景象。

（2）融汇协调之美

由于窑洞依山就势，材料、色彩、形态与黄土山地融为一体，构成了天人合一的协调之美。窑洞在黄土高坡之中决不会与山川流水争胜，而是在融合之中，

---

① 李振基等．生态学．北京：科学出版社，2000. 196

② 李振基等．生态学．北京：科学出版社，2000. 275

蕴涵着中国山水画里最为动人的高远意境（图5－16），表现出不同的布局个性。窑洞的布局形态有如下特征：

1）藏与露：无论是哪种形式的窑居，都是在黄土之内营造居住空间，这就决定了窑洞藏于黄土沟壑之中的特征。同时，窑洞形成的院落造型往往如泥塑中的刀痕一般，长短深浅不一，宽窄方圆变化，袒露出一幅黄土山地上的雕凿画面，流露出许多的意味。当你行走于沟壑中时，更能领略山坡上横岭侧峰般的窑洞群落剪影，表露出不同窑居的个性。

2）曲与直：窑洞布局依山就势，随山地弯曲的等高线蜿蜒于黄土沟坡之上，显露出不拘于规矩，师法于自然的流畅；与此对比，窑居群落整体的曲线又是由众多的直线构成的。曲线中包含着挺直的窑面，垂直于等高线的院落切割线，窑居院落的基底线等，曲直交替之间，透露着柔韧与刚劲构成的韵律。

图5－16　中国画中与山水融为一体的人居意境

3）高与低：窑洞布局于黄土原中，或高昂于山上，背衬蓝天；或低沉于谷底，环绕绿野；无论是仰视还是鸟瞰，都可以感受上下跌宕，高低起伏的节奏。

4）聚与散：由于地形条件、农田区划、适建情况等因素，窑居组团常常聚集成群于一处，又松散分布于另一处，聚散离合，疏密相间，在质朴的黄土地上点缀出灵动变化。总之，黄土高原所蕴藏的含而不露、敦厚无华的气质中，常常崭露出自然与人居和谐相融的多样风格。

（3）安详平和之美

小流域山谷人居环境在黄土高坡的全面覆盖下，整体上透露出安详平和的美感。冬雪之后，山村完全隐含于银色的河谷之中，寂静伴随着一片安详（图5－17）；秋色之中，收获的忙碌与斑斓的色彩散发着热情，却依然不失平和的气息；纯朴窑洞更是以

图5－17　雪景中静谧的山村

其稳定的拱形特征，敦厚的生土构筑带给黄土乡村安详原真的性格。

（4）色彩浓艳之美

在纯朴平和的总体气氛中，浓艳的色彩却形成了强烈的对比。无论是红色的剪纸、腰鼓，还是黄色的门窗、玉米，以及儿童鲜艳的服装等，都造成了黄土高原人居环境中的活跃因素。同时，由于这些活跃的色彩总体上以暖色为主，又与黄土高原整体环境构成了协调关系。当然，对比强烈的色彩也并不鲜见。例如，北部有些地区窑洞门窗用蓝色装饰等。此外，在透明的空气和明亮的阳光之下，白杨树等普通植物在不同的季节更为陕北黄土高原增加了浓艳的色彩。

（5）整体分形之美

小流域地貌形态的分形特征，使得小流域由主沟至支沟的空间转换，如同一级支流的河谷川地向小流域的空间转换一样，把枝状空间不断由上一级向下一级引伸，整个系统构成了统一的枝状肌理，千沟万壑在混沌的整体之中勾勒出同样有序的排列。这一全景画面表达了自然地貌的分形之美。德国分子生物学家弗里德里希·克拉默认为："分形，产生了各种具有极大美学感染力的图画。它们的美是无可否认的。在有序和混沌之间的转变区域，即分形区域中，这一美学范畴被精细地揭示出来。""凡是在接近混沌边缘的地方（有序性在那里正面临着威胁），美看起来就似乎最为引人和真切。美是两个悬崖之间的狭窄小路；在一边，全部有序消融于混沌之中，在另一边，则是对称和有序的凝固世界。只有沿着这条危险的小路，美才能展现其形态①"。对于黄土高原独特地貌以及生长于其中的人居环境所具有的分形美，这恐怕是最恰当不过的描述了，这一宏大的整体美感应该是更加难得的（图5－18）。

图5－18　整体分形之美

① ［德］弗里德里希·克拉默. 混沌与秩序——生物系统的复杂结构. 柯志阳等译. 上海：上海科技教育出版社，2000. 202～204

5.3.3.7　整体枝状模式

小流域村落人居环境空间形态模式的引导应该注重下述原则：

（1）水土保持工程优先

小流域内的水保措施从源头上阻滞泥沙外流，对于入黄泥沙来说无异于釜底抽薪，是水土保持战略体系中至关重要的部分。因此，淤地坝、截洪沟渠、水保防护植被带、防护梯田等小流域内工程与生物措施所占用的空间非常重要，特别是生态防护体系核心部位以及生态敏感地带、景观交汇边缘区、交汇点等，必须优先予以保护。人居环境的住宅、院落、道路、农田等空间环境均应避让这些水保工程生态敏感空间，并与之形成协调的关系，成为水土保持防护体系中的组成部分，成为小流域整体生态群落中的有机构成。

（2）自然、社会、经济协调发展

根据马世骏、王如松倡导并得到多数学者认可的观点，理想的人类社会与自然生态环境的关系应该建立在社会—经济—自然复合生态系统之上。复合生态系统建立了以自然平衡为依托，以经济发展为命脉，以社会和谐为目标的人类生态社会框架。这个框架由地理环境、生物环境、人工环境等物理环境，产业结构、资源利用、生产方式等经济环境，人口构成、社会组织、管理机构等社会环境，道德水平、人际交往、文化艺术等精神环境耦合构成。复合生态系统通过社会、经济、自然三个子系统发挥了生产、消费、流通、调控、还原、服务等功能，使得社会得以发展、经济得以持续、自然得以平衡①。

社会—经济—自然复合生态系统原理对于陕北黄土高原人居环境建设具有突出的现实指导意义。没有水土保持等自然环境的恢复，陕北人居环境的生态威胁已越来越严重；没有三农等突出经济问题的解决，也失去了生态治理的经济支持和心理动力；没有社会秩序的和谐与整体的发展，也失去了复合生态系统的整体目标。因此，在自然生态系统中，水土保持、恢复植被、阻滞荒漠化进程等都是陕北人居环境社会、经济和自然三大系统复合体所面临的紧迫自然生态问题；在经济生态系统方面，如何建立适合于陕北自然环境的绿色产业结构，构建人居环境经济发展的产业食物链（网）关系，具有特别的意义；在社会生态系统方面，有必要深入探讨城市化对人口分布、聚集密度等方面的影响，建立有利于人际交往、有益于秩序和谐的整体社会结构。水土保持工作的历史经验表明，单纯的水土保持生态治理难以持久调动群众的积极性，其治理效果也就难有生命力。而无视水土保持生态治理的经济发展更是无根之木。因此，只有建立在自然生态治理、经济与社会协调发展的基础上，充分利用小流域社会经济单元等相关特征，小流域人居环境才能真正形成可持续发展的动力。

（3）相对集中的村落与相对分散的院落布局

由于小流域中的分散住户，使得小流域整体居住质量下降，同时对生态保护

---

① 戈峰. 现代生态学. 北京：科学出版社，2002. 412

不利。因此，对于分散住户进行生态移民，使得村落居住空间形态适当集中，对于生态恢复、乡村基础设施建设、住民间的相互交往、社会生活的进步等都十分必要。然而，陕北乡村千百年来形成的生活习惯，目前的社会经济发展状态等使得各家各户“离不得、近不得。”各户均须有自家的庭院经济环境，需要庭院、家畜围拦与仓储、菜园、果园、沼气池等，而且各户之间最好有必要的心理舒适距离。所以，农户住宅院落的布局状态又应该适当分散，形成相对独立的住户院落。因此，相对集中的村落和相对分散的院落是小流域乡村住区理想而又具有可操作性的布局方式。

（4）降低人口与建筑密度

小流域生态治理与社会经济发展的重要障碍是人口密度太大。随着城镇化、计划生育等方面的作用，乡村人口密度开始出现下降的趋势，这在客观上是有利于小流域生态治理和社会经济发展的。人口密度的下降在长期效果方面也应最终带来建筑密度的下降，造成乡村聚落空间形态的收缩，这对于减少人工环境对自然生态的干扰，避免自然环境被人工区域分割成互不相连的孤立斑块，保证生态景观的连通性，具有积极的意义。

根据景观连接度效应，在其他条件相同的情况下，孤立的斑块中物种绝灭概率比连接度高的斑块中的要大。在景观廊道网络中，与网络相互连接的斑块比远离网络的斑块有更高的种丰富度和较低的种绝灭率①。对于自然生态区域而言，保持生态斑块与廊道的相互连接与沟通，在人居环境斑块介入的情况下，保持自然生态区域的整体连通性，保持生态景观的原有网络，对于景观稳定十分有利。因此，不仅应该承认目前城市化带给小流域乡村的变化，而且应该积极促进城市化对人口密度下降的作用，这对于尊重自然生态承载力对人居环境建设的制约作用，保护植被的连续性、保护黄土山体的稳定、减少水土流失、营造人居环境内外稳定的生态环境具有积极的意义。

（5）完整住区体系的建立

现状小流域乡村住区基本上是一种自发形成的状态，尽管包含着许多民间原初生态化住区的精华，但对于生产力水平不断提高、逐步走向现代化的乡村住区而言，要想适应当今社会经济发展的需求，还应该在原有基础上，不断增添新的内容，特别是完整住区体系的建立。这包括住区道路交通、给水排水等基础设施的完善，住区生态状态的进一步协调，现代住区科技的引入，新的生土建筑形态的创造，地域文化含义的强化，邻里良好社会结构的稳定以及富有黄土高原特色景观环境的形成等。只有这一体系的建立，才能真正形成能够适应现代乡村发展的绿色住区。

上述原则为小流域村落人居环境空间形态发展模式的探讨提供了相对明确的途径。在高西沟的调查中，我们发现随着水土保持措施发挥作用，特别是淤地坝拦泥功能的作用，主沟道成为淤泥汇聚的主要地带。人居环境在支毛沟之内和主

① 邬建国. 景观生态学. 北京：高等教育出版社，2000. 215～218

沟道上游才能获得相对稳定的环境，于是许多窑居渗入到支沟之中（图5－19），这是适应淤地坝体系的必然趋势。由此获得启发，我们在小流域沟壑环境中应该首先划分出淤地形成的空间地带，人居环境的发展空间应该在这一地带之外。

图5－19　高西沟渗入支沟的窑居

由于小流域主沟道是淤地形成的主要区域，因而居住用地应该在主沟道中腾让出淤地占用的空间，根据小流域地形和淤地形成与发展的具体情况，在沟坡高处稳定之地进行建设；同时，依据沟道基底不断抬升的前提，人居环境应该向支沟发展，充分发挥支沟的空间作用，从而最终构成小流域整体环境中由主沟向支沟扩展、与地域生态环境紧密结合，适应淤地坝等水保工程的人居环境空间布局生态适应型模式，缘于其形态特征，也可称为小流域乡村人居环境枝状空间形态结构模式（图5－20）。

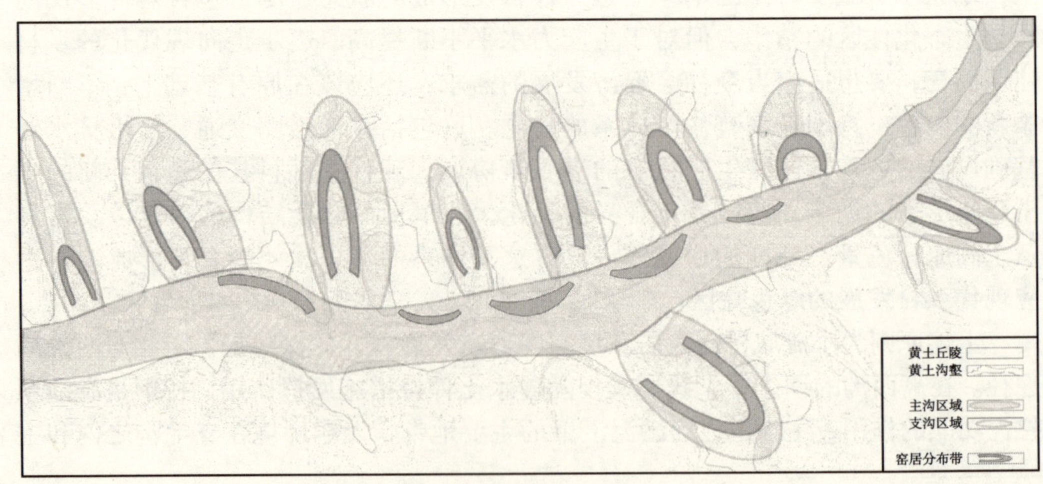

图5－20　小流域村落人居环境枝状空间形态模式

由于淤地坝已成为国家重点投入资金建设的黄土高原生态治理工程，将成为小流域中不能忽视的生态空间系统，因而与之相适应的人居环境空间形态结构模式才是具有普遍意义的。当然，小流域枝状空间结构模式在不同河道走向情况下，应该根据地形状况进行适应性变化，如图 5－21、图 5－22 所示。

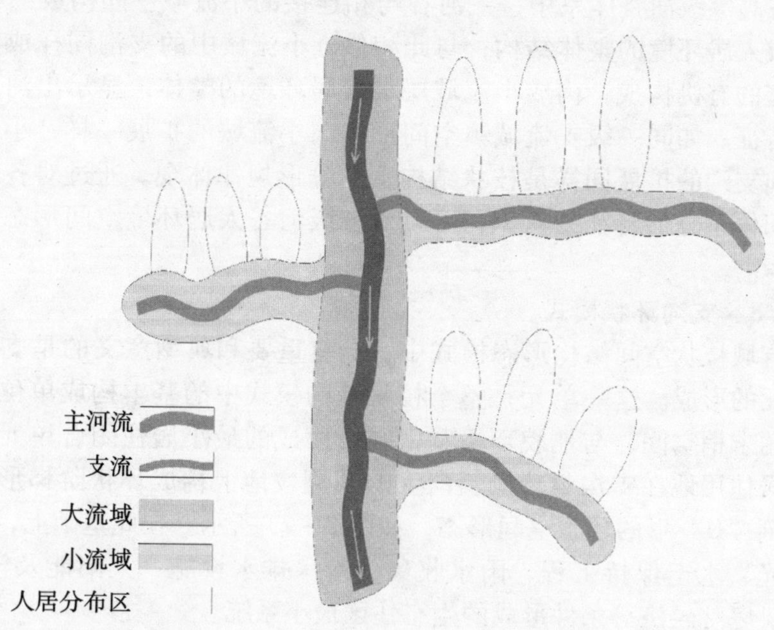

图 5－21　模式对小流域河道为东西走向的适应

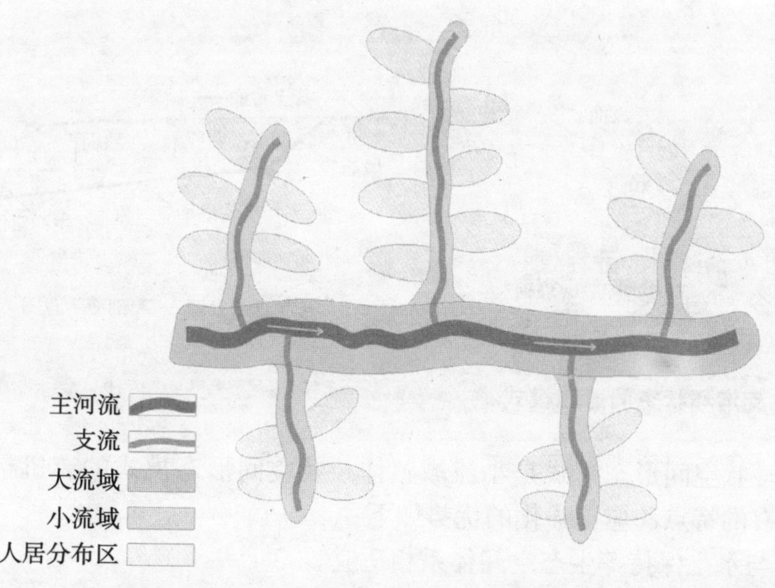

图 5－22　模式对小流域河道为南北走向的适应

这一模式与陕北黄土高原特有的枝状河谷沟壑空间体系相适应，与自然地形相吻合，应该说是自然地貌条件所决定的人居环境空间形态组织模式，现实中的例证说明了这一模式的可行性。主沟道与支沟一同构成的小流域人居环境枝状体系与一级支流等层级的人居环境空间结构相类同，都与枝状河谷结构紧密相关。在高等级河谷体系中，主河谷与相连接的小流域一同构成"非"字形结构，构成人居环境的整体结构；与此相似，小流域中的支沟同样成为与主沟道结构紧密的有机构成，构成小流域层级人居环境的整体，显示出河谷体系分形结构的特征。如同一级支流城镇空间形态向小流域的扩展一样，小流域乡村空间形态向支沟的扩展同样是枝状结构上的分形规律体现。通过对各级流域河谷枝状空间体系分形特征的认识，可以对各级河谷人居环境空间形态扩展的规律加以认识。

5.3.3.8　支沟环状模式

在小流域枝状空间结构形态模式中，具有重要和典型意义的是支沟基本生态住区单元的形成。这一单元是整个枝状结构模式中的基本构成单位，是利用流域体系的末梢空间，与地貌环境紧密结合而成的最小居住闭合单元。这一单元是通过居住用地在支沟整体倾斜向上的两侧坡地上构成环状阶梯形态，从而构成如同倒"U"形的环状空间形态，如图5-23所示。在此基础上，利用地形坡度、阳光、水土保持工程、雨水收集、给水排水设施、太阳能及沼气利用、窑洞院落、庭院经济等条件形成的生态住区最小系统。

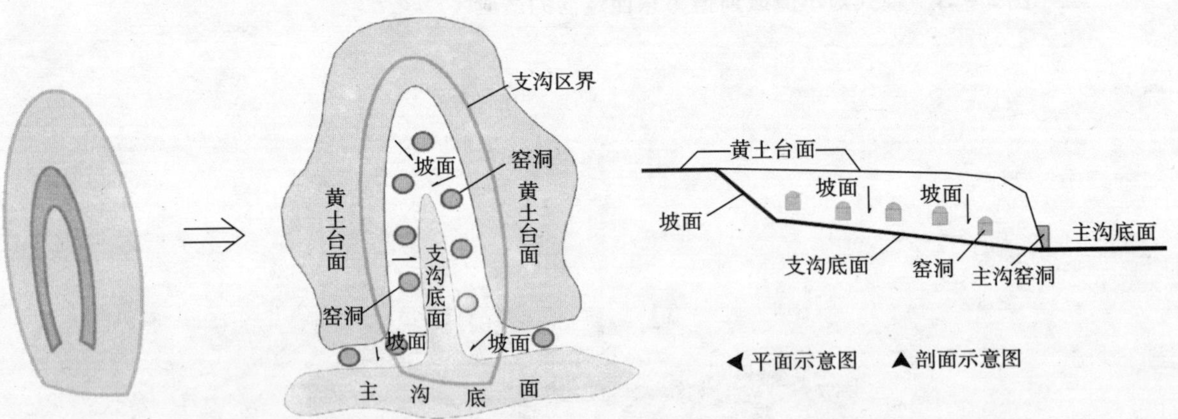

图5-23　支沟环状空间形态模式

支沟环状空间形态模式是小流域整体枝状空间形态模式的有机构成，整个模式所具有的特点和应该强化的优势如下：

(1) 与水土保持等生态空间体系相适应

主沟道居住空间分布在淤地坝等水土保持工程用地的周边上方，与淤地坝等相适应；与主沟类同，支沟倒"U"形的内部空间正是支沟内堰窝等水保工程所在地，窑洞住宅亦随着地形的抬升分布在这些工程用地的周边，与水保工程构成整体。再配以其他防洪沟渠、林地等生物、工程措施，使得人居环境空间结构成为与水土保持空间体系相辅相成的统一体。支沟是最小的汇水沟道。通过支沟的淤地蓄水工程，可以构成最基本的沟道集水单元，也是最接近窑居组团的集水单元。同时，伴随着水土保持工程的持续效益，支沟也同主沟道一样，沟底不断抬升，地貌发生变化，出现了更为开阔的沟道空间，成为更加适应人居环境生长的流域空间，也增大了这一模式的可行性。高西沟现实中支沟中窑居的发展就是很好的例证。支沟淤地集水工程可以更为便利的提供庭院种植经济用水、生活用中水等，加上庭院集水窖，流域主沟道淤地坝蓄水工程等，可以构成小流域完整的集水工程体系。同时，这一布局模式尽量多的利用了整个小流域沟道里的阳光坡地、高差地势等，有利于太阳能利用、避开冬季寒风、利用高差建蓄水池形成自然给水和排水、利用沼气等。这一布局模式适应大集中、小分散的原则，具有多种生态适应优势。

由于支沟也是水土流失的敏感地区，沟头的发展会造成坡面不稳定，因此是水土保持治理的重要部位。窑居住区的建立既有可能通过院落硬化和庭院经济等方式防止水土流失，维护生态环境的稳定；也有可能对原有山体植被造成破坏，造成新的水土流失。因此，住区的建设必须与水土保持措施紧密结合，强化水土保持的工程措施的功能作用，应该重点加强沟头和沟坡的植被保护，并对住区周围环境进行重点生态维护。

水资源的充分利用是支沟基本住区单元所具有的优势条件。作为基本集水单元，可以通过设置在支沟口的淤地坝汇聚这一最小汇水单元的雨水。这些水既可以作为支沟坝地、庭院种植灌溉之用；也可以通过简易的提水设施储存在住户单元高处的高位水池，作为排水等生活中水之用。建立使用中水的生活排水系统是窑洞住区全面提升居住生活品质的重要标志。目前，在陕北乡村中，相当多的家庭已经把厨房与其他居室分离；经济条件较好的家庭则已经使用室内洗浴，这表明了人们已经开始追求居住生活标准的提升，水厕的要求必然会出现。因此，新的小流域乡村窑洞住区应该对此给予考虑。水厕的排放可以与本住户的沼气池相联系，直接用于绿色住区技术系统的使用，而不必建立统一排水管道。当然，由于这一系统使用收集的雨水，不同于给水系统使用地下水，故两者水源不同，系统自然应该分离。此外，在住户庭院内也应该通过硬化收集雨水，使每一个窑院同时是一个集水院落，经过院内水窖的储存，供中水之用。道路应该尽量进行硬化，使之成为固化黄土的设施。道路的排水沟可以直接与不同高度的集水窖相连，使道路同时成为集水设施的一部分。生活饮用水应使用地下水，通过供水设施引入各户窑洞内部。同样利用山地高差，通过专用高位水池向单元内住户供水。水源可视具体情况，既可以挖掘单元专用饮水井，也可以通过更大供水规模的饮水井提供。鉴于黄土高原沟壑区缺水的现实，这些集水、节水的措施都是具有生态意义的简单、经济的方法。在集水的同时应该注意防洪问题。每一道堰窝、淤地坝都同时设置排洪沟渠。在遇到大的山洪时，能够尽快把洪水排入主沟道水库之中，保护集水淤地的坝系工程。当然，由于支毛沟是汇水区的末梢，其防洪难度并不大。

（2）与传统风水格局相吻合

这一模式所强调的支沟倒“U”形结构背靠山谷，面向沟口小流域主河道内淤地坝等水面，东西两面山体围合环绕，与传统的风水格局相吻合，是一种相对理想的住区布局模式。由于无定河总体为南北向，小流域主沟道总体为东西向，故多数支沟为南北向。因此，支沟两侧的窑洞主体朝向不能面南。但是如同米脂县高西沟村现状所示，通过窑洞院落布局的偏转，住户主体朝向可以面向西南或东南，或完全成为东、西朝向。对于陕北来说，这依然是相对理想的朝向或能够接受的朝向，阳光同样充分，与理想的传统风水格局本质精神相吻合，因而具有风水模式的优势，成为传统文化的一种延续。

（3）与庭院经济的结合

由于充分利用了小流域内各种沟道空间，更易满足大集中、小分散的原则，各窑居住家可以保持合适的邻里间距，也有利于为各家提供庭院经济的场所。庭院经济不仅是乡村住户提高经济收入的重要手段，更是改善窑洞住户庭院小生态环境，防止庭院周边水土流失，增加住区黄土坡地绿色植被的重要措施。无论是庭院周边的水平梯田、果园、菜地等，对于住区生态均具有重要意义，而家畜圈养又为沼气利用提供了条件。支沟中的堰窝坝地、梯级坡地等都是发展庭院经济的有利基础。

（4）基本社会邻里单元

由于支沟是黄土沟壑区最小的闭合空间单元，又处于沟壑体系的末梢，具有空间上的相对独立性，一个支沟可以安排 5 ~ 15 户窑居院落，多数为 7 ~ 8 户，正是一个相对独立、安静、邻里气氛很强的尽端式地貌单元，因而有利于形成干扰性很小的基本社会邻里单元。这对于促进居民间的社会交往、加强社区安全防卫、增强社区内聚力具有特殊的意义。还可以根据当地风俗文化等各种具体情况，在偏向沟口的交汇处设置居民活动、交往的场所。基本单元的道路交通系统可以直接与山上原峁坡地耕地相连，并有可能利用这一道路系统把相邻支毛沟住区单元从沟坡顶面相互沟通，建立邻里交往的道路网络。

总之，通过上述分析可知，支沟基本住区单元是一个水土保持基本单元；一个集水基本单元；一个社区邻里基础单元；一个庭院经济基本单元；一个人居住区基本单元。小流域人居环境整体所占据的空间范围使其成为陕北人居环境的主体，涉及广阔的地域环境，只有广大的小流域乡村人居环境与生态良好协调，广阔的乡村生态景观区才能得到保证，陕北整体自然生态环境才有真正恢复的可能。

当然，乡村小流域人居环境的构成还有一个重要层面，就是乡镇人居环境的构成。这是乡村与城市之间的过渡层级。这一层级中，由于人口规模的加大，空间范围的扩大，无论是行政管理方面，流域体系的构成方面，社会经济的联系方面等，都成为多数小流域乡村人流、物流、信息流汇聚的场所。因而，乡镇人居环境往往是公共服务设施进一步完善，中小学校配备齐全，产业构成更加多样，社会结构更加完整的层级。然而，由于乡镇内窑居环境与最低一级人居环境的构成基本一致，都是小流域基本单元模式的再现与引导，有类同之处。因此，人居环境的差异除了规模之外，主要是社会经济结构以及公共服务设施构成的差异。

5.3.3.9 六边形模式

在城市内部或郊区小流域转换为城市生态住区的情况下，小流域人居环境空间形态与乡村状态下会有明显的差别，主要是住区建筑密度、布局方式的差别。由生活方式所决定，一般而言，城市住区中显然不需要庭院经济的场所（当然，可以使之成为极低密度生态窑洞住区的庭院），各种农田和畜牧设施都可以改变成绿色植被区域，各类城市公共服务设施应该更加齐备，建筑密度也可以得到相应提高，然而，与城市中心区普通住宅单元楼小区相比依然是低密度的窑洞住区。

这一模式依然要在各种水土保持生态工程和植被的空间系统之上形成，但可以更加紧凑集中，提高建筑密度。以小流域主沟道等各种坡地为典型地貌环境，住区布局可以参照稳定的六边形结构，使窑洞建筑沿六边形进行围合院落式布局，中心是以防护绿化为主的活动空间。这一模式的形态来源于水土保持工程中六边形砌筑体和植被防护体系对坡地的稳定作用，借鉴了水土保持和固沙防沙工程中林草防护网络的种植模式。各窑洞院落进行绿化和硬化，从而利用六边形稳定特性，使窑洞院落及其周边植被等环境要素布局本身就成为水保防护体系中的有效部分。如图5-24所示，这一模式的特点在于：

（1）住区内建筑院落等要素布局本身遵循水保工程组织方式，使人居环境更加直接地成为水土保持工程体系组成部分。通过窑洞院落、道路、公共活动场所的硬化，窑洞院落、周边环境的绿化等形式对坡地进行水土保持稳定，这些硬化和绿化的形态和方式都应参照水土保持工程的有关规律，使住区真正成为具有水土保持特性的生态住区。

（2）由于住宅布局相对集中紧凑，可以提高住区建筑密度，适宜于节约土地。

（3）每一个六边形组团的中心绿地保证了住区的绿色空间，也相应避免了过于密集的窑洞院落布局不利于山坡的稳定。

（4）组团中的绿色核心有利于组织居民的交往活动，有利于社区公共意识的形成。

这一模式还可以根据地貌条件等具体情况进行适当的变异。如把六边形简化成方格网状，根据水土保持的相关因素和地形条件决定方格网的大小，方格间的间隔既是道路的用地，也可以是生态植被网络的通道。可以首先确定防护林网络的种植区域，包括横向与纵向林带，形成栅格地块，再在其中布局窑洞

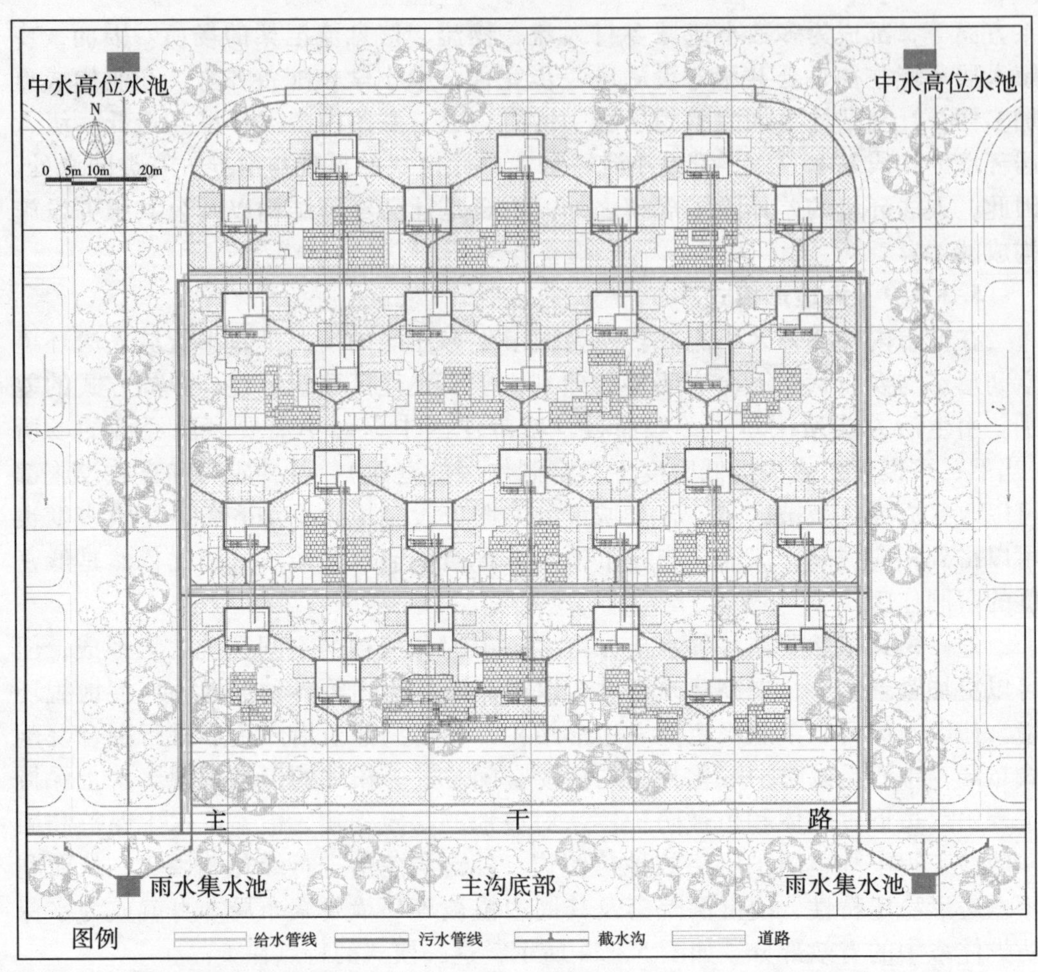

图 5-24　城镇窑洞院落生态住区六边形模式

建筑。建筑院落和道路的硬化与林草网络的绿化共同构成如同道路护坡般的稳定结构。总之，同样可以成为有利于水土保持的布局形态。此外，这一模式与支毛沟环状模式虽然各有所侧重，但完全可以根据具体情况，结合起来共同用于同一种人居形态中。

这一模式与乡村形态人居环境也有相同的地方，这就是与水土保持和集水等生态工程技术相关的空间体系。各种淤地坝等水保设施都应继续发挥作用；各种集水措施可以形成更加完整的中水供给系统。当然，沼气设施可以由天然气管道取代，给水排水系统可以形成统一的管道网络。

5.3.4　元素—传统窑洞空间形态引导模式

窑洞是陕北人居环境空间形态中极其富有特征的生土建筑，是陕北人居环境整体空间形态结构系统中不可分割的基本构成元素。前文所述人居环境整体空间体系中，除了不同层级生态适应型空间模式的构成，还应该以窑洞作为生态建筑元素，从而更加完整地实现生态住区的目标。因此，对窑洞给予特别的关注，将有利于陕北人居环境空间形态模式的探讨，也有利于人居环境空间形态特色的构成，是注重生态的陕北人居环境空间形态模式整体探讨中重要的组成部分。

陕北最富特征的地域建筑形态是生土窑洞，这是由黄土高原特殊的地质地貌环境、黄土特性、气候条件、本土文化等因素，经过长期的历史演进而综合形成的，构成了独有的地域人居环境景观。窑洞以其就地利用生土、节约能源和与环境十分融合的生态优势成为黄土高原绵延数千年的人居环境建筑形态。目前，在陕北黄土高原的广大乡村，窑洞依然是人们居住建筑的主体形态。然而，随着陕北社会经济的发展，城镇中除了郊区等外围地段外，窑洞已多为城市住宅单元楼等所替代。可以说，在一定的地域心态层面上，窑洞甚至常常被视作落后的象征。而且，这种心态在一定程度上也在乡村中存在，带来的是破坏植被生态的模仿与滥建。当然，人们依然眷恋窑洞带来的舒适感觉，在经过经济发展最初带来的浮躁之后，城里的人们包括一些年轻人在内，承认并且希望回归窑洞带给人们的清凉或者温暖的世界。但是，人们同时又难以忍受窑洞潮湿、昏暗等固有不便。总之，窑洞这一具有很大生态价值的传统地域风格建筑在未来陕北人居环境建设中应该获得怎样的地位和发展，值得进行更广泛和深入的研究。

窑洞是陕北地区人们居住生活中的传统建筑方式，其改进必须与当地人们社会经济生活的发展紧密联系，必须与人们对居住生活质量的需求相适应，因而，有必要首先对人们居住需求的发展变化进行基本的探讨。

5.3.4.1　居住需求层次

人类的住屋已经从最初的遮风避雨、防范野兽等原始功能，历经万千年的演进，发展到当今时代需要具有各种层面不同方面的高级功能。纵观住屋的发展历程，借鉴马斯诺的需求层次说，我们可以将人们对于住屋的需求大致分为以下几个层次：

（1）安全的需求

这是人类远古时期即已有之的对洞屋的原始需求，也是人们今天对住宅的最基本需求。当初，人们是为了躲避野兽和风雨；而今，随着社会、经济、技术的发展，人们对于住宅安全性能的注重已更加多样。

（2）功能的需求

这是人们对住宅建筑的基本需求，住宅必须具有满足人们起居生活要求的各种功能。随着社会、经济、文化、技术等领域的发展，对人类不断增加的居住功能需求的满足又不断推动着住宅的发展。

（3）交往的需求

除了特别的情况，社会性的群居是人们居住生活方式的主体。根据马斯诺的需求层次说，人们的交往是必不可少的需求。因此，住宅的布局方式应满足人们的日常交往。当然，包括住宅内部通信设施在内的现代化方式同样构成了满足人们交往需求的新途径。

(4) 舒适的需求

尽管随着社会的发展，住宅也带上许多工作场所的性质，但住宅不同于其他建筑的突出之处是，住宅更主要的功能是满足人们休息、放松、家庭生活等活动的需求。人们对空气、阳光、声音的控制、室内外生活的方便程度、空间的大小、绿色环境等均会提出更细致的要求。这些要素不再仅仅是达到基本的需求标准，而是要达到舒适的程度，而舒适的概念又随着社会的发展而变化。

(5) 文化的需求

人们会对住宅内外环境的文化意蕴提出需求，包括审美的需求，个性的表现等。这里的文化应该建立在广义概念基础上，而不是简单的指一些硬件文化设施，这些设施应该属于住宅基本功能需求范畴。文化意蕴包括整体环境的文化气氛，适应居住者文化品味的环境元素等。文化意蕴可能明确到装修的风格、环境小品的主题和造型；文化意蕴也可能含蓄到住宅与住区所透露出的地域历史记忆、艺术境界的营造以及对邻里构成的选择等。文化的需求对于不同的人来说可能差异很大，会因不同的文化背景、职业类型、社会阶层、经济地位、性格气质、交往关系等而显示出不同的特征。对于不同的人来说，文化的需求在整个居住需求体系中的重要程度、排序位置等也会有所不同。

(6) 生态和谐的需求

即对人类赖以生存的自然生态环境具有更为自觉的尊重意识，使回归自然的心境成为一种需求。这也可以看作是更高层级的文化追求。其实不同的居住者在各个需求阶段都有可能在客观和主观上形成对自然生态的尊重意识，达到不同程度的某种自觉。但当人类社会特别是思想观念得到更全面的综合发展时，居住者主体会趋向于把对天人合一的追求作为居住生活的最高境界，并自觉地追求这样的目标。这是在高度现代化的社会中对与自然生态环境和谐相处境界的高层次的回归。当然，这一需求与毫无顾忌地单方面追求对自然的享用、并以对自然生态的破坏为代价的伪“回归”彻底的不同。

以上几个层次的居住需求并非截然分开，有一些高层次的追求完全可能与一些基本需求同时并存。但人们对住宅的需求从整体上是分不同层次逐步提升的，或者说在一定的社会经济发展阶段，人们的居住需求对应着相应的层次，这种相应层次的需求可能在整体社会层面上更具有目标性。改革开放二十多年以来，人们对住宅需求的不断提升与变化充分说明了这一点。住宅必须不断适应人类社会的发展变化。

在陕北黄土高原大多数乡村地区，与社会经济的发展相适应，人们的居住需求在主体上还处于前三个层次。尽管如此，乡村窑洞的变化也十分清晰的显示出这种需求的不断提升。随着家庭经济状况的改善、文化趣味的变化、社会整体的进步等，土窑会升级为石窑，窑洞内饰会提上日程，供水等设施会成为需要，厨房已从住宿主窑中分割出来，现在一些家庭甚至开始希望有室内水厕、洗浴等更为舒适的设施。十年前，人们的住宅都希望靠向公路，现在则适当离开，以避免噪声。当然，文化的需求始终伴随着这种提升过程，且同时发生着变化。即使是最低等级的窑洞，在喜庆之时也会有传统的剪纸等红彤彤的色彩装饰。或许经济条件好的家庭会用外饰砖雕等显示其主人的富有与品味。

陕北传统的窑居方式传达出与自然生态的协调关系。但是当经济十分落后，生活完全建立在滥砍滥伐、广种薄收的极其粗放的农业生产方式上的时候，窑洞的修建与土地的开垦不断造成新的水土流失，人居环境与生态的相对协调性停留在低水平上。只有当经济社会协调发展到较高的水平，只有当社会经济发展与水土保持等生态治理相结合时，人们才有更为自觉的意识和经济能力去进行生态治理，从而达到建设更理想家园的目标，人居环境与生态的协调才会达到真正理想的水平。因此，人居环境的发展是与社会经济整体发展水平相适应的。陕北人居环境的空间形态发展、与生态治理方式的结合应该是一个逐渐提升的过程，而窑洞院落的构成、布局形式、基础设施水平的提高、水土保持的方式等既应该与当前社会经济发展相协调，又应该适应社会经济的发展，与人们居住需求层次的不断提高相适应。

5.3.4.2　演化历程

黄土高原典型景观是黄土堆积，黄土堆积则产生了与之非常适应的地域人居环境原生形态——黄土窑洞单体形态和群体分布方式。窑洞的前身是穴居，而穴居的演化与窑洞的形成是一个连续的过程，应该说其分界点很难届定。一般认为，窑洞在陕北的历史可以追溯到4000 多年前的龙山文化时代①。在陕北各地发现的众多龙山文化遗址中，均已有目前窑洞形态的雏形，可见，窑洞的历史久远，是陕北黄土高原自然生态条件的特有产物。经过长期的历史演化，窑洞才从最初的人类洞穴聚居形式，过渡到不同形式的窑洞雏形，开始出现有意识的聚落、防卫、空间不同功能的划分、具有明确使用功能和审美意识的平面与空间形态和规模、装饰等，直至具有不同功能空间组合、采光通风等真正意义上的窑居建筑形态。从考古遗迹、历史资料中可知，陕北秦汉、隋唐时期戍边军队就用窑洞储藏军粮，用作营房等。历史上，窑洞不仅作为大量的民居形式，而且是官府办公、粮仓等公共设施的建筑形式，还是宗教庙宇等各种建筑采用的形式。可见，作为一种与地域生态环境相互适应的建筑形式，窑洞具有广泛的适应性和持久的生命力，包含着远古的基因，也有其现实存在的合理性。

---

① 石兴邦等. 陕西通史·原始社会卷. 西安：陕西师范大学出版社，1997. 17

类型		图式	主要分布地区
靠崖式窑洞	靠山式		（1）陕北窑洞区； （2）宁夏窑洞区； （3）晋中窑洞区； （4）豫西窑洞区； （5）河北窑洞区； （6）陇东窑洞区
	沿沟式		（1）陕北窑洞区； （2）宁夏窑洞区； （3）豫西窑洞区； （4）晋中南窑洞区； （5）河北窑洞区； （6）陇东窑洞区
下沉式窑洞		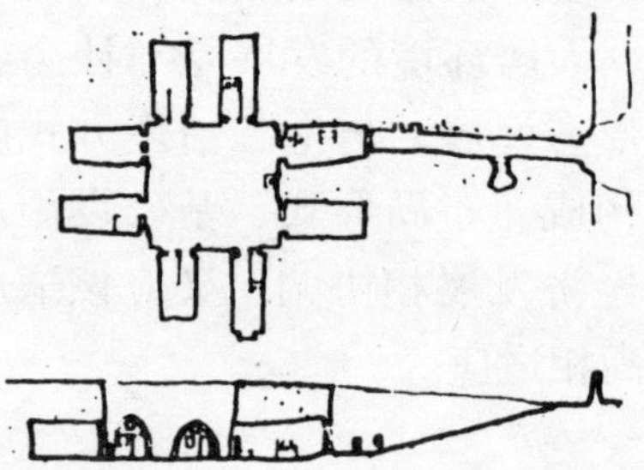	（1）渭北窑洞区； （2）晋南窑洞区； （3）豫西窑洞区； （4）陇东窑洞区
独立式窑洞	砖石窑洞		（1）陕北窑洞区； （2）晋中窑洞区
	土基窑洞		（1）陕北窑洞区； （2）晋中南窑洞区； （3）宁夏窑洞区
	其他类型		（1）陕北窑洞区； （2）晋中窑洞区

图5－25　传统窑洞类型

5.3.4.3　类型

传统窑洞民居主要分布于陕西、山西、河南、甘肃、宁夏、内蒙古、青海等广大的黄土高原地区，目前仍有约 4000 万人为窑洞居住者。传统窑洞类型多样，但就其与赖以存在的自然环境的关系而言，传统窑洞主要分为靠崖式、下沉式（图 5－25）和独立式三种类型①。除独立式外，前两种形式均靠取土掏挖（减法）成窑；独立式则主要通过砖石成拱再覆土（加法）而成。

靠崖式窑洞主要出现在黄土坡地环境中，是黄土高原地区传统窑洞的主要形式。陕北黄土高原传统窑洞形式主要是靠崖式和独立式。

下沉式窑洞主要分布于甘肃庆阳、山西运城、陕西乾县、永寿等地区的黄土原平地环境中。当地农民巧妙利用黄土直立边坡的稳定特性，在平地上就地挖出一方形天井（一般为 9 米 ×9 米和 9 米 ×6 米，深约 6 米），然后在天井内向四周挖窑，形成下沉式窑洞四合院。（图 5－26）由于传统下沉式窑洞的开挖特点，形成了“上山不见山，入村不见村；院子地下藏，窑洞土中生②”；的独特景观。

图 5－26　下沉式窑洞村落

5.3.4.4　优势与不足

传统窑洞主要具有利用生土、就地取材、冬暖夏凉、节约能源、防火隔声、施工简易、造价低廉、文化深厚、保护景观等优势，其生态优势尤为明显。黄土高原最大生态特点就是取之不尽的黄土，黄土层厚达 50～200 米。由于黄土热稳定性能好，受外界温度波动影响很小，因而形成黄土覆盖的窑洞内部冬暖夏凉的特点。传统窑洞不仅充分利用了黄土这一当地材料，而且生土建筑方式使得这一资源能够循环利用，符合可持续发展的目标，是非常理想的生土建筑研究原型。窑洞能存在几千年而依然延续，说明其具有适应地域生态、社会、经济、文化、技术等条件的内在品质。另外，窑洞的布局方式常常使下层窑洞的屋顶成为上层的窑院或公共道路，一方面节约了土地和空间，同时，反映出窑居民众世代养成的相互谦让和理解的合作精神。

当然，在社会不断进步的今天，传统窑洞的自身不足也越来越突出，主要表现在以下方面：

（1）技术问题。潮湿、阴暗、通风不好是传统窑洞普遍存在的问题，安全

---

①　侯继尧，王军．中国窑洞．郑州：河南科学技术出版社，1999. 19

②　郭冰庐．窑洞风俗文化．西安：西安地图出版社，2004. 93

问题也愈加引起人们的关心。

（2）空间问题。靠崖式窑洞布局松散单一，一般沿山展开，户内联系不便，空间变化少，不利于节约土地，也不易适应现代生活。

（3）群落问题。小流域沟道内窑居村落空间结构不紧凑，不利于基础设施的统一规划和建设，也不利于现代人际交往的需求，成为整体提高窑洞人居环境质量的障碍。

5.3.4.5　群体布局方式

从群体空间布局方面分类，传统窑居群落主要有下述三种：

（1）沿山线状布局

即窑洞沿山体线状展开的布局形态。这种布局主要以靠崖式和独立式窑洞为构成单位，这是由靠崖式窑洞自身空间形态和流域沟道环境空间形态决定的。狭长的流域河谷空间和不够开阔平缓的山坡必然使山体挖掘而成的窑洞组群成为线状延展的形态。当然，山坡空间较为开阔平缓时，可以形成较有进深的台阶式窑洞布局群落，一般必然沿沟道洪水淹没线以上布局，窑洞靠在山上向上伸展，使得山坡整体如同一座台阶状建筑单体，颇有壮观之势，如图5－27所示。

图5－27　与山体融合的窑居群落

（2）群体团块状布局

即窑洞群体构成团块状的布局形态。一般出现在黄土原平地环境和长城沿线沙地环境，只有平整开阔的地貌条件才能形成这一布局，从而不同于沟壑区河谷环境中的乡村。这一布局形态主要为下沉式和独立式窑洞构成。在布局形态方面，这一类型与平原地区的团块状聚落村庄有异曲同工之处。

（3）松散点状布局

即由散居住户构成的散点般分散的窑洞布局形态。由黄土高原破碎的地形条件、土地资源的分散、社会经济发展状况等决定的散居住户是这一形态的主体，除了远离乡村主体的散居住户，还有处于乡村主体周边的零星散居住户以及由主体形态中地貌环境（如支沟）所决定的松散住户。因此，尽管对多数散居住户（特别是远离村落主体的散居住户）进行生态移民势在必行，但这一布局形态依然会在相当长的时期内始终存在。这一布局形态以靠崖式窑洞为主，独立式和下沉式窑洞次之。在村落窑居分布主体形态附近存在的这种松散窑洞依然能够在一定程度上享受到人居分布主体所提供的服务，同时，这些窑居常常藏于沟壑之内，布局随山就势，错落有致，因而表现出窑洞埋于黄土、隐于林木的生态特征。

现实中，窑居群众在巧妙利用地形，改善窑洞居住条件方面，积累了许多宝贵经验。河南荥阳田六窑院就是典型的实例。然而，就整体而言，在已有研究基础上，广泛吸取民间窑洞建设技艺的精华，探讨具有一定普遍意义的窑居形态，很有必要。

5.3.4.6　引导原则

窑洞以其就地利用生土、节约能源和与自然环境十分融合的生态优势构成了陕北黄土高原人居环境建筑形态的标志性特征。对传统窑洞空间形态引导的核心应该是在保证其适应社会经济发展所带来的功能需求前提下，尽量扩大其生态适应性，利用黄土表面蓄热系数和热惯性大的特点，减少对自然环境的影响。除了下沉式窑洞，靠崖式和独立式窑洞空间布局的主要特征是沿川道山坡一字展开，层层相叠，虽然保持着依山就势的优点，但也存在着布局单调、联系不变、不利于集中采用有关技术和基础设施解决窑洞固有问题的缺点。传统窑洞空间形态的改进既要解决各种不利因素，更要保持其突出的优点，改进的原则应该是：

（1）尽量使用生土建筑材料

众多研究所表明的可持续性建筑设计原则包含了许多方面，然而4R（reduce，renewable，recycle，reuse）原则却成为共有特征，即减少不可再生资源的使用，尽量使用可再生材料和能源，循环使用回收材料，重新使用旧材料。在这些原则方面有显著特点的生土建筑（覆土建筑、掩土建筑）早已成为可持续建筑研究中受到重视的类型，其最大的特点就是使用生土作为建筑的主要围护材料。陕北黄土窑洞最突出的生态优势正是以生土作为建筑材料，只有充分使用黄土作为建筑材料，才能使乡村小流域人居环境与地域生态环境更加协调。黄土窑洞可以通过减法的方式挖掘而成，也可以通过加法的方式覆土达到，总之，以生土作为主体围护材料应该成为陕北黄土高原窑洞改建的首要原则。当然，无论是怎样的建造方式，都必须注重结构的安全坚固。

（2）使用新的建筑技术手段

必须使用新的建筑技术手段，对传统窑洞居住品质进行全面提升。但要注重技术改进措施的适应度，要与传统窑洞的生态优势相结合。例如，给水排水系统如何适应生土材料的防渗漏问题等。传统窑洞最大的问题就是通风、采光、防潮等条件不好。只有解决了这些基本居住生活问题，符合相关居住标准要求，传统窑洞才能适应现代社会的发展，成为继续受黄土高原地区广大居住者乐于享用的居住形式。

（3）创造新型紧凑丰富的窑居空间形态

传统窑洞尽管类型多样，但基本空间构成方式单调，对于满足现代生活要求、节约土地等均有不利。因此，要充分结合典型坡地地形，突破传统思维定式，把山体作为空间构形的原型对待，创造出具有普遍适应性的、紧凑丰富的窑居空间形态；同时，要广泛吸取民间建造窑洞的经验智慧，采用多种窑居类型建造方式，使传统窑洞空间构成方式不断在适应社会经济生态变化的过程中有所发展。

（4）符合水土保持生态治理要求

新的窑洞空间形态发展要与水保工程措施、雨水收集、沼气使用、水保植被区等有机结合，进一步提升传统窑洞的生态价值。

（5）提高窑洞住宅的容积率

在大集中、小分散的总原则之下，要提高窑洞住宅的容积率。这将有利于节约土地，形成相对集中的窑居村落，有利于窑居村落整体环境与自然生态合理关系的形成，从而对于基础设施建设和生态保护均具有积极意义。

（6）有利于地域文化氛围的形成

在新的窑洞空间形态发展中，要有利于地域传统和现代文化氛围的形成。有利于居民间的社会交往，增强社区凝聚力，有利于农村或城市居民开展各种文化活动。

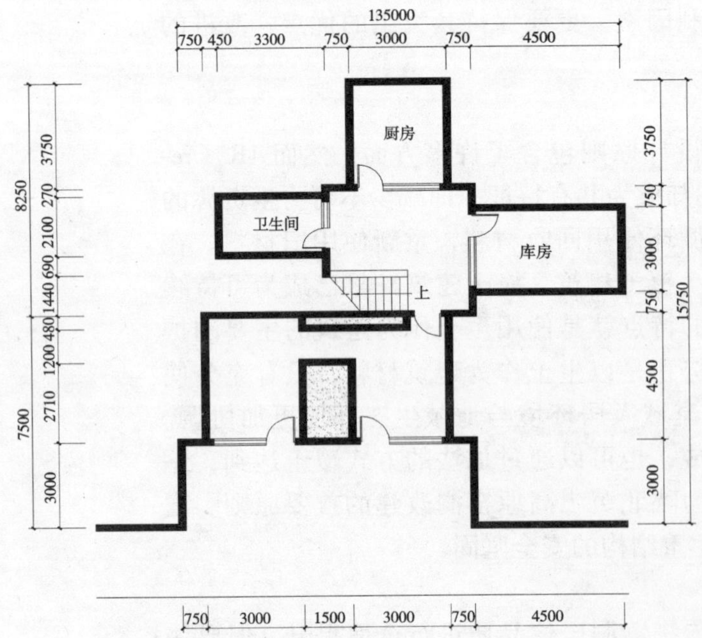

图 5－28　底层平面图

5.3.4.7　改进模式

模式一：在充分认识传统窑洞优势和不足的基础上，结合各种窑洞类型，有针对性的从空间形态角度对传统窑洞进行改进。模式一主要针对乡村窑洞人居环境，但也适用于城市生态型窑洞住区。主要构想是把黄土平塬上的下沉式窑洞在坡地上加以应用，并与靠崖式窑洞相结合，利用地形高低关系得到二层空间，形成新型窑居院落，见图 5－28、图 5－29、图 5－30、图 5－31、图 5－32 和图 5－33。各院落可以配合道路、水土保持绿化网络等，构成完整的窑居村落基本单元，从而达到如下目的：

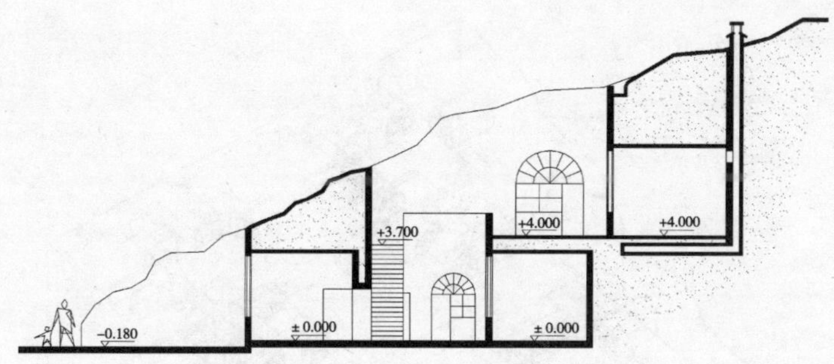

图 5－29　剖面图

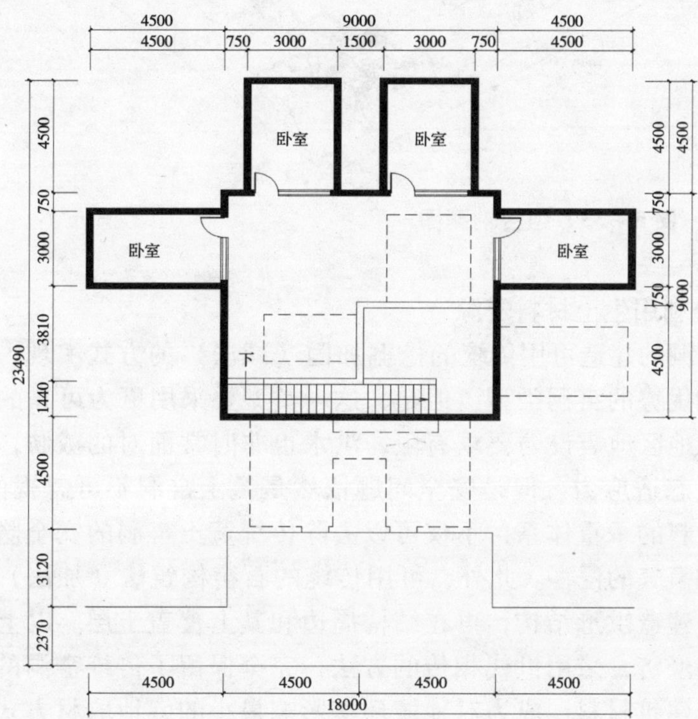

图 5－30　二层平面图

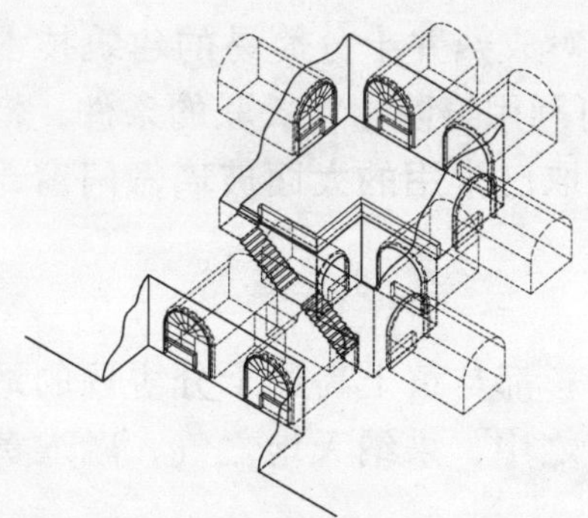

图 5－31　轴测图

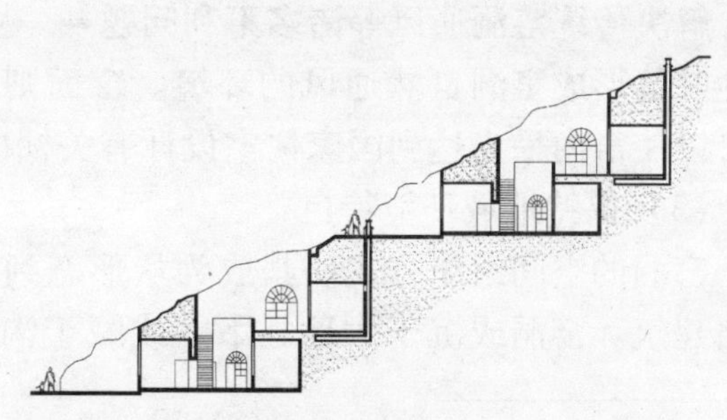

图 5－32　组合剖面图

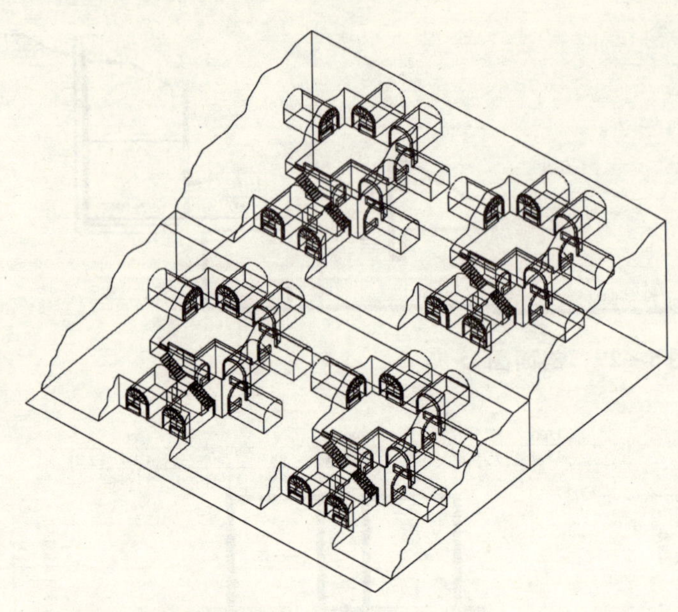

图 5－33　组合轴测图

（1）充分利用生土材料资源

首先，窑洞的建造可用传统的挖掘加固（减法）的方式实现，这是最具生土建筑特征和优势的窑洞类型。但是，这一类型要采用更为可靠的结构加固方式。尽管陕北地区地震设防要求有限，洪水也非时常面对的威胁，从而使窑洞具有长久的生态适应力，但是安全问题依然是覆土窑洞不可忽视的首要问题。可增加现代材料的承重体系，不仅可以去除传统黄土窑洞的安全隐患，而且可以防止鼠患和氡气的侵害。此外，可用传统的石窑构筑法（加法）实现，即先就地采用石材建造拱形结构，再在结构周边和其上覆盖土层。以上两种窑洞类型均施工简易经济，采用世代相传的方法，完全保留了传统窑洞的优点。以可还原的黄土作建筑材料，成为对地域环境影响最小的就地取材方式，也充分适应了地域生态环境特征。

（2）改善窑洞的通风、采光、防潮等基本问题

在新窑洞模式中，可以充分结合使用已相对成熟并十分简易的建筑技术手段，解决传统窑洞通风等诸多不利问题①。也可利用窑院相互关联的条件，借用其他院落形成窑洞自然通风的环境。窑面则采取已常用的大面玻璃做门窗，完全可以使窑内采光达到国家住宅设计有关标准。

（3）保持地域环境特色

窑洞的空间组织方式使其成为从形态到色彩都与黄土高原十分协调的地域风格建筑。窑洞或沉于大地之下，或藏于沟壑之中，采纳天地之气，融入黄土

---

① 夏云等. 生态与可持续性建筑. 北京：中国建筑工业出版社，2001. 122

之源，成为对黄土高原景观干扰最小的建筑环境。新的模式使窑洞沉于黄土坡上，只有窑院天井是主要外部景观特征，易于保持地貌环境的原真性。

（4）形成丰富的窑居空间

结合坡地地形条件，用多种院落组合及高低布局创造更为有效和有趣的居住环境，促进窑居的内部联系，增强居住私密性。同时，通过居住环境的集中安排，促成现代窑居环境中居民间的交往。模式的突出空间效果来自于现实中广泛存在的窑居院落组织方式，模式同时可以根据地形条件加以变化。

（5）提高窑居环境容积率

通过窑洞的集中与双层布置，不仅有利于节约土地，而且有利于基础设施的集中建设，使给水排水等基础设施可统一安排，从而在窑居中实现基本的现代生活要求，让生土与现代设施构成黄土高原新型窑洞的主要元素，提高居住生活质量。

（6）进一步增强窑居对生态环境的适应性

下沉式的窑院有雨水收集的潜力，在水资源缺乏的黄土高原，采用与传统窖水收集类似的方式，在院内收集雨水，并使之作为中水，实现水资源的更充分利用。同时，其空间肌理有利于水土保持等生态治理工程的结合，特别是对太阳能、风能的利用可加以考虑，真正实现适应生态环境的可持续发展的地域特色住宅。

（7）更充分的节约土地。

采用已相对成熟的窑洞节地防水措施，对窑洞顶部加以防水处理，进行生态防护植被或农作物的种植，从而使窑顶土地得以利用①。同时，窑院内也可绿化或种植果树，达到更充分的发展庭院经济、节约土地、保护生态的目的。

虽然在局部环境中需要对自然坡地进行适量的挖掘，但窑居的集中有利于整体生态环境的恢复。况且，集中窑居的布置首先要与水土保持等生态规划相协调，使人居环境成为宏观生态环境的有机组成。当然，这仅仅是窑洞形态改进模式的一种初步构想，还有许多研究需要深化。窑洞自身的生命力使得窑洞的更新具有现实的可能。从对陕北窑居群众的调查中可知，尽管不少年轻人在经济条件许可的情况下首先愿意选择普通住宅而放弃窑洞，但近年来又有不少人重新选择窑洞型住宅。窑洞舒适的温度自调节环境和天然具有的与大地气脉相通的难得感觉使得城市郊区的窑洞住宅拥有了更多的市场，越来越多的从窑洞走出的年轻人开始注重窑洞的内在价值，这可能是悄悄地发生在黄土地上的观念发展。如果传统窑洞的缺点得以克服，那么具有显著生态优势的窑洞住宅会赢得很好的发展前景。

这一模式的局限在于其适用于30度以下坡地。坡度太大时开挖土方与空间构成之间关系不够经济，应该采用其他窑洞建筑模式。因此，根据不同的坡

---

① 夏云等. 生态与可持续性建筑. 北京：中国建筑工业出版社，2001. 122

度和地形、地貌，可以进行不同的设计。从现实环境中，我们可以看到许多模式一的根源，例如图5－34所示的山西碛口李家山。总之，通过对自然条件的认真分析，对传统窑洞的空间形态进行认真研究和更新，探讨各种新型窑洞形态模式，同时结合建筑技术手段，保持传统生土建筑的突出优势，解决通风、防潮等固有问题，窑洞这一中国黄土高原特有的地域风格建筑必将在可持续发展的探索领域，在实践和理论两个方面获得更有意义的发展。

图5－34　山西碛口李家山

对模式一进行变化，可以形成其他变异的方案，从而满足乡村与城镇住区的不同功能、地形等要求，如减少窑居院落占地面积，用于紧凑型的住区布局，特别是用来适应城市型住区中小户型等不同情况的需求，或根据地形的不同情况进行适应性变化。

模式二：可以对城市生态型窑洞住区做如下概念性构想：把山体视作台阶状建筑原型加以切削，实现理想的建筑造型。窑洞可有两个外向墙体，在保证抵抗水平推力的结构要求前提下，具有利用两个墙面改善通风、采光条件的潜力，并形成丰富的台地建筑空间，见图5－35。应该充分利用黄土可塑性好的特点，经过勘察，把地质等自然条件好的黄土山体作为“雕塑”对象，切割掏挖出适应各种居住功能要求的建筑空间，成为基本上完全利用减法构成的生于黄土山体中的“生土住宅楼”。由于其建造的特点，这一生土建筑综合体空间形态多样，变化丰富，不仅大大增强了陕北生土建筑的适应性，而且完全改变了人们一般对窑洞的形象认识，造就了全新的生土建筑形象。由于这一综合体是最为集中的陕北生土建筑形式，因此对于给水排水、电力电讯等基础设施的统一建设提供了便利条件。这一综合体的垂直交通可以采用外在踏步穿插于建筑各部分之间，同时连接必要的外部活动空间和公共服务空间，作为整个生土建筑整体的相关服务设施。

图5－35　台地状窑居模式

当然，要注意对整体建筑空间规模进行控制，每个生土切削单位之间应该有一定距离之上的原生地貌作为隔离地带，并且强调水保效果良好的充分植被。各单位之内也应该认真进行结构设计，如在一定尺度之内留有原生山体生土墙作为贯通稳定结构，或适当增加砖石结构等，从而保证结构安全，并同时避免过于空洞的山体内部空间对水土流失等产生的不利影响。另外，切削结构自身的生态绿化和水土保持也是重要问题。可以通过一定的硬化和绿化进行外部黄土的保护，从而使之成为抵御风雨的牢固结构。

图 5－36　沟壑凸凹地貌

模式三：还可以针对黄土高原特有沟壑凸凹地貌条件（图 5－36），在凸面上开挖内部包含台阶状的凹槽，在凹槽中挖掘窑洞，从而形成具有下沉式窑院特点，又更为开敞的群体窑居环境。组合方式可以根据地形长短、宽窄变化，且在结构安全基本不受影响的前提下，使得窑院两侧的窑洞前后均有窗户，改善通风采光条件，并与水土保持工程相结合（图5－37）。总之，不同构想的共有特点均是充分利用黄土高原不同地貌环境条件，构成富有特征的群体窑居建筑形态。

图 5－37　沟壑地貌凹槽窑居模式

5.4　适宜模式构成关系

递阶扩张模式是针对陕北河谷城镇之间宏观演化而言的一种人居环境空间结构形态模式；城乡空间统筹发展模式则是针对城镇自身与周边乡村之间的空间结构形态模式；小流域枝状空间模式是针对乡村型小流域人居环境空间发展提出的；六边形模式主要针对城镇型小流域住区提出；支沟环状模式则主要针对乡村人居环境基本构成单元提出；传统窑洞空间形态改进模式则是实现上述人居环境空间体系发展模式生态目标之一的覆土建筑途径。各模式所对应的不同等级人居环境总体相互关系是由局部到宏观整体的从属和构成关系。各层次人居环境空间发展具有如下特征：

（1）宏观——地域中心城市（以延安为代表）：空间扩展动力强，需要在一级河谷川道中延伸，于是需要将安塞、甘泉等周边县城纳入延安城市空间扩展范围之中，从而增长成为陕北地区的中心城市之一。其区域职能主要体现在带动周边城市与乡村的共同发展。城市向周边小流域扩展的趋向十分明显，但空间扩展的主要特征表现在主川道上的强力扩张，体现在一级河谷城镇之间的空间结构关系上。

（2）中观——地域二级城市（以县城为主）：城镇空间在一级河谷和二级河谷主川道上的扩展同样迫切，但是应该引导城镇向周边小流域中发展。一方面保护河谷川地，另一方面强化城市空间向周边小流域的渗透，形成城乡空间统筹发展模式。城镇区域职能主要表现在对周边乡村发展的带动，空间发展以城乡融合为特征。

（3）微观——乡村聚落（以小流域为主）：主要讨论三级河谷川道中的乡村人居环境。受城市化等方面的影响，聚落空间以收缩为主要特征，同时建成以支沟及小流域沟道共同构成的绿色乡村住区。其主要职能表现在吸纳适宜的乡村人口，维护生态的安全。

（4）窑居——覆土建筑（以乡村和城市郊区为主）：作为具有突出特征的地域性建筑，其发展方向主要表现在对窑洞固有缺点的技术改造，对生土材料的有效利用，对结构安全保障的强化和对综合生活品质的提升。主要职能在于保护和发展地域生态建筑体系（图5－38）。

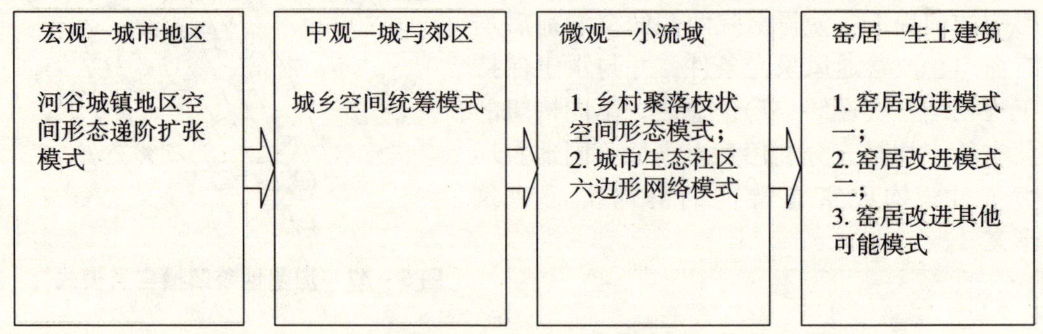

图5－38　陕北河谷沟壑地区人居环境空间形态结构演化适宜模式体系

从四个层面的人居环境空间形态引导模式相互关系可以看出，人居环境生成于流域河谷的枝状体系之中，其未来发展的主体区域依然在不同等级流域的河谷和沟道体系之中。水是生命之源，河谷与沟道是水的汇集之地，也成为人居环境的聚集之域。或许正因为黄土高原缺水的现实，流域河谷沟道系统更是人居环境的首选地域。

同时，陕北黄土沟壑区人居环境空间构成体系的这四个层次与吴良镛先生人居环境科学框架中阐释的人居环境五大层次中全球之外的四个层次相吻合，即区域、城市、社区（村镇）、建筑①，是人居环境科学理论在陕北黄土高原的具体实践。

① 吴良镛. 人居环境科学导论. 北京：中国建筑工业出版社，2001. 50

第6章

案例——米脂县小流域乡村空间引导规划研究

通过对陕北人居环境空间形态演化生态动因的分析，我们对黄土沟壑区河谷城镇空间形态演化的趋势与方向有了较清晰的把握，也对人居环境空间形态的引导作了初步探讨。这些都强化了陕北城乡人居环境规划设计的理论基础。本书选取榆林市米脂县不同层次典型人居环境作为空间形态演化引导模式的实践性探讨案例。研究主要涉及三个层次：（A）县城及周边地区人居环境规划设计；（B）乡镇人居环境规划设计；（C）小流域乡村人居环境规划设计。本章重点是以高西沟村为对象，对小流域乡村人居环境进行深化研究和规划实践，同时把米脂县城和乡镇空间引导规划作为小流域乡村人居环境规划设计的上层次依据。

在案例研究中，笔者首先对黄土沟壑区小流域乡村、黄土塬区乡村（如洛川苹果村）、北部沙地乡村等作了不同类型乡村人居环境的整体性调查，最终选取分布范围最广、代表性最强的黄土沟壑区小流域乡村作为深化研究的主体。小流域乡村是陕北人居环境构成体系的基本部分，又是城乡空间统筹发展模式的基本单元。通过前面的分析可知，由于分形规律的存在，小流域乡村浓缩了陕北人居环境许多生态特征，其分布是目前陕北人居环境地域空间的主体，涉及到陕北黄土高原沟壑区几乎各种地貌类型，也是实现退耕还林、流域生态治理的主要地域。因此，对小流域乡村的探讨具有相当程度的典型性，可以触及许多陕北人居环境的共性问题，具有明显的现实和理论意义。

米脂县高西沟村因其几十年小流域生态治理的成就而闻名，其水土保持工程、社会经济发展、人居环境建设等方面取得的经验值得探讨和深思，所反映出的现实问题也具有广泛的代表性。

当然，对小流域乡村人居环境的深入研究必须建立在城镇体系构成的背景之上，必须对高西沟村所在的高渠乡以及米脂县城这两个上级层面人居环境的总体情况加以梳理，认真面对城市化、城乡统筹、产业整合、社会协调、基础设施建设、流域生态治理等多系统的融合，从而构成完整的人居环境研究体系。在这一完整体系中，涉及到县城、乡镇、村落、城市生态住区和流域生态恢复区等不同形态，相互间层次分明、互为链接、分形一致，构成了有序的整体。整个系统的构建反映了两个要点：

（1）流域生态恢复与治理。整个人居环境体系规划的基本原则是恢复与治理流域自然生态环境，包括保护河谷川地，减少人居环境对自然生态的干扰，建立适应流域生态环境的绿色产业结构等；

（2）城乡空间统筹与具有地域特征的城市化。在黄土高原特有的高密度沟壑体系中，依据自然地貌提供的天然条件，构成相互独立又互为联系的城乡单元，使不同城乡单元共存于一个综合体中；在乡村人口减少和人均耕地增加的前提下，与城市单元并存的乡村田野可以提供农业生产的就业机会，使乡民收入的增加与城市基本保持同步甚至有余；方便的交通与紧凑的时空距离使得乡民可以享受城市提供的多元文化，包括精神文明和物质服务，使乡民在诸多方面获得等同于或接近于城市居民的生活质量。这一目标使得小流域乡村地区成为特殊的城市化地区，构成城中有乡、乡村似城的状态，从而使适当数量的乡民可以在乡村之中稳定生活。

6.1　米脂县城乡空间统筹发展模式的现实途径

米脂县地处无定河中游，东经109°~110°，北纬37°~38°，为典型的黄土高原丘陵沟壑区，有各类小流域沟道12120条，其中主要河流有银河、小川沟河、马湖峪河、金鸡河、榆林沟河、石沟河等33条，这些河流全部汇入无定河，有水沟道共达550条，沟壑密集，地形破碎，水土流失严重，侵蚀模数为年1.3万吨/平方公里。

县域总体地势为西北高，东南低，中部为无定河谷，最高海拔1252米，最低海拔843米，县城海拔872米，年均降雨量451.6毫米，属中温带半干旱大陆性季风气候。县域范围东西宽59公里，南北长47公里，总面积1212平方公里，共有13个乡镇，396个行政村，总人口23.2万人，其中农业人口20万人，人口密度约171人/平方公里。全县有农耕地58万亩，其中水地2.1万亩，坝地3.2万亩，梯田15万亩。县城位于县域中部无定河畔，南距西安市580公里，北距榆林76公里，贯穿县域南北的210国道和西包铁路同时贯穿县城。（图6－1、图6－2）

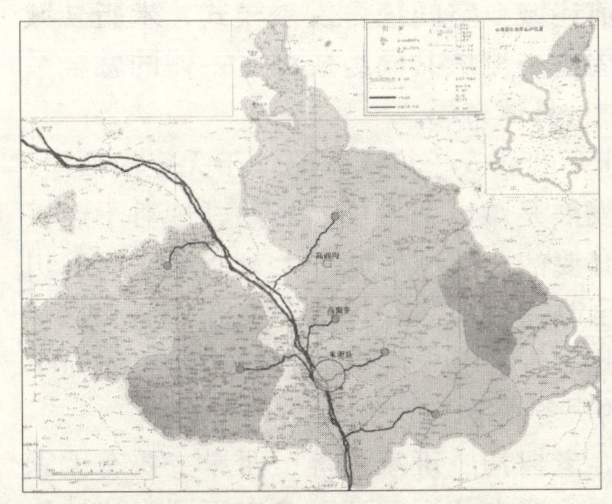

图6－1　米脂县域图

图6－2　米脂县地貌

县域内存有众多新石器时代遗迹，人居文化源远流长。先秦时期米脂为翟地，春秋战国时先后归属于白翟、赵、魏、秦。秦属上郡肤施县，西汉后期设独乐县，是县境内最早的行政建置。北周时归银州，故米脂县城亦称古银州。米脂城最早建于北宋，时设米脂寨，元代设米脂县，明清相沿。米脂是人文荟萃之地，民歌、秧歌、石刻、剪纸、建筑等民间艺术丰富多彩，也涌现出许多志士仁人，如明末农民起义领袖李自成和抗日战争时期的开明绅士李鼎铭。

1947年9月至1948年2月，毛泽东、周恩来等曾率中共中央驻扎于米脂县杨家沟①。

米脂县在水土流失治理方面取得了显著的成就，至2004年，全县已累计建成各类淤地坝1556座，其中大型坝和骨干坝94座，中型坝488座，小型坝974座，布坝密度达到1.28座/平方公里，总库容3160万立方米，可淤地4.35万亩，已淤地3.2万亩。尽管坝地数量有限，但却是粮食生产的主要基地。据米脂县2000年统计资料，全县粮食作物播种面积37.8万亩，粮食总产为6000万公斤，其中3.2万亩坝地总产就达1024万公斤，坝地面积占总耕地面积的8.5%，而产量却占到粮食总产的17.1%。特别是大旱等灾害之年，小流域内优质坝地的产量可以达到总产量的50%，成为抵御自然灾害的重要保证。

米脂历史上一直以农业生产为主，出产的小米、绿豆、黄豆、土豆、荞麦等地方特色小杂粮极具出口竞争力。米脂矿产资源主要有岩盐、天然气、煤炭、陶瓷土、石灰石等，其中岩盐资源总量约达1800亿吨，为食用盐和盐化工业的发展提供了丰富的原料。随着近年来盐化工业的启动，工业生产比例明显提升，也对县城的空间布局产生重要影响。一方面是无定河河谷川地不断受到城市建设用地侵入，另一方面周边小流域却主要是乡村分布，虽然在局部地段显露出县城空间向周边小流域扩展的趋势（图6-3）。除了县城自身社会经济发展所促成的空间扩展，在快速城市化过程中，作为陕北榆林地区重要的小城市，米脂县城还承担着吸纳周边乡村地区以及其他地区进城务工村民的职能，相关职能带来的空间扩展也是不可回避的。根据前述城乡空间统筹发展模式，米脂县城未来适应流域生态环境的空间形态是与周边小流域共同组成城乡一体的融合系统。因此，要根据米脂周边环境，对其进行具体布局。

米脂县城位于无定河东岸，目前已通车的西安—神木铁路位于无定河西岸，应该说城市核心区在河谷川地中的继续发展是难以回避的，当然，这对于连接东、西岸之间的城市组成部分也是十分必要的。问题是城市无节制地在河谷川地中的扩展会侵占过多的优质农田，完全改变目前河谷川地的生态平衡和景观状态，如无定河干流的行洪方式等。因此，应该引导城市适宜的构成单元向小流域沟道发展，特别是居住单元和相应的服务功能。

无定河东岸的小流域主要有榆林沟、老树沟、班家沟等；西岸主要有孟家岔、蒋家沟、孙家沟等。通过对这些沟道的调查分析，可以确定不同小流域沟道职能分区的如下原则：

（1）对于空间规模较大的小流域，一般长度在3公里之上，往往具有较为开阔的川地，分布的村落也较为集中，原则上继续保留乡村形态，保持良好的社会经济生态平衡，使之转化为城市里的特殊乡村地域，如榆林沟、老树沟等；

（2）长度在3公里之内的小流域沟道村民数量一般较少，可以通过各种方

---

① 根据米脂县志编纂委员会．米脂县志．西安：陕西人民出版社，1993.1~5和作者相关调查

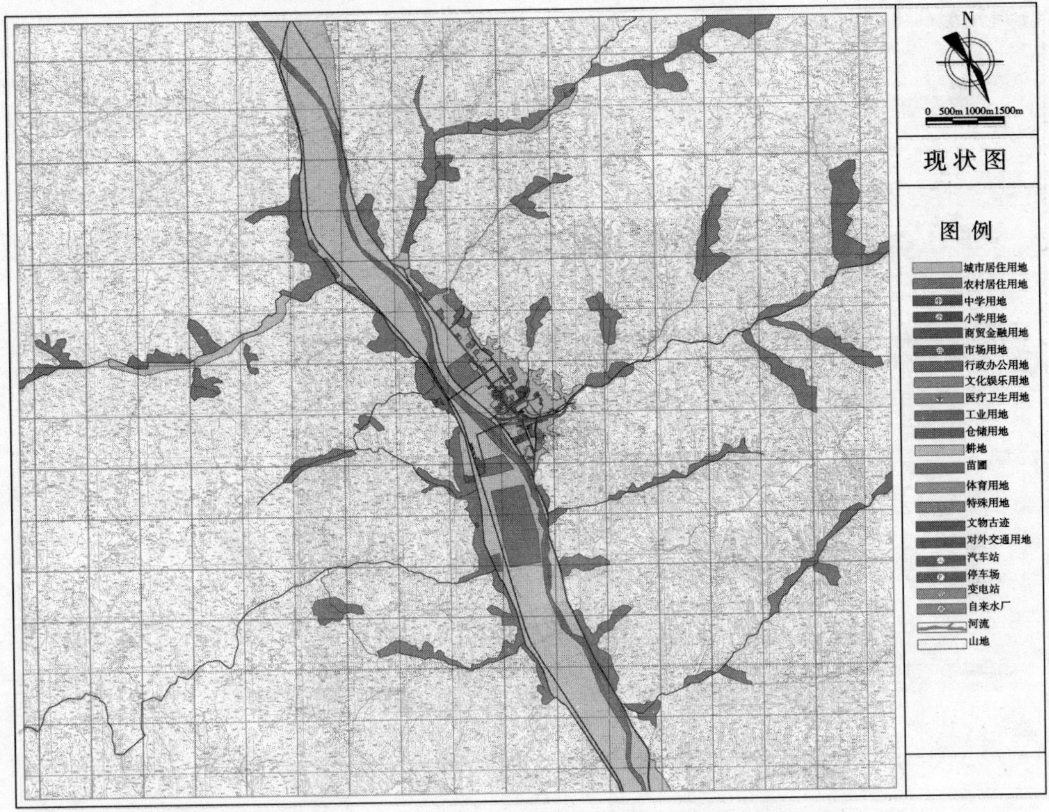

图6-3　米脂县城现状图

式进行搬迁或就地城镇化，使村民获得新的就业机会，放弃对散乱分布的土地的耕种。整个小流域恢复为生态林地和草灌区，并将城镇住区引入，构成新的生态型窑居院落住区；

(3) 对于空间十分狭窄，交通难以疏通的沟道作为完全生态恢复区，进行生态移民，不再引入住区和农业生产；

(4) 在环境较好、条件适宜的小流域乡村中，可以在适当部位安排适量的城镇生态住区，使得小流域中同时融合有城镇和乡村环境。如在榆林沟沟口水库附近设置适量的城镇生态住区。

根据上述原则，无定河东岸可以伸展城市住区的小流域沟道有东沟、班家沟、吴家沟等；在西岸可以有姬家沟（图6-4）。这些小流域沟道农田用地特别是川地不是太多，沟道不太长，村民有限，有利于搬迁移民。将这样的小流域沟道改成城市郊区低密度生态型窑洞住区，继续设置生态防护林，维护好淤地坝，把原有各种农业用地转化为生态用地，保持和强化人居环境与自然生态的友好融合。对于东沟等已经出现这种城镇化趋向的小流域沟道则继续给予强化，从而使县城尽量脱离无定河干流河谷，向小流域扩展适宜的住区单元。

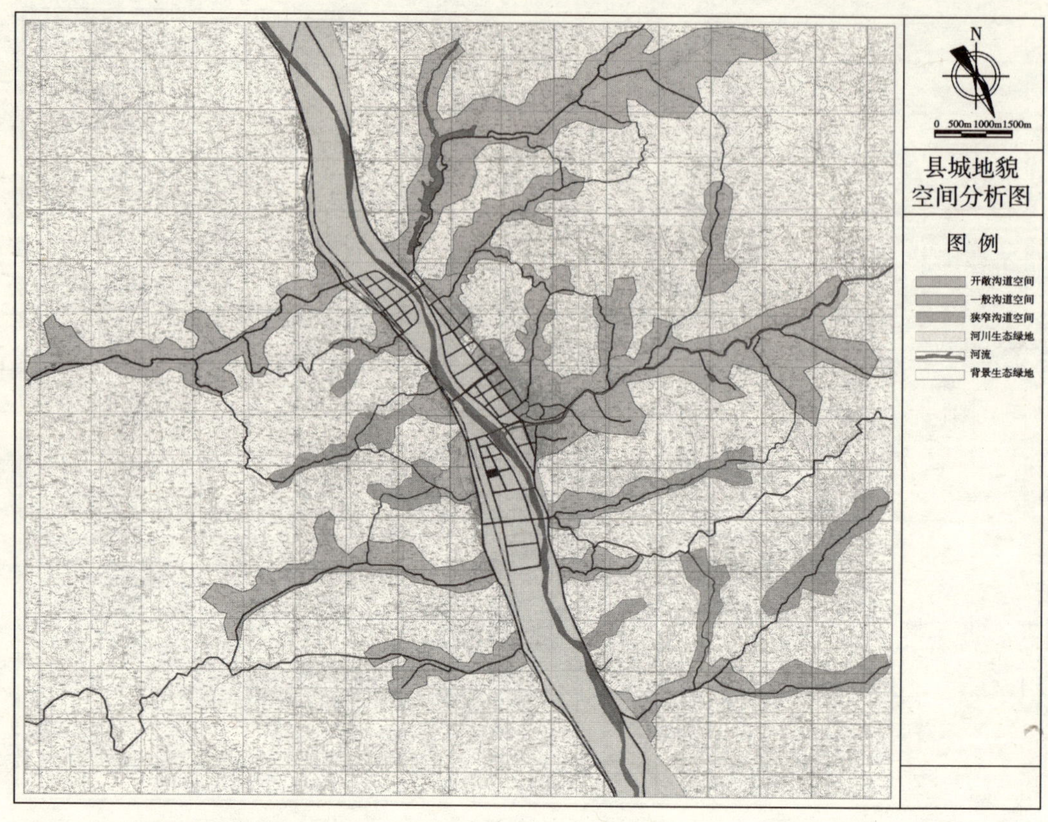

图 6-4　米脂县城地貌图

此外，对于沟道狭窄，地形难以利用的小流域，由于其散居的农户一般也都十分有限，生活贫困，故应该全部迁出，重新在适宜的地方移民安置，从而使小流域转化为完全的生态恢复区。在米脂县城无定河东岸吴家沟南的小沟道便可以设立这种完全的生态恢复型小流域。

其他小流域沟道均作为城乡空间统筹发展结构中有机构成的乡村住区。在这些职能分工的前提下，可以构成米脂县城与周边地域城乡统筹发展的空间模式（图6-5）。

当然，这一结构的整合完成并非能够一蹴而就，而是应该随着社会经济的发展，随着各方面条件的成熟而逐步实现，使之成为一个动态的发展过程。可以首先从生态恢复入手，进行生态移民或适宜的搬迁转化，从而形成生态恢复区或城市生态住区。这一结构的形成还依赖于道路交通系统的完善，使得各个小流域能够快捷地与县城中心区联系。小流域之间的联系应该依据具体情况而定。对于完整的城镇窑洞型生态住区，保持相对独立的空间状态可能是更加有利的选择；而乡村型小流域之间，特别是乡镇政府所在地与下属村落之间的道路交通则往往是十分必要的，以满足行政管理、经济联系、公共服务等方面的联系需求。因此，这些小流域之间需要有跨越分水区域的道路连接。

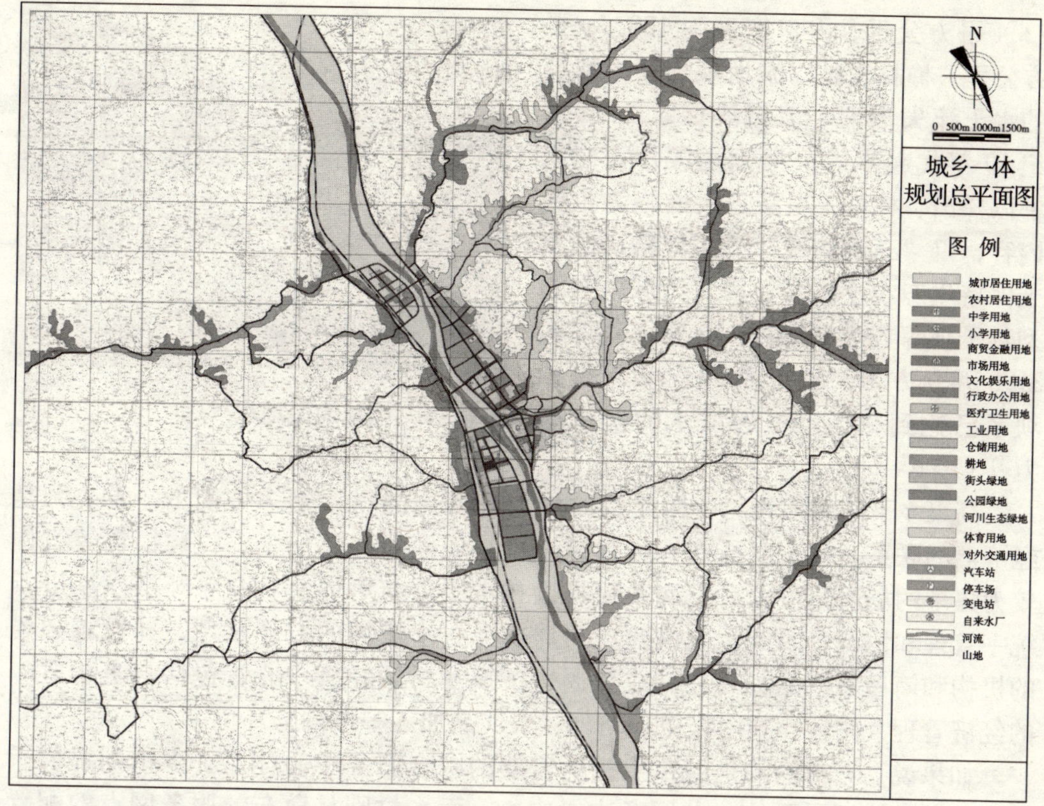

图 6－5　米脂县城乡空间统筹发展规划示意图

通过城乡空间统筹发展模式的实现，可以构成河谷地区城乡空间结构的全新形态，从而与流域生态环境的治理更好地结合。这一模式可以明显减轻无定河干流河谷中城市建设用地扩展的压力，起码可以在城镇主城区内保留大量的的农业生态间隔区域；此外，通过周边小流域空间的整合，对于不适于人居的流域沟道进行生态恢复，对于乡村小流域则随着人口的下降和集聚进行空间的收缩，从而提供有利于流域生态系统不断恢复的条件。最终，重新构筑适应陕北城市化过程，又适应当地自然条件的生态恢复过程。

6.2　高渠乡榆林沟人居环境的整合

在米脂县城城乡空间统筹发展模式中，有多个小流域继续保持乡村形态，高渠乡乡政府所在地榆林沟是其中规模较大的小流域，对周边乡村的社会经济发展，特别是未来公共服务中心的整合有重要的作用，是不可缺少的空间层次。榆林沟流域海拔 868～1198 米，年平均降雨量 451.6 毫米，主沟全长 1 5 公里，大于 50 米的支沟有 1137 条，属典型黄土高原丘陵沟壑区。全流域涉及两个乡，其中高渠乡占总面积的 94.5%，辖 20 个行政村，2261 户，10054 人，总面积

72.4平方公里，人口密度为139人/平方公里。榆林沟是以淤地坝坝系为特征的水土流失治理小流域典型，从20世纪60年代起未给黄河输送泥沙，构成了以梯田、林草、坝系三大措施为主要内容，以“三道防线”为主体格局的水土保持生态农业体系。目前流域内有大型骨干坝等各类淤地坝136座，总库容3198万立方米，已淤地3639亩，整体坝系已达到200年一遇洪水的防御能力①（图6-6）。

图6-6　榆林沟淤地坝

高渠乡下辖高西沟村，因此榆林沟与高西沟的联系是多方面的。首先，是经济上的联系。乡政府所在地可以是设置小规模农产品加工、收购销售等机构较为集中的场所，可以对下属乡村提供技术服务与培训，对全乡经济发展进行统一管理和协调，因此，应该建立与周边乡村小流域的方便联系，并设置必要的机构和简单农产品加工厂，成为周边下属乡村的经济中心，包括与之相适应的经济管理、销售、技术服务、培训、农产品加工等机构与环境。

如果说县城提供的是城市生活所需要的综合服务中心体系，乡镇则提供了相当于城市社区层面的公共服务次级中心，而乡村则是散布的服务网点的配置地区。三个层级构成了城乡空间统筹结构中公共服务的整体系统。因此，乡镇是城乡空间统筹发展模式中基本社会服务中心的设置场所，这里应该设置规模小但内容相对完整的公共服务中心，包括中学、小学、医疗点、商店、文化站、简易健身设施、老年保健场所等。以小学为例，当周边乡村小学数量越来越少时，乡政府所在地的教育设施必须能够满足乡村基本的九年义务教育要求。

乡镇所具有的职能使之带上了周边乡村环境交通中心的色彩。乡镇有通向各个村落的等级不一的道路，较好的地方可以有较宽的道路，甚至硬化道路；条件不好的乡村只能有狭窄的山路甚至羊肠小道与乡镇连接。道路交通的不断改善是一项始终应该进行的工作。乡镇与县城之间目前基本上都有柏油路相通，成为县域内道路交通体系中重要的组成。因此，适当强化乡镇交通中心职能，进而作为加强周边乡村与县城联系的途径之一是十分必要的（图6-7）。

在居住体系中，由于受到自然地貌的限制，同样居于小流域的乡镇人居环境与更低等级的乡村的差别主要体现在规模上，在空间构成形态上差别不大，常常可以认为是小流域乡村人居环境的放大。因此，本书将在下节对小流域乡村人居环境的规划设计作重点研究。

---

①　根据高渠乡政府有关资料和笔者调查所得

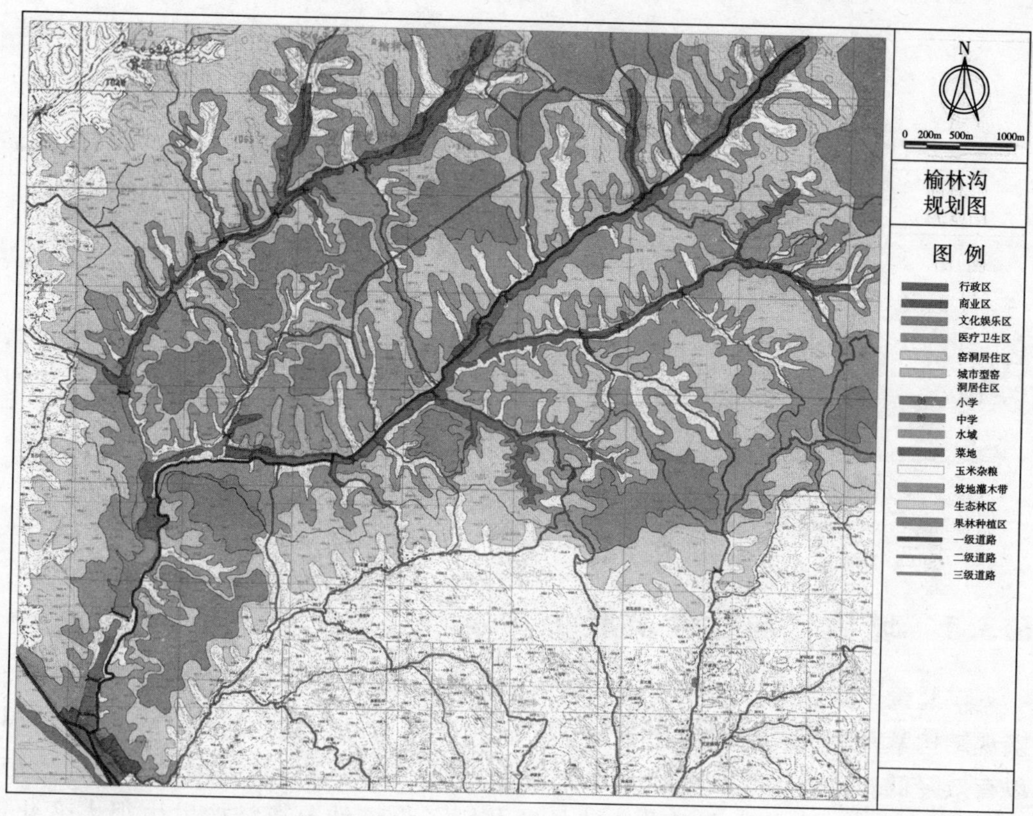

图6－7　榆林沟高渠乡规划图

6.3　高西沟社会经济发展可能途径

高西沟村位于米脂县城北20公里无定河以东的小流域内，隶属于高渠乡。高西沟是陕北黄土高原乃至全国知名的小流域生态治理典型。在生态治理方面，高西沟成为令人信服的一面旗帜。从20世纪50年代开始，高西沟就坚持走生态治理与农业生产并重的道路，经过四十多年几代人的努力，形成了由各类梯田、堰窝、淤地坝、水平截洪沟、生态林、经济林、水保草灌等构成的完整的工程和生物水土保持体系。四十年前，高西沟就已经做到了不向黄河输送泥沙的目标。1962年，《人民日报》发表关于高西沟的调研文章，对高西沟的经验给予充分的肯定。1965年，高西沟被国务院命名为全国大寨式典型。现在的高西沟，每一片土地都从水土保持的角度进行了精心的治理。应该说，生态治理是高西沟最具成就的亮点。由此生成的高西沟人艰苦奋斗、科学求实的创业精神也成为一笔宝贵的财富（图6－8）。

通过对高西沟等乡村的调查（详见附录B），结合本研究的相关成果，我们可以对高西沟等陕北小流域乡村的社会、经济、生态。人居环境的协调发展途径提出初步构想。

图6－8　高西沟

6.3.1　城镇化与社会发展

陕北黄土高原沟壑区小流域乡村人居环境的发展与其外围地区人居环境的宏观结构紧密相关。在城镇化背景下，农村外出劳动力得以吸纳，乡村人口得以有效降低。这一状况在有利于小流域生态恢复和农业经济发展的同时，也带来相应的问题，其中较为突出的就是公共服务设施的分布结构发生很大变化，如许多乡村小学、医疗点等已无法维持，必须根据新的情况对公共服务设施的分布进行整合。人口的外流还会带来一个问题，就是农村人口中平均文化水平的降低和人才的流失，这对于农业生产技术的推广和产业结构的调整十分不利。然而，这是一种暂时的现象，通过农村社会、经济、土地等资源的整合，会重新吸引人才的回流，使小流域乡村在新的历史条件下得到全面发展。

城镇化带来的人口减少对小流域乡村资源的利用和水土保持治理会产生两个方面的影响：（1）自然资源的整合。当人口下降到生态承载力的适宜范围内，一些匮乏的自然生态资源开始具有优势。例如，当土地资源出现越来越多的闲置时，市场经济的作用自然会促使更加集约的经济方式来发挥土地资源的价值，城市化的作用会使小流域乡村社会、经济、自然三者的关系回归到合理的状态；（2）对水土保持设施的维护。人口的减少总体而言有利于自然生态的自我恢复，然而，在人类经营了几千年的土地上，人们留下了众多的痕迹，如农田、水土保持工程、人居环境的其他设施等。这些人工化了的环境如果突然完全失去人工的管理，同样会造成很大的损失，如堰窝等水保工程常常会被洪水冲坏，需要人工的及时修复，否则，会重新造成水土流失区域的扩大。因此，在广大的黄土高原沟壑区保持合理密度的人口，维护这里的生态环境，发挥其自然生态资源适宜的价值作用，在我们这样的人口大国，既是必然的，也是必要的。我们要做的就是在目前状态向未来状态发展的过程中，在高密度乡村人居区域向低密度乡村人居区域发展的过程中，进行合理的引导，而未来低密度的黄土高原小流域新农村人居环境空间形态结构演化的可能与适宜模式正是本书重点关注的问题之一。

在新农村的社会发展过程中，还有其他一些重要的因素会直接影响到人口的稳定和人居环境的发展，这些因素主要有医疗与养老保险、教育、文化活动、人口密度、政策保证、节约土地等（图6－9）。

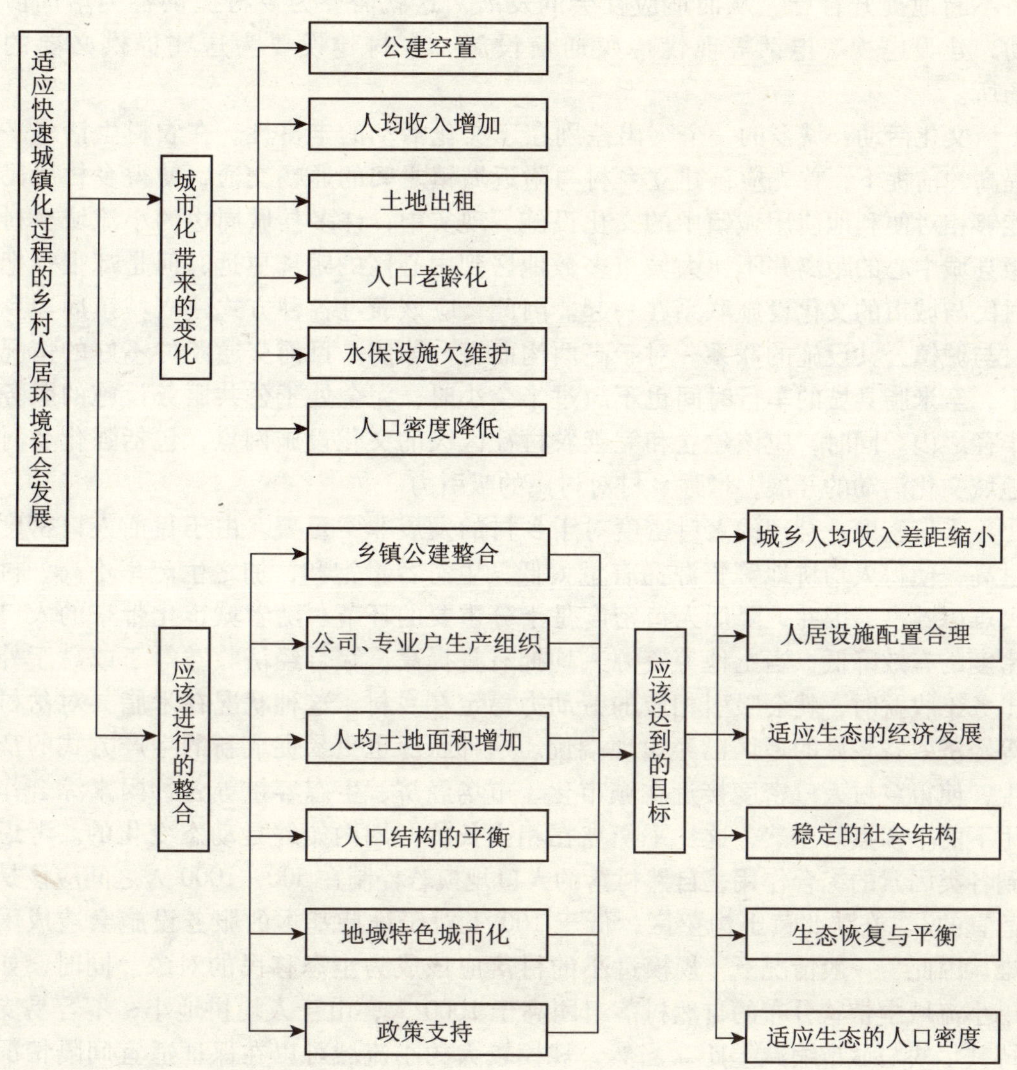

图6－9　城镇化对人居环境的影响

医疗与养老保险：医疗与养老已经成为许多农民返贫的重要因素，只有农村医疗与养老保险得到妥善解决，才能使得农村生活全面达到小康水平，也才能使适宜规模的农民真正稳定在乡村。

教育：包括两个方面，首先是适龄儿童和少年就学问题。必须在小学等教育设施不断合并的趋势下，既解决乡村儿童就学问题，又能保证基本的教学质量。因此，在乡村人口不断减少的背景下，在综合考虑服务半径等相关因素前提下，合理的合并与布局乡村学校，整合教育资源，提高教学质量，解决学生就学的交通问题等，就十分重要。教育的第二个方面是农民的技术培训和文化水平的提高。要使得农民能够随着产业结构的调整、生产水平的提高而不断地提升自己，从而适应社会的发展。这就需要为乡村提供各类培训活动，建设电视、电话等现代传媒通信设施，乡村建设要为这些提供必要的场所。

文化活动：城乡的一个突出差别在于文化活动的丰富性。在农村生活水平提高的前提下，首先应该建立乡村与附近城镇之间的通畅交通，使得乡村居民能够相对便利地使用城镇中的文化设施。现实中，许多县城周边的小流域乡村距县城中心的距离并不比大城市多数地区到中心区的距离更远，但是却很难把村民与城市的文化设施联系在一起。因此，应该通过各种方式建立城镇周边乡村与城镇公共设施的联系。对于高西沟而言，即使是目前交通条件不好的情况下，至米脂县城的车行时间也不超过半个小时，完全处于公共服务设施的服务半径之内。同时，应该建立和完善农村社区级的文化设施网点，包括强化乡村地域文化活动的开展，增强乡村对村民的吸引力。

人口密度：合理的人口密度对于乡村的发展非常重要。由于目前人口密度过高，使得人均耕地等资源拥有量太低，生态容量饱和，加之生产率不高，村民难以致富，因此，降低人口密度是十分重要的环节。随着城市化带来的人口密度的有效降低，当土地等资源人均拥有量提高，综合经济收益等于或高于外出务工收益时，就会吸引相应的劳动力稳定在乡村，这种状况在米脂县对岔村等经济效益较好的地区已经出现端倪。这种状况也更易促成新的生产方式的产生，使得乡村人口密度接近在城市化、市场经济、生态容量等各种因素综合作用下的平衡点。当然，这一平衡点在相当长的时期内始终是动态变化的。考虑到各类因素的综合作用，自然村落的人口规模若控制在500～1000人之间应该是适宜的①。在陕北黄土沟壑区，低于100人对于维持基本的服务设施会造成困难。因此，一般情况下，规模过小的村落应该成为生态移民的对象。同时，如果小流域中带状分布的自然村落组团高于1000人，由于人均耕地小，不容易支持其尽快与城市缩减差距。当然，规模较大的小流域可以在保证适宜间隔情况下，支持几个这样的自然村落。

政策保障：实现乡村全面达到小康社会的目标需要有力的政策支持，这里重点探讨面对城镇化快速进程而不断严重的乡村空废化问题应该采取的对策。

---

① Economic and Social Commission for Asia and the Pacific Guidelines for rural centre planning United Nations New York 1979. 300

随着人口的外流，许多空置窑洞散布于村落之中，这些窑洞应该逐渐回收、拆除、改造再利用等，从而使空废的乡村形态收缩，有利于乡村生活品质的提高和生态环境的恢复，实现退窑还林。然而，许多外出村民不愿意退窑，是缘于给自己留有退路的想法。因此，针对不同情况，在不同时期可以采取不同的引导政策。首先，应该通过整体规划，确定未来乡村形态收缩后的状况，确定未来重点发展的地段，促成乡村向这一地段收缩的趋势。政府则对这种地段进行必要的投资，改善并提升基础设施水平，提高这些地段的生活品质。对于全家已经离开乡村，在城镇稳定生活因而基本不会回到乡村的人，应该说服其退出乡村的窑洞，从而使土地得到有效利用。对于这种情况，政府可采取保留宅基地指标的政策，一旦这些人需要回到乡村生活，可以重新安排住房用地，以去除后顾之忧；对于长期留在乡村生活的人，如果窑居远离重点地段，应该依靠相对优良的服务设施乃至必要的补贴，鼓励其逐渐搬迁至规划重点地段来，同时，长期远离聚落核心带来的诸多不适也是促使这些村民最终回到规划地段的动力之一。当然，规划地段要能够提供适宜的用地，新窑居要全面提升生活品质，从而吸引村民的搬迁。总体而言，陕北丘陵沟壑区乡村空间形态的演化如果说经历了一个不断扩展的过程，在 20 世纪 80 年代末达到高峰，那么现在正在经历一个逐渐收缩回落的过程，新的乡村发展建设必须在这样一个大背景之中进行。

节约土地：节约土地是一项关乎我国社会发展的战略问题，是城乡建设中时时都应该关注的问题。吴良镛先生早在 1978 年“中国建筑学会城市规划学术委员会成立会”上的所作的题为“纵得价钱，何处买地—浅谈城市规划中的节约用地问题”① 发言中，便深刻地分析了节约土地对于我国社会经济发展的重大意义。时过 20 余年，节约土地已经成为我国全面建设小康社会的基本国策之一。对于陕北黄土高原来说，城市化的快速发展不仅要求城市建设应该节约土地，乡村发展同样应该十分关注这一问题，这对于整合土地资源、提高生产力、保护和恢复生态环境都具有深远意义。在陕北黄土高原人居环境空间形态演化引导过程中，必须突出节约土地，特别是节约基本农田的理念，把城乡建设用地尽量向周边小流域坡地上引导，保护河谷川地；同时，应该实现窑居空间模式的紧凑化与空置窑居的整合，实现退窑还林或还地，通过各种途径最大化的节约土地。

6.3.2　经济发展途径

这里是针对黄土高原沟壑区典型的小流域乡村所面临的普遍问题而提出的经济发展构想。现实中，有许多科技工作者、从事农村工作的广大干部等与广

① 吴良镛. 建筑·城市·人居环境. 石家庄：河北教育出版社，2003. 235

大农民群众一同始终在这方面进行长期和大量的研究工作和实践探讨。本书以这些研究和实践为基础，作为人居环境空间形态模式研究的前提。

6.3.2.1　绿色与特色—产业结构方式

根据前文分析，本地区小流域乡村的农业经济应以畜牧业作为主导产业(养猪、羊、牛等)。应该探讨圈养和小范围围拦放养相结合，以绿色畜产品生产为主要目标的生产方式，同时，以林果业与小杂粮等粮食种植作为补充。高西沟多年来形成的林（果品)、草（畜牧)、田（粮食）占用土地面积的比例是“三、二、一”，这一结构在历史上发挥了非常重要的作用。目前，随着市场经济体制的逐步完善，陕北农村经济应该突出地域特色，充分利用自然环境优势，发展优势产业，以增加农民收入为首要目标。可以适当减少不具备优势的粮食生产，而以绿色畜产品和林果生产为主。在种植业中，要充分考虑饲草（玉米、苜蓿等）的种植量与畜产品生产量合理协调。通过生态林、经济林草、高效小杂粮、畜牧业等各产业间的合理搭配，构成与人居环境相互关联的生态经济链。通过玉米和苜蓿等饲草种植使饲料得到或基本得到保证，从而使畜牧业发展与农业种植相互关联。畜牧业产生的肥料用来产生沼气，提供炉具和照明使用，沼气残渣则用于果园等庭院耕地使用，从而构成生产的生态循环。根据物质循环原理，系统内物质循环往复、充分利用，使系统内每一组分产生的“废物”成为下一组分的“原料”，无所谓“资源”与“废物”之分，构成了生态系统中营养物质的最佳循环①。物质循环是维持系统整体结构与功能平衡和谐的重要途径。在人居环境生态系统中，构建产业结构中的物质循环“食物链”，是充分利用能量、提高功能效率、保持系统生态平衡的重要手段。物质循环原理同时也表明，在小流域人居环境的各个子系统间存在着相互依赖、相互制约的整体关系，应该深刻认识这种关系，使小流域人居环境的发展适应其内在构成机制。

大量的资料和案例调查说明，黄土高原沟壑区的自然条件完全可以成为高效生态农业和畜牧业的发展区，这就为合理人口密度条件下的经济发展提供了基础条件。但是，要想真正达到预想目标，仅仅挖掘自然生态优势潜能是远远不够的，还必须充分挖掘人的潜能，做好相关的配套工作，特别是提高畜牧养殖和绿色林果、高效农产品种植的科技含量，注重科学种养和人员培训，引进新品种，提高科学管理力度。同时，应该努力疏通产销渠道，改善交通和信息条件，建立完善的农畜产品产、供、销体系，从而真正实现生态经济的高效发展。在这方面，政府可以提供更多的服务。

建立特色突出、高效集约、产销通畅的现代绿色农业体系，必须对原有经济林进行品种改善，从而适应市场经济的调节和发展需求。例如，通过对原有秦冠苹果林的嫁接更新，生产适于陕北自然条件而又极具市场价值的红富士苹

---

①　戈峰. 现代生态学. 北京：科学出版社，2002. 404

果品种，可以使生态治理效益同时包含经济效益。高西沟现有苹果林 580 亩，其中 60% 为秦冠，10% 为红富士，30% 为黄元帅等品种。红富士在当地销售价为 1.2 元，而秦冠不到 0.3 元，效益相差极大。笔者与当地乡、村领导多次商讨将秦冠品种酌情逐年改良成为红富士，同时做好技术、销售服务工作，从而提高现有果林的经济价值。2005 年春季，高西沟村已将约 13% 的秦冠苹果林进行改良嫁接。这些措施的实行，将力图把高西沟明显的生态优势转化为经济优势，实现生态效益与经济效益同步增长的目标。

可以结合圈养，根据饲草种植地的布局，建立季节性可控制状态下的绿色放养养殖场，生产土鸡、土猪等绿色农产品。通过空置窑居的整合方式，在统一规划前提下，对某些支沟的农户逐渐搬迁，使支沟恢复为畜牧业用地，进行绿色养殖，成为专业养殖地段。高西沟正在进行这样的调整，根据规划，已将一条支沟开辟为绿色养殖专业沟道，村民的逐渐搬迁也在计划之中。

陕北地区由于其特有的气候、海拔、土壤状况等，出产优质的黄豆、大豆等小杂粮，是陕北地区出口欧洲等海外市场的重要农产品之一。目前的问题是，这些优势农产品未形成规模生产；因此，探讨无公害小杂粮的规模化生产，也是极具市场前景的绿色产业。

由于黄土高原沟壑区的多数小流域乡村不能像北部矿产资源区那样，以参与矿产资源开发生产为主要经济方式，因此，必须以上述生产为基础，并通过农产品销售达到明显提高人均纯收入的目标。在此基础上，有条件的乡村可以发展适宜的乡镇企业，以及农业观光、休闲等产业，加上外出务工的收入，可以构成小流域乡村经济发展的主要思路。

总之，绿色与特色农业生产是黄土高原沟壑区小流域乡村具有发展前景和生态优势的产业方向，是与自然生态环境相适应的乡村经济结构的重要部分。此外，随着关中城市群、长城沿线能源城镇带的发展和第三产业的扩大，黄土高原沟壑区交通方便、景观典型的区域可能成为旅游观光、休闲度假的特色地带，可以成为陕北及周边地区历史文化、黄土地貌、民俗风情、荒漠沙地、现代农业与工业景观等旅游观光体系的重要组成部分。

6.3.2.2　公司与专业户—产业组织方式

通过调查可知，为了不使土地荒废，许多进城农户将土地无偿或低价借租，于是产生了农业专营公司和农业生产专业大户。这是吸纳外部资金、技术、产销渠道等综合优势，培育新的联合生产机制的现实途径，是进行规模化、现代化、生态化、集约化生产的有效方式，对于提高生产效率、改善经济状况、保护生态环境、推动城市化进程等均具有重要意义。因此，无论是农业生产公司还是村子内外农业生产承包大户的出现，都是具有突出优势的生产组织现象，是值得进一步深入探讨和完善的农业生产方式（图 6－10）。

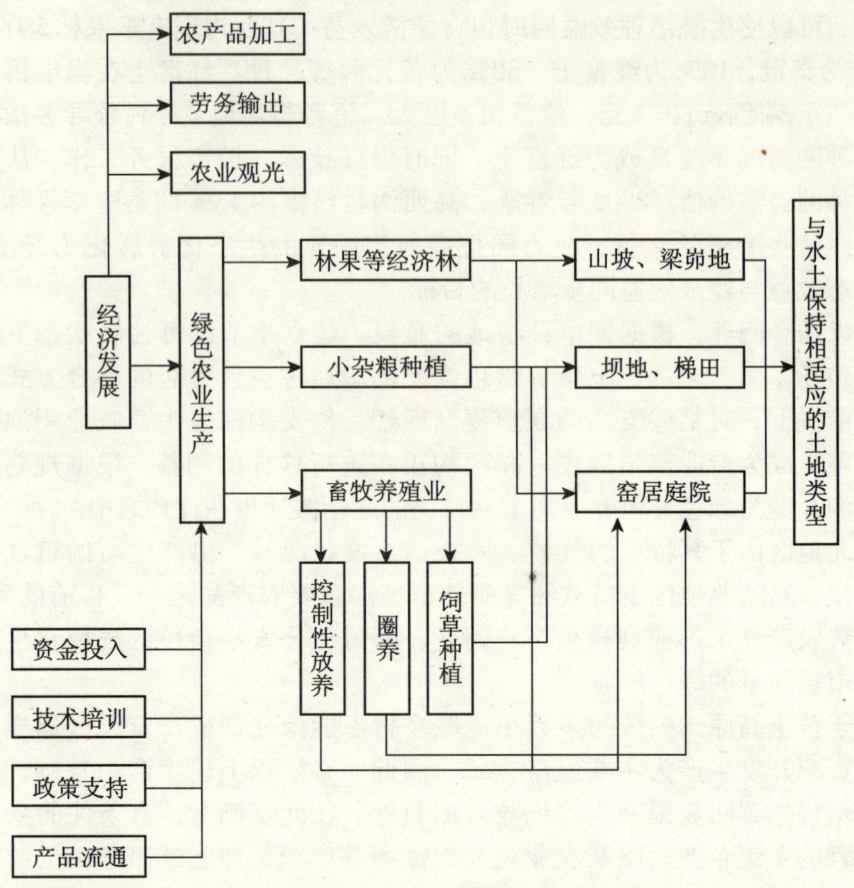

图 6－10　小流域乡村人居环境经济发展途径

6.4　高西沟人居环境空间形态发展引导规划

小流域乡村空间形态引导规划是通过建立有利于社会经济活动的空间框架，来改善居住条件①。上述有关高西沟社会经济发展的各种途径，以及对于陕北黄土高原而言极其重要的生态治理措施等，都需要通过空间形态规划的引导，获得相互协调，相互发展的空间平台，而这一平台同时应该有利于人居环境社会、经济、生态协调发展。

6.4.1　流域生态治理

小流域生态治理是高西沟几十年来的突出成就，也是未来社会、经济良性

① Economic and Social Commission for Asia and the Pacific Guidelines for rural centre planning United Nations New York 1979. 287

发展的前提。人居环境发展首先依赖于生态环境的进一步治理与恢复，应该把生态治理继续作为人居环境建设的前提，从而实现自然生态、经济、社会三方面相互协调、科学发展的长远目标。经过几十年的努力，高西沟已经实施了许多对水土流失控制行之有效的措施，也有许多成功的经验。只要采取目前相对成熟的工程和生物措施，通过坝系的建设和退耕还林的长期坚持，高西沟可以达到更高的生态治理目标。下一步工作主要在于强化生态治理体系，形成更加有效的生态防护体系，包括坝系（特别是支沟人居单元坝系）的完善，生态防护林与经济林的布局体系，截洪沟渠的建立，道路、公共活动场所及窑院的硬化等，特别是支沟人居环境环状防护林的构筑，沟头等生态敏感带生态林建设等均要重点加强，形成与小流域整体生态防护系统紧密融合的人居环境生态防护系统。此外，结合绿色农业生产结构的调整，对农业生产用地进行必要的调整，合理配置高品质农业品种的种植，加强经济林的收益，并使之发挥生态效应（图 6－11）。

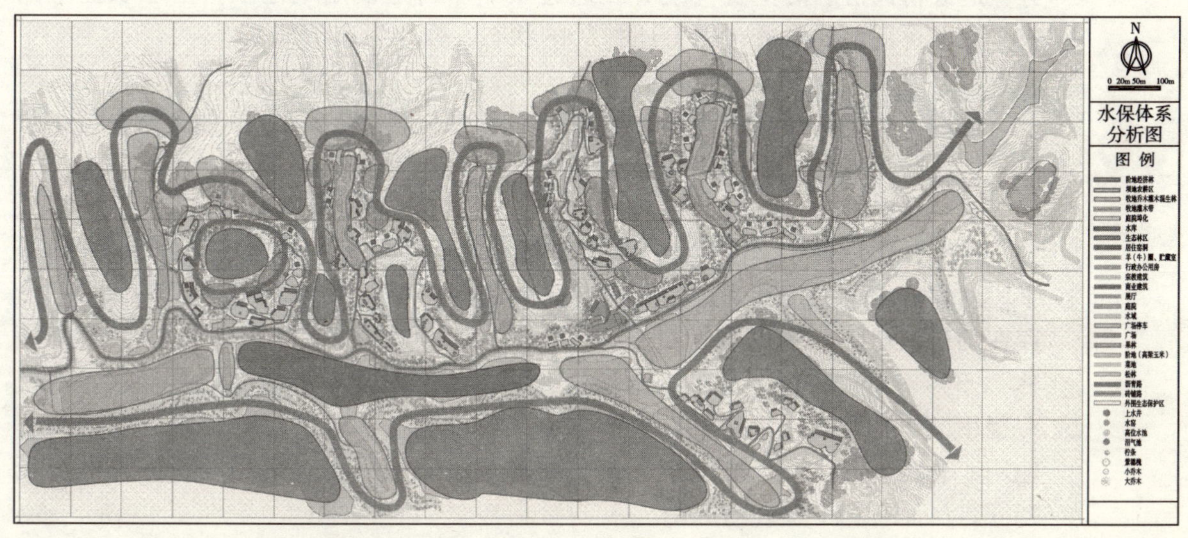

图 6－11　高西沟村水土保持体系规划图

窑洞院落的布局同样是生态治理的重要组成部分。由于主沟道坝地的上升，庭院经济的需要，80 年代之后窑院已向支沟扩展，正是支沟环状模式的一种显现。因此，规划将这一现象作为明确的模式加以肯定和完善，全村窑院布局明确按支沟环状模式进行布局。当然，由于窑院空废的情况，长远规划应该进行预见性整合，根据不同支沟地貌、日照、坡度、水保敏感性等因素和居住现状，对支沟进行分类：（A）具有较好的适于居住的自然条件，目前居住人数较多，而且支沟所在位置适宜，则作为继续保留且将人口汇聚至适宜状态的沟道；（B）对于自然条件有限，与居住中心较远，居住人数不多的支沟作为生态恢复性支沟，逐渐搬迁村民。总之，根据大集中、小分散的原则，对全村窑院进行整合，提高适宜支沟的居住效率，同时恢复其他支沟的原生态状况，使人居环境建设成为生态治理系统中的有机组成。

此外，支沟环状模式的另一个生态优势是利用流域末梢地貌的汇水特性，构成最基本的雨水收集单元，以此为基础构成中水利用系统，为生产和生活用水提供补充，适应陕北黄土高原总体而言水资源短缺的现实。

6.4.2 整体空间形态引导规划

通过居住组团向支沟的延伸，使得高西沟主沟道成为坝地生产的主要区域和村落公共设施的主体空间，窑院主要在支沟形成较为独立的单元。因此，规划主要内容包括：

（1）建设用地的整合

在城市化进程加快的背景下，小流域乡村人口密度的降低已成为必然的趋势，造成村民窑洞的空置与废弃。通过紧缩乡村建设用地范围，增加农业生产或生态保育用地，形成“退窑还林”的状态，强化生态治理工程。

（2）居住与水保体系的融合

通过支沟环状模式的明确，实现小流域乡村整体空间形态的大集中与小分散，使之与流域生态治理体系紧密融合。

对空废窑洞进行整合的途径主要有：1）对空置或废弃时间长，质量较差，分布零散，住户常年不使用的窑洞建议拆除，尽快实现“退窑还林”，通过政策手段对住户给予一定补偿，包括作出重新批准宅基地的承诺。2）对于住户依然存在的分散窑院，建议其搬迁到统一规划的村落集中地，同样实现“退窑还林”。3）对质量较好，分布于村落核心地带，住户常年不使用的窑洞，建议统一租用，作为商店、活动室、管理等公共设施用房，或由村委会统一收购另行他用。总之，通过专门的政策研究，使得空废窑居带有可以租售、拆建的市场特征，从而有利于整合与利用。

（3）公共设施的调整

由于人口密度的降低，像高西沟一样的许多乡村已无法支撑一个小学，因此必须在更大范围内进行包括小学在内的公共服务设施的整合。可以在若干乡村小流域沟道汇聚之处等可能的区位设置较为集中的服务中心，特别是小学、商业等。在高西沟内，设置必要的小商品零售、医疗点等服务设施。

（4）道路交通的完善

伴随政府对新农村基础设施建设的投入，加快对建设用地内的土路逐步进行硬化铺设，加强村域内生产用地交通的疏通，尽快建立高西沟与外界便捷的交通联系。

（5）交往空间的形成

随着人口的稀少，昔日喧闹的乡村变得寂静，以往数倍于目前人口规模的村落所产生的空间状态已显得松散零乱，村民需要形成方便的邻里交往场所。支沟组团正是适应这一新情况的社会安全基本单元，可以设置适宜的空间环境。

(6) 农业观光的可能

高西沟特有的历史，典型的黄土高原生态乡村景观，绿色农业产品的供应等，为农业观光旅游提供了基础。随着交通的通畅，服务设施的建立，可以提供农家休闲、绿色食品采摘等旅游活动。

新的社会、经济、生态模式必然导致新的人居环境空间形态模式。在适应农业生产空间分布特征的前提下，人口密度的降低将使人居环境更加集约和紧凑，从而构成新的聚落空间形态模式。住区是小流域乡村人类各种活动区域统一体的有机构成，对农牧业生产和周边生态管理起着重要作用。不同的自然条件和经济、社会生活方式决定了不同的住区空间组织方式，如果前者发生明显变化，必然导致与之相适应的更为有效的人居空间方式的产生。对黄土高原沟壑区小流域乡村而言，探讨这种新的人居环境空间形态模式的演化过程正逢其时（图6－12）。

图6－12 高西沟村住区规划总图

6.4.3 支沟基本单元规划

支沟基本单元成为小流域乡村人居环境空间形态模式的关键组成。基本单元拥有乡村聚落的多方面构成因素，包括生产、居住、水保、水资源利用、邻里交往等：

(1) 自然生态环境支撑

首先，应该对支沟自然环境进行分析评估，包括地貌状况是否有利于形成居住组团（如地形具有一定的开阔度，有适于窑洞的微地形），地质稳定状况，阳光环境等。只有适宜的支沟才能选作基本单元用地，否则只能作为生产用地或纯生态用地。因此，在高西沟的建设规划中，经过这一评价过程之后再对居住用地进行整合。

（2）生态治理与恢复

主要通过小型淤地坝、堰窝、梯田、截洪构、生态防护林带（如柠条林带）、经济林（苹果、枣、杏等）、草灌区等，构成截泥蓄水、逐步实现生态恢复的生态空间体系。这一体系既是整个乡村水土保持体系的组成部分，又是保证本单元人居环境生态稳定的重要支撑。

（3）窑居院落与道路

包括分布在不同高程、环绕沟坡而建的窑居院落和道路。窑院既要保证各家各户所需要的空间范围（如庭院经济用地、心理感受距离等），又要尽量集中布局，满足大集中的要求，从而保证各个支沟单元必要的集聚户数。一般这一规模在7~8户以上，15户之内为宜。道路应因地制宜，随坡就势，减少对水土保持的影响。

（4）农业生产

主要有种植与养殖业空间布局，包括玉米、苜蓿、蔬菜、果园、猪圈、牛羊圈、鸡舍等。除了庭院种养之外，还有坝地与梯田种植，小场地生态放养等。生产体系中要注重构成种植与养殖业的生态产业链关系，如养殖家畜的排泄料作为种植的肥料，而种植玉米、苜蓿等又作为家畜的饲料等。

（5）生态技术

使用已相对成熟的生态技术手段，如沼气、太阳能等。太阳能的利用包括两种方式：一种是置于院内的简易太阳能设施，提供饮用开水等；另一种是利用下沉式窑院的顶部，安置太阳能利用设施。沼气设施可以利用现在已十分成熟的技术，建立家畜圈、沼气池、管道及沼气用具等共同构成的沼气系统。

（6）社会交往

利用自然地貌构成的相对独立的居住环境特点，通过适宜的环境设计方法，强化邻里之间的相互往来，构筑和谐安定、促进交往、利于防卫的社会基本单元。

通过上述诸方面的联合作用，构成与自然条件相适应，节约能源，和谐安定的绿色住区基本单位。这一单位的主体构成内容是：1）对自然地貌的适应和利用，如利用地形构成的避风环境以及天然集水单元，利用重力作用形成的供水系统；2）对水保体系的适应与加强；3）对坡地的充分利用；4）生土窑洞的应用与生态技术改进；5）庭院经济的种植与养殖产业的生态循环链的建立；6）对水资源的充分利用，特别是雨水收集等；7）对沼气的利用，成为绿色产业链的重要一环，也成为节约能源、维护庭院卫生的手段；8）充分利用日照资源优势，不仅在窑院布局上继承传统优势，保证窑居的日照，同时加强太阳能的利用，成为生活能源的重要来源；9）构筑和谐安定的社会单元（图 6－13）。

图 6－13　支沟窑洞型住区基本单元鸟瞰示意

（7）基础设施

支沟是高西沟人居环境的基本单元，通过整体的分析，有些支沟将成为逐渐退窑还林的对象，而处于聚落核心区位的支沟则会成为居住的长期选择，应该进行更完善的基础设施建设，成为具有良好生活品质并能够吸引散居农户迁入的单元。论文的深化工作对支沟给水排水、电力电讯等基础设施进行了规划（图6－14、图 6－15）。

新的给水排水与集水系统是在现状基础上，通过地下水、支沟雨水收集系统和主沟道淤地坝库水分别提供饮用水、生活用中水和农业灌溉用水。

在全村层面上，完善生产与生活用水系统。利用现有淤地坝补充全村范围内农业生产灌溉用水；利用现有水井、管道、高位水池等设施，完善全村生活用水供给系统。

在支沟基本单元层面上，建立更加有效的雨水收集设施，从而就近提供生活用中水，补充庭院经济生产用水。规划中采用饮用水与一般生活、生产用水

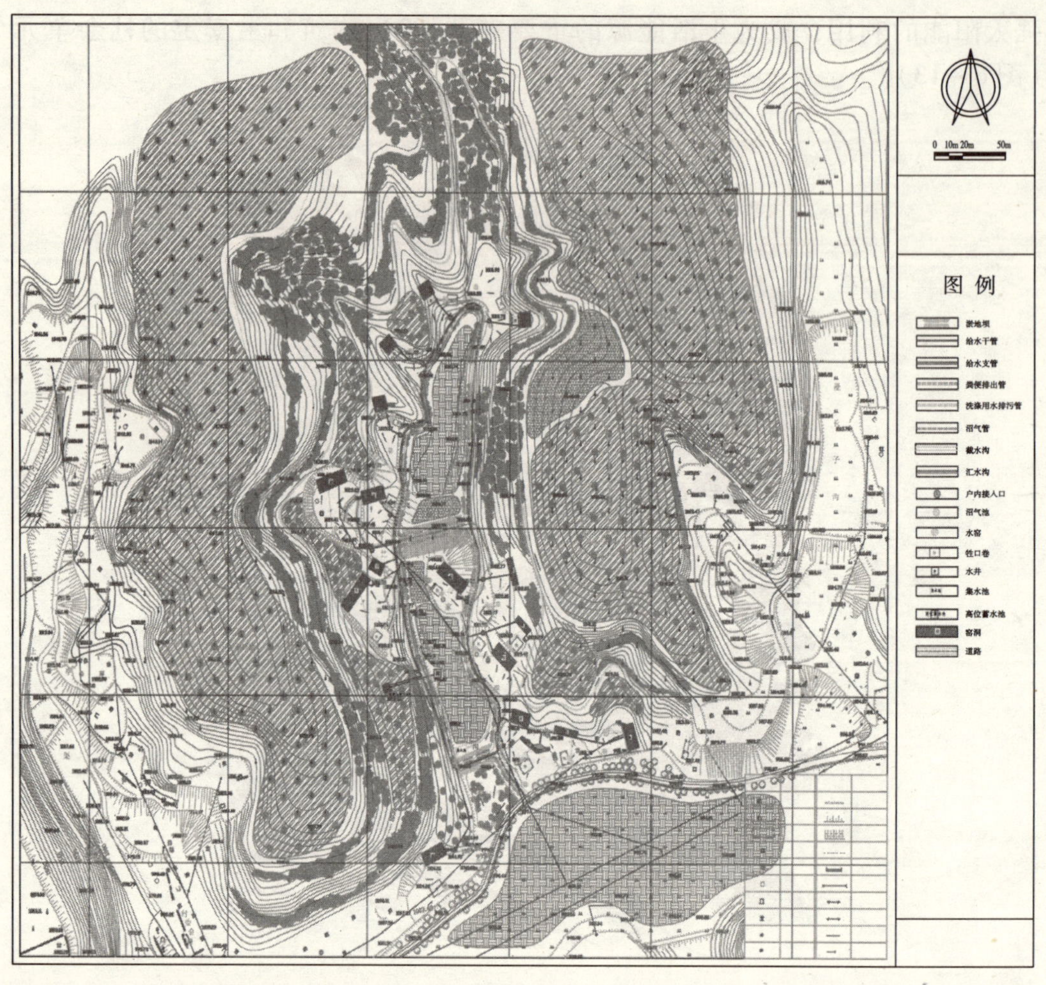

图6－14　支沟给水排水规划平面图

分离的方式。饮用水依然使用地下水，通过目前使用的井水以及各户单独使用的高位水池，直接向窑院供应自来水。利用地形高差设置高位水池，原则上保证各家独立使用，在可能情况下，可以考虑若干家联合使用同一高位水池。通过集水系统收集使用雨水作为洗衣、盥洗、庭院生产用水。集水设施主要包括两部分：在支沟小型淤地坝处建立统一蓄水池，收集整个支毛沟的部分雨水，再通过雨水供应管道和雨水高位水池输送到各户窑院；此外，在各户之内通过窑院硬化处理和院内水窖的设置收集雨水，使得窑院成为最低一级集水单元，成为整个雨水收集与生活中水供应系统的组成部分。收集的雨水首先保证生活使用，如果补给庭院生产用水不够，可以依靠全村生产用水补给设施进一步加以保证。生活排水主要通过沼气池完成，对于化学成分过高的生活用水（如洗涤剂浓度很高的洗衣用水），可以通过各家生活垃圾收集池进行蒸发和有害物质收集，从而通过简易的方式使得生活环境不受污染（图6－16）。

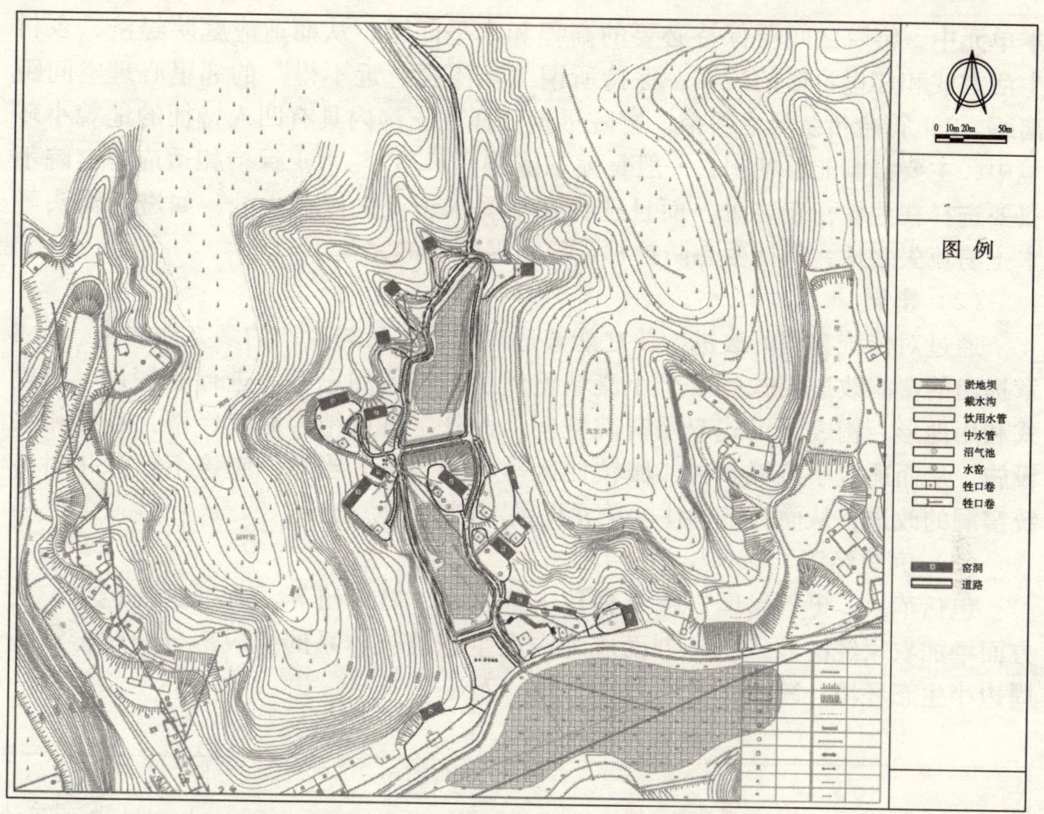

图 6-15　支沟电力电讯规划图

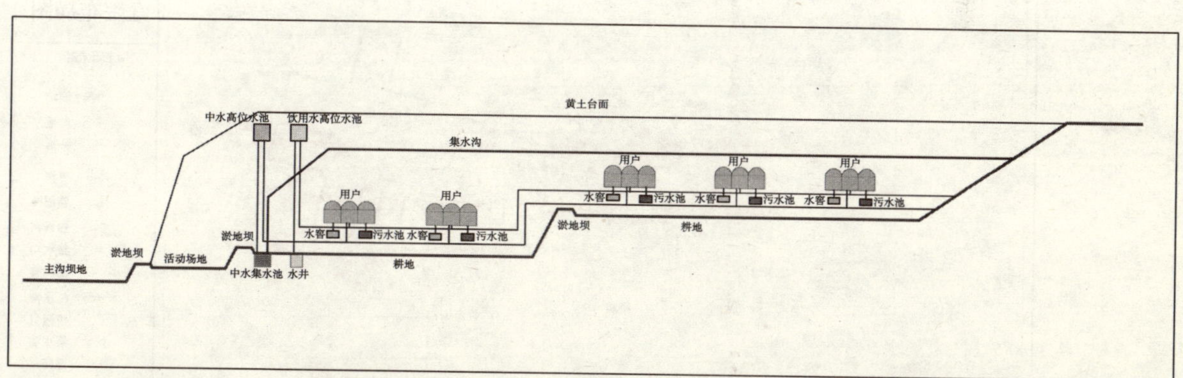

图 6-16　支沟给水排水规划模式示意图

6.4.4　庭院布局

窑居庭院是支沟基本单元中的构成元素。庭院规划主要包含下述部分：

（1）选址

主要考虑下述方面：1）大集中、小分散的原则。在集中规划的支沟住区基本单元中，窑院之间要保持必要的高程和水平间距，从而适应庭院经济、乡村生活方式和邻里习俗的现实，保持所谓"离不得、近不得"的邻里心理空间距离感。2）符合传统风水习俗。窑院尽量选择在支沟内具有凹入特征的地貌小环境中，主要窑洞能够朝阳，一般是偏东或偏西。3）与水土保持相适应。窑院不仅要选择在地貌稳定之处，而且选择在不受水土流失侵袭之处，如避开沟头等水土易流失之地，保持生态防护林带等水保体系的完整。

（2）窑洞

通过对传统窑洞的改进，使之能够适应现代生活与生产的多方面要求。第8章提出的窑洞改进模式是基于小流域整体生态住区的思考而进行的探讨，该模式利用地形，构成下沉式双层窑院空间。此外，可以结合庭院经济，补建相关设施，从而适应小流域乡村、城镇住区等不同情况。当然，应该不断深化对传统窑洞的改进，从而为基本住区单元提供不同的窑院选择。

（3）庭院经济

包括苹果、枣等果园，蔬菜种植，猪、羊、鸡养殖等。通过庭院经济，一方面增加农家经济收入，一方面成为沟道生态植被体系的组成部分，改善窑院周边小生态环境，减少水土流失（图6－17）。

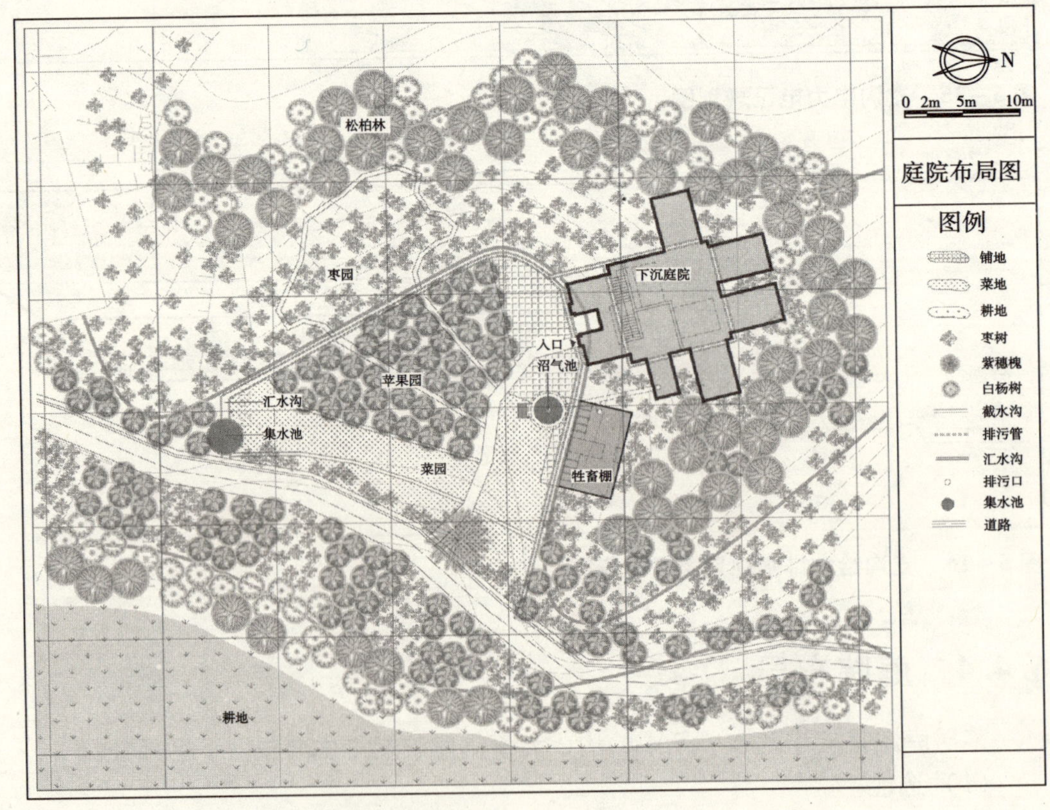

图6－17　窑居院落与庭院经济布局图

（4）生态技术

通过庭院经济的副产品利用，产生沼气，供应生态能源。同时充分利用太阳能。

6.4.5　服务设施整合

由于人口的持续减少，小流域乡村原有公共服务设施分布结构发生很大变化，特别是小学等。乡村人口密度的降低会使一些乡村小学难以维持，高西沟原有小学的停办就是例证。这种状况必然使留在乡村的适龄儿童就近上学成为突出问题。根据高西沟现状调查和相关分析，应该在更大地域范围内进行学校空间分布的整合，促使适龄儿童在几个自然村落联合建立的达到合理规模的学校里就读。随着经济状况的同步改善，在这种扩大了服务半径的教育设施体系中，可以逐步通过设立接送学生的通勤车等方式，改善学生上课的交通问题。其他社会服务设施也应该通过新体系的建立，通过乡村道路交通的完善，在更大地域范围的乡村环境中整合解决。

6.4.6　窑洞改建

在高西沟人居环境引导规划中，笔者对前文中提出的传统窑洞改进模式进行了实践性的深化，并与合作单位一同进行了施工图设计。深化工作包括两部分：（1）对窑洞实施方面的深化，包括结构方式、覆土的实现、给水排水、通风与保温的具体措施、水厕与洗浴等，完成了施工图的设计；（2）对窑居模式的适应性改进，包括把这一适用于农民居住的模式改变为城市居民使用，甚至应用于窑洞宾馆、农民文化室等旅游、公共服务设施。

6.4.6.1　实施深化

在陕北人居环境空间形态演化整体序列中，新的窑洞改进模式是基本构成元素。以生土窑洞为主体的小流域支沟基本生活单元，则是较完整体现与小流域生态治理相结合、社会经济协调发展思想的乡村基本空间构成单位。因此，对这两个层级的实验性建设尝试，具有重要的推进意义。

在 2005 年 5 月 28 日和 12 月 17 日两次清华大学建筑学院人居环境研究中心论文博士生研讨会上，吴先生对本文都重申了早先强调的对研究成果尽可能进行实施推进的目标，指出了实践对于理论研究的重要意义。在 2006 年 2 月 1 日单独进行的论文研究中，吴先生对相关工作又进行了更加细致的指导，包括下述意见：

（A）在研究的整体框架中，从地域生态环境角度寻找途径，对陕北人居环境进行研究，在系统的理论研究基础上，对小流域乡村研究的部分成果进行实践探讨，当然，必须结合城镇整体考虑。对传统窑洞的改造问题，基础设施建设问题（政府应该发挥作用），小学校等公共设施的整合问题等都要有明确的意见。目标是以窑洞为特色的现代化新农村。

（B）要与大环境相结合，特别是城市化。进城务工多少人，留下多少人，社会保险如何，这些问题是要多方面做工作的，变数也很大，但是要结合，要有考虑，许多工作要和当地政府合作。

（C）对新窑洞等的实施工作要有所展开，要置于小流域研究框架内，成为新体系的组成部分。可以结合今后的研究不断深入，不断跟踪（作者根据吴先生谈话的记录整理而成）。

吴先生这次谈话在有关实践性工作方面有许多更加具体的意见，所反映的总体思想在以往许多指导中都十分明确。因此，作者在相关实践性推进方面进行了重点深化，包括基本生活单元的系统深化，窑洞的实施方案，造价的控制，相关政策的支持等，并与高渠乡政府等进行了深入的合作。在窑洞实施方面，做了如下的工作：

（1）方案细化

根据前文提出的窑洞改进模式，针对农村窑洞住宅发展的具体需求，在征询当地村民意见的基础上，对方案进行了实施细化工作。在建设观念上，主张适当超前，从而满足社会经济发展需求和年轻一代使用者的想法。因此，窑洞院落增设内部楼梯，保证室内空间的贯通，避免冬季使用卫生间等情况时的不利状况。所增设的通廊同时成为主要窑洞的保温空间层，进一步增强了窑洞的节能优势。同时，注意通廊外部立面与传统窑洞形象相协调（图6－18、图6－19）。

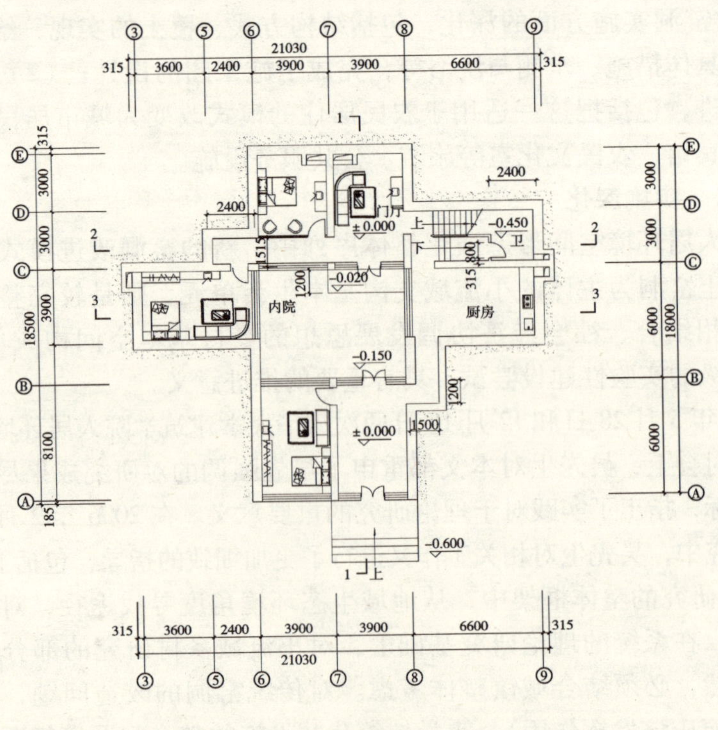

图6－18　窑洞院落一层平面图

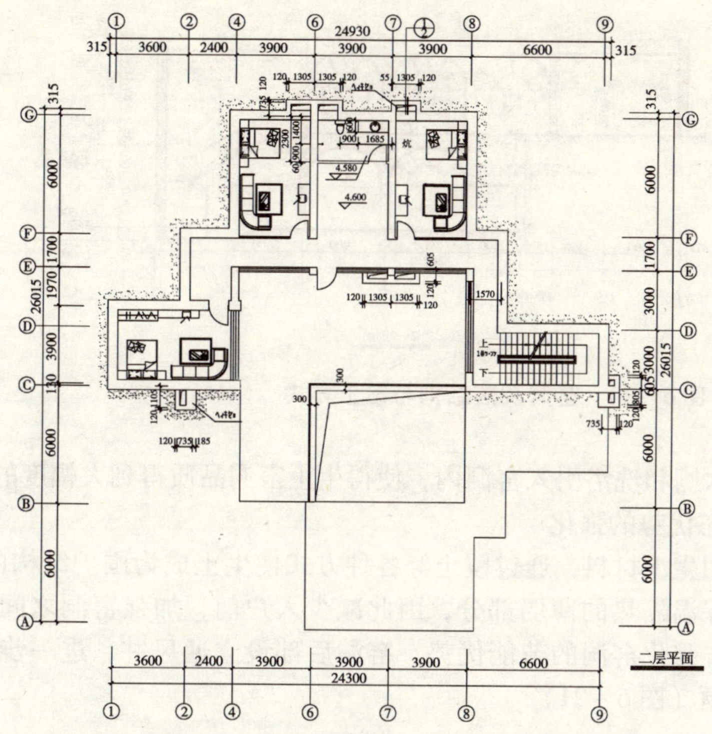

图 6－19　窑洞院落二层平面图

高西沟正在尝试建立绿色养殖专业沟道，进行家畜的集中饲养。这不仅是绿色养殖的重要步骤，而且有力改善了窑院的卫生条件，是今后庭院经济发展与改善的方向。因此，新窑院方案中不考虑在庭院内部进行家畜养殖的位置，如果现实中有过渡的需求，可以在窑院外部适宜的场所加以安排。

（2）结构方式

传统生土窑洞的缺点除了通风潮湿等方面外，还有两点比较突出：1）结构安全问题；2）氡元素的辐射问题。因此，新覆土窑洞院落力图在这些方面有所改进。主要通过以下结构方式：1）生土窑洞内部加建钢筋混凝土拱肋，解决生土的安全问题；2）生土窑洞内部加钢筋网，喷涂混凝土拱壳，解决安全和氡辐射问题。由于生土中氡元素含量不同，有些地区的氡辐射会造成超量污染，而混凝土薄壳的隔离对防止辐射有明显的作用，解决了以往传统生土窑洞中不为民众多知的隐患。对于不存在氡元素污染的地区，则可以使用钢筋混凝土拱肋结构方式，既解决安全问题，又能够增强生土窑洞透气的优点；3）采用传统砖石拱结构，再行覆土（图 6－20）。

（3）给水排水设施入户

给水排水入户能够明显提高窑洞的生活水平，而生土窑洞最大的担忧是水的渗漏会造成一系列问题。具体对策是设立混凝土管沟，内部采用防水措施，同时水平管沟设有一定坡度，从而解决给水排水设施的渗漏问题。在这一基础

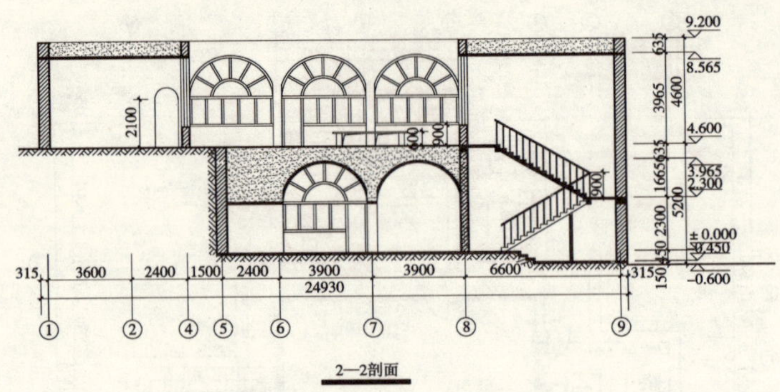

图6－20　窑洞院落结构与覆土方式

上，可以把水厕和洗浴引入窑洞内，使得生土窑洞品质得到大幅度的提高。

（4）生态优势的强化

充分利用生土材料，通过覆土等各种方式使生土成为围护结构的重要部分。由于门窗是保温隔热的薄弱部分，因此减少入户门，加强窑洞之间内部的相互联系，进一步强化窑洞的节能优势。窑洞后部设立通风井，进一步克服窑洞通风不利的问题（图6－21）。

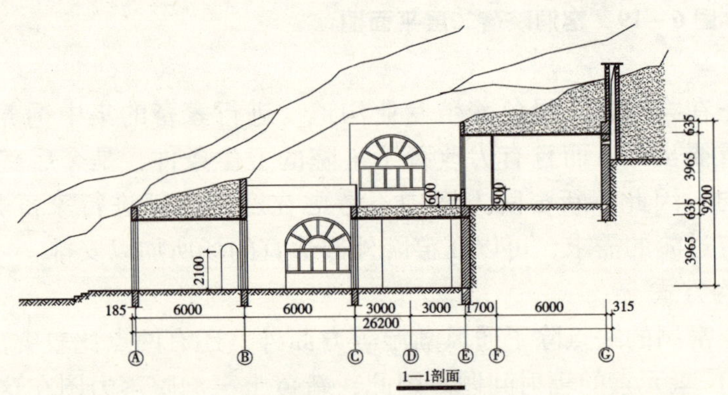

图6－21　窑洞剖面与通风井、保温廊

（5）施工造价

新窑洞院落的一种类型在结构安全和生活品质的提高方面有充分的考虑，如必要的钢筋混凝土承重结构，给水排水设施引入带来的管沟、防水等。这些措施带来了相应的造价提升。由于窑洞采用覆土方式，其施工方法和土方量与传统生土窑洞有许多相同之处，因而这一基础部分的造价可以相互类比。新窑洞造价会在结构方式、给水排水方式等方面超出现在普通窑洞造价约50%，可以为经济条件较好的村民或城市生态住区的用户使用。

另一种新窑洞更多考虑普通村民使用者的经济条件，其建造技术更多考虑与传统施工技术相一致，如采用当地石材和生土，施工完全由当地工匠用传统方式进行等，只有给水排水部分的用材和施工有所不同。目前当地农民建造一孔窑洞的市场价约为1万元左右。现实中，人们多依靠亲友邻里帮忙进行施工，造价大幅度降低，甚至仅相当于市场价的一半。因此，采用当地的施工方式，新窑洞常规构成部分的造价与此相差无几。新窑洞仅在给水排水管道、室内楼梯等设施方面产生新的造价约1万元，如果按市场价格计，则窑洞院落新增造价可以控制在20%之内，这是建窑者可以接受的。

图6-22 山坡上的下沉式窑洞院落

当然，新窑洞模式是建立在生活水平逐步提高、村民对提高窑居生活品质的需求更加迫切的基础上提出的，是对陕北小流域乡村人居环境发展前景所作的一种适应性模式，因而适当超越当前的水平也是一种必然的选择（图6-22、图6-23）。

图6-23 高西沟村落成的窑洞院落（二层）

6.4.6.2 功能灵活性

（1）适用于城市住区

窑居型城市住区由于地处闹市外独立的小流域，在交通便利的前提下，生态环境更具优势，社区的内聚性更好，而具有现代生活质量的独立窑院对于城市居民来说更具有吸引力。可以根据居民的需求提供不同面积规模的窑院，同时下沉窑院的顶部可以通过可开启的保温材料和玻璃覆盖层的设置构成适于不同季节的共享空间，并加设太阳能设备。

(2) 适用于旅游宾馆等其他用途

随着陕北旅游业的发展，许多游者希望感受到既有现代服务条件，又有地域窑洞特点的宾馆设施。这种宾馆已经成为十分有利于推动陕北旅游市场发展的特色产品。在下沉式窑居中适当加建卫生间，分成不同的房型，就可以成为具有独立院落优势的窑洞宾馆。同时，也可以根据需求把下沉式窑院适用于文化室、管理用房等。

第7章 总结与展望

7.1 研究总结

陕北黄土高原以其独特的自然生态环境和深厚的文化沉积而闻名于世。陕北人居环境的演化历程如同凿刻于黄土地上的化石遗存，清晰地记录了生态与文化留下的印记；如果说千百年来人居环境的演化节奏相对稳定，那么在当前快速城镇化的过程中，这一演化面临着带有突变特性历程的到来，城镇的快速扩张，对周边生态环境造成严重的干扰。在这样一个历史时期，系统研究陕北人居环境演化历程，探求其规律机制，保持其精华特征，引导人居环境向着适应社会经济发展和自然生态环境的途径演化，不仅对陕北人居环境发展具有现实意义，而且对其他河谷地区人居环境发展具有理论上的借鉴价值。

通过大量的现实调查和资料分析，在人居环境科学理论指导下，借鉴生态学、区域经济、历史地理等相关成果，本书从纵横两个方向触及研究主题：纵，对陕北人居环境空间形态演化的历史过程进行简要回顾，从中探询相关规律；横，对陕北人居环境系统从局部到整体的空间分布方式、特征、结构、阶段等内在机制进行解析，在此基础上，提出陕北人居环境空间形态结构演化适宜模式体系，包括宏观区域层面河谷城镇之间的递阶扩张发展模式，中观层面的城乡空间统筹发展模式，微观层面的小流域乡村枝状空间发展模式，以及陕北人居环境空间形态构成基本元素——传统生土窑洞空间构成改进模式等。本书的这些工作在下述方面形成了特点：

（1）原型性定位

把陕北黄土高原作为原型性演进实例地域加以定位，从生态角度对人居环境空间形态演化的规律、特征、模式等进行了不同等级的重点研究，结合对其他相关因素的认识，提出了陕北人居环境空间形态结构演化引导适宜模式系列，这些成果不仅对陕北人居环境建设具有现实和理论意义，而且对其他流域河谷地区和生态脆弱地区人居环境规划建设也具有借鉴意义。

（2）生态动因解析

通过对陕北人居环境空间形态演化历史的资料分析，运用生态学相关理论，对人居环境演化的内在机制展开了深入剖析，特别是通过对河谷地貌等自然因素的研究，解析了河谷集聚效应、河谷传输效应、河谷闭合效应、河谷交汇效应等人居环境空间形态演化的内在动力作用，对充分认识陕北脆弱生态条件下人居环境生态动因，进而扩展对一般河谷地区人居环境的理解，均有积极意义。

（3）河谷城乡空间统筹发展模式

河谷地区城乡空间统筹发展模式充分利用了河谷地貌特征，把主要河谷周边的小流域以乡村、城市住区、生态恢复区三种形态融入到城市之中。在城市形态上，这一模式使城市以枝状形态向外扩展，与自然地貌相一致，减弱了城市“结块”对河谷生态的干扰和对河谷传输效应的阻滞；在城市职能上，城市与乡村经过沟壑地貌的分离与连通，构成功能相互渗透和互补的新型城乡融合发展关系，从而探讨了地域性城镇化的可能途径。

(4) 小流域乡村枝状空间形态模式

在重点融合淤地坝等水土流失治理工程生态空间基础上，提出了与生态、生产、城镇化、邻里关系、社会习俗、经济条件、技术手段等相适应的小流域乡村基本聚居单位空间发展模式，并对生土窑居体系进行了整体研究。

(5) 传统窑洞空间形态改进模式

在黄土坡地上，把下沉式窑洞与靠山式窑洞相结合，同时运用相关建筑技术手段，构成具有生态、空间等多种优势、特征突出的新型窑居院落模式。

陕北黄土高原是众多学科关注的研究地域，特别是在水土流失治理方面，已经产生了许多成果。然而，在人居环境方面，尽管各类城市规划和其他相关研究工作始终在进行，但是对根植于流域河谷体系的人居环境整体研究尚未形成全面的工作，这对于陕北黄土高原这一蕴含着深厚文化沉积和突出生态信息的独特地域而言，始终是一种缺憾。本书的工作不仅对陕北人居环境演化历史的研究、未来发展模式的探讨具有紧迫的现实意义，而且在流域体系河谷人居环境发展研究和人居环境演化的生态动因研究等方面，具有理论借鉴价值。

7.2 研究展望

本书力图从系统整体性入手，针对陕北黄土高原脆弱生态环境的突出特征，对人居环境空间形态演化生态动因等内在机制及引导模式进行初步探讨，然而，这只是工作的开始，在下述两个方面还需要继续深化：

(1) 陕北密集河谷沟壑地貌对人居环境空间形态演化所产生的动力作用的研究不仅对黄土高原具有意义，而且对各类流域河谷地区人居环境研究均具有一定的借鉴价值，在这方面可以展开广阔的研究前景；

(2) 在不同的生态环境和社会经济发展条件下，城镇化应该具有不同的地域特征和途径。本书提出的城乡空间统筹发展模式及小流域乡村人居环境空间体系模式是针对陕北黄土沟壑区的初步探讨，这些模式有待于在实践中进一步深化，也有待于进一步增强其对其他河谷地区的适宜性。

附 录

附录 A　陕北人居环境总体空间分布调查

在陕北黄土高原土地总面积中，有 62% 的面积为黄土沟壑区，人口占总人口的 75%；有 38% 的面积为风沙滩地区，人口占 25%。在黄土沟壑区中，包含小量的黄土塬，主要集中于洛川县，而洛川县总面积为 1805 平方公里，仅占陕北总面积的 2%①。因此，陕北黄土高原人居环境分布的主体是黄土沟壑区中河谷沟壑体系。此外，则是风沙滩地区城镇与乡村的分布。由于陕北黄陵县和黄龙县的原始次生林山区是陕北重要的生态敏感区，是生态保护和生态移民的重点区域，目前人口数量很小，（以黄龙县为例，面积为 2383 平方公里，人口为 4.6 万人，仅占总人口的 0.6%②。）因此，本书不作为人居环境空间发展的重点区域进行调查，而是作为生态保护区对待。

根据三个等级河谷的划分，本研究对人居环境分布与不同等级河谷以及沙地、梁原等不同类型地貌之间关系首先进行调查分析。表 A－1 反映了这一调查的结果。

陕北黄土高原人居环境分布与不同等级河谷及不同地貌的关系　　表 A－1

市县名	人居分类	一级支流	二级支流	三级支流	黄河	塬地	沙地	总数
延安市	市区	1						1
	镇	5	6					11
	乡	1	3	5				9
志丹县	县城		1					1
	镇	3	3					6
	乡		2	3				5
延长县	县城	1						1
	镇	3		3				6
	乡			6				6
宜川县	县城		1					1
	镇		3	2				5
	乡		3	3	1			7
延川县	县城	1						1
	镇	1	5	1	1			8
	乡	2	2		2			6

① 根据陕西省地图册．西安地图出版社编制，2003 整理

② 根据陕西省地图册．西安地图出版社编制，2003 整理

续表

市县名	人居分类	一级支流	二级支流	三级支流	黄河	塬地	沙地	总数
子长县	县城	1						1
	镇	5	2	1				8
	乡	1		4				5
黄陵县	县城		1					1
	镇	1	3	2				6
	乡			4				4
吴旗县	县城	1						1
	镇	1	1	2				4
	乡		1	7				8
富县	县城	1						1
	镇	2	3	3				8
	乡			5				5
安塞县	县城	1						1
	镇	4	3					7
	乡	1	3	1				5
洛川县	县城					1		1
	镇	1				6		7
	乡	3				6		9
黄龙县	县城		1					1
	镇		2	1				3
	乡			5		2		7
甘泉县	县城	1						1
	镇	3						3
	乡	3		2				5
榆林市	市区		1					1
	镇	3	2	5			2	12
	乡		1	8			3	12
府谷县	县城				1			1
	镇		5		1	1		7
	乡		2	8	3			13
佳县	县城				1			1
	镇		3	3	2			8
	乡			9	3			12
神木县	县城	1						1
	镇	6	2	2	2		2	14
	乡		2	3				5

续表

市县名	人居分类	一级支流	二级支流	三级支流	黄河	塬地	沙地	总数
吴堡县	县城				1			1
	镇			1	3			4
	乡			1	3			4
横山县	县城		1					1
	镇	3	4	3				10
	乡	2	1	5				8
靖边县	县城		1					1
	镇		5	1			3	9
	乡			11			2	13
定边县	县城						1	1
	镇			1			10	11
	乡						14	14
清涧县	县城	1						1
	镇	2			5	1		8
	乡	1		1	4	1		7
子洲县	县城		1					1
	镇		7	3				10
	乡		2	6				8
绥德县	县城	1						1
	镇	4	2	3	1	1		11
	乡	3	1	4	1			9
米脂县	县城	1						1
	镇	1		6				7
	乡	1		5				6
总数	市区、县城	12	8		3	1	1	25
	镇	48	61	43	15	9	17	193
	乡	18	23	106	17	9	19	192

上表重点反映了不同等级河谷等自然地形条件下，不同等级人居环境生成的数量关系。调查选取的人居环境以乡级规模以上为对象，这样可以先忽略散居等复杂但并不代表主体的人居分布情况，而以形成一定规模以上的乡镇分布规律作为研究和认识的依据。通过对上表的分析，我们可以得出如下信息：

（1）河谷空间体系为人居环境分布主体

人居环境分布的主要地域空间是三个等级支流的河谷空间体系。统计表明，乡政府所在地以上规模的城镇80%有余在河谷地区分布。乡政府所在地一般均在乡村较为密集的地方，因此可以说明乡村环境主要分布于各级流域河谷内，并有50%以上的乡村是分布于小流域中的。

（2）人居环境规模与河谷等级的对应关系

1）一级支流河谷以县城等高等级规模人居环境分布为特征。在25个市区与县城中，除了黄土塬区的洛川和沙地区的定边两个县城外，其余23个全部处于二级以上的流域川谷内，占92%。其中近70%地处一级支流河谷内和黄河岸边（处于黄河岸边的县城有3个）。可见，陕北黄土高原最高等级的人居环境主要出现于最高等级的一级支流河谷川地环境内，有少量向二级支流扩散。榆林市区地处二级支流榆溪河畔，似乎与其城市规模不相适应。然而，榆林市区地貌环境已不是黄土沟壑区，而属于长城沿线风沙区，榆溪河流域比无定河上游的地域具有更大的空间容量，为榆林的出现提供了空间条件。

2）二级支流河谷以镇级规模人居环境为特征。镇的分布较为分散，但以二级支流河谷的分布为多。在193个镇区中，有61个镇处于二级支流河谷内，占32%；有48个处于一级支流河谷内，占25%；有43个在三级支流河谷内，占22%；有15个在黄河岸边，占8%。地处黄土原和沙地的镇区共有26个，占13%。这些数字反映出，镇区的87%分布在各级河谷川地，65%地处二级支流河谷以上流域环境。尽管二级支流河谷人居环境分布特征不明显，但在镇区较为分散的分布结构中，二级支流河谷分布数量的比例是最高的。仅有22%的镇区在小流域内，而且调查表明，这些镇区常常出现在小流域河谷与上一级河谷或同级河谷的交汇处，说明仅靠小流域很难提供支持一个镇区生成的条件。

3）三级支流河谷以乡村人居环境为特征。乡政府所在地主要分布在小流域内。在192个乡中，有106个分布于三级支流河谷内，占总数的55%；二级支流河谷有23个，占12%；分布于一级支流河谷、黄河岸的各约9%。故分布于各级流域河谷区的乡政府所在地共占85%；分布于塬和沙地的乡总数为28，占15%。

需要说明的是，尽管镇、乡政府的行政等级基本一致，但镇区所具有的商贸等功能与乡政府所在地有较显著的差别，镇区在人居环境体系中，往往更具有中心的色彩，在陕北人居环境体系中发挥的作用更加明显，而乡政府所在地更多反映了乡村的特征。因此，本书作为不同类型人居环境对待。

（3）低等级人居环境向高等级河谷扩散

尽管各个等级人居环境与河谷等级存在对应关系，但各等级的人居环境都具有向上一级河谷扩散的趋向，即高一级的水系中有低一级人居环境的分布。在一级、二级支流河谷中可以有乡村的分布，而低级的流域河谷中只有对应等级以下的人居分布。这种特征是人居环境千百年来生成与演化而来的。石器时代一级支流河谷是原始人类优先选择定居的地方，这里水源丰富、地域开阔，生物多样性特征决定了可供人类选用的物质资源优于其他地方。如前所述，聚落更多生成于靠近一级支流河谷附近的低一级支流沿岸阶地上。随着人居密度的增加，人居环境逐渐向远离一级支流的二级和三级支流流域河谷扩散。这说明，各等级人居环境都首先选择生态条件相对较好的高等级河谷区，再逐步向低等级河谷分散。在条件最好的一级河谷内有各种等级的人居环境；在二级河谷内有县城以下的各等级人居环境；在三级河谷内则只有乡村人居环境和少量的镇区环境。

在城市出现以前，所有流域分布的都是聚落乡村。当城市最初出现于一级流域乃至二级流域河谷后，既改变着流域内人居环境等级结构，又推动着人居环境向枝状体系的末梢扩散，使第三级支流人居的密度也逐渐增加；同时，在到达一定发展阶段后，城市化的进程又吸引人口向高等级的流域流动变化，从而形成扩散和集聚的互动过程。应该说这一过程依然在进行之中。不过，在城市化逐步进入快速发展阶段后，乡村人口向城镇地区集中的趋势开始成为主流。

（4）黄河干流岸边人居环境分布的局限性

不同于长江流域和黄河下游地区，黄河陕北段的干流岸边人居环境分布受到局限，只有三个县城分布在黄河边，占12%；即便是分布最为灵活的乡村，也只有约9%在黄河边分布。这一现象的原因一方面是黄河峡谷段狭窄的地形所致，另一方面是受黄河洪水威胁所致。偏离黄河干流的小流域是既有黄河之利，又避黄河之害的低等级人居环境理想之地，这也是许多石器时代人类遗址分布于黄河边小流域的缘由。

（5）其他人居环境分布区

除去流域河谷体系内的人居环境，还有一些人居环境分布于黄土塬和沙地环境中。随着陕北神府煤田和靖边大型天然气田开发力度的加大，使长城沿线一些城镇呈现出快速发展的资源型城市特征，对人居环境形态发展产生了显著的影响。这类城镇多处于长城附近毛乌素沙地或沙地与黄土沟壑区交汇处，如神木、大柳塔、靖边等，因而表现出不同的空间形态演化方式，也呈现出不断增长的趋势。此外，无论哪种类型的人居环境，都在相对集中的情况下，有少量散居农户。这些农户的发展前景影响了整个陕北黄土高原人居环境质量的提高。

综上所述，从分布情况看，陕北人居环境分布的主要空间载体是不同等级的流域河谷沟壑体系，其次是黄土塬区和沙地区；从规模情况看，人居环境规模等级与河谷规模等级之间存在的对应关系是其主导方面。总之，河谷体系应该是我们进行陕北人居环境研究的主体。综合考虑人居环境分布区域的生态类型和河谷等级情况，可以把陕北黄土高原人居环境空间分布的类型认定为3大类：

（1）黄河支流河谷川地为主的黄土沟壑分布区；

（2）黄土塬面地带为主的原面分布区；

（3）毛乌素沙地边缘地带为主的沙地分布区。

其中黄土沟壑分布区又分为3种：

1）一级支流河谷川地为主的黄土沟壑分布区；

2）二级支流河谷川地为主的黄土沟壑分布区；

3）三级支流（小流域）河谷川地为主的黄土沟壑分布区。

这几种类型中，一级支流以城镇分布为主要特征，是县城及市区的主要分布地域；二级支流以镇区分布为主要特征，有少量的县城分布；三级支流以乡村分布为特征；黄土塬区以苹果种植为特征的城镇与乡村人居环境分布为主；沙地人居环境分布以快速生长的资源型城镇为特征，另有畜牧业和农业兼备的乡村。

附录 B　小流域乡村调查

为了掌握更多的第一手资料，笔者对陕北几乎所有的县城和几十个乡镇进行了踏勘，对其中部分典型乡镇进行了重点调查，这里列举笔者 2004 年对米脂县部分乡村的调查资料，从而进行比较分析。

B1　米脂县高西沟村

高西沟位于米脂县城北 20 公里处，无定河以东，总土地面积 6000 亩，总耕地面积 2154 亩。全村有 21 条支毛沟，40 座梁峁，海拔 965 米～1122 米，年平均气温 8.4℃，极端最高气温 37.2℃，最低气温 -26℃，无霜期 162 天，年日照时数 2761 小时，年总辐射量 138 千卡/平方厘米，年均降雨量 452 毫米，多集中在 7、8、9 三个月，占全年降雨总量的 67%，年均蒸发量 2000 毫米。自然灾害多发，尤其是旱灾十分频繁。可见，高西沟具有典型的黄土沟壑区地貌，支沟发育完整，降水集中而易成暴雨，水土保持工作十分重要（图 B-1、图 B-2、图 B-3、图 B-4、图 B-5）。

图 B-1　山水林

图 B-2　秦冠苹果林

图 B-3　淤地坝水面

全村共 126 户，522 人，劳动力 204 个。在 2154 亩耕地中，有基本农田 601 亩，占 28%；退耕还林 1553 亩，占 72%。此外还有林地 2303 亩，其中水土保持生态林 1660 亩，经济林 643 亩；草地 300 亩。牛、羊共存栏 1200 余头，粮食总产近 100 吨，人均 190 公斤。人均各项纯收入 2300 元，其中约 500 元为劳务

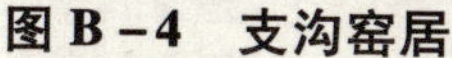

图 B－4　支沟窑居

图 B－5　废弃的窑洞

输出所得，约900元为畜产品所得，其他为林果业和粮食种植所得。尽管有大量生长良好的苹果林，由于多为秦冠，品种落后，市场价值很低，因此漫山郁郁葱葱的经济林却十分可惜地不能获得可观的经济价值。但是，数十年来淤地坝的作用使得坝地成为优质的基本农田，其粮食产量多处于每亩600斤之上，是普通坡耕地产量的5倍以上，因此，尽管退耕还林使得耕地总面积下降，但由于各类农业投入集中于坝地之上，使得耕地总产量反而提高，说明精耕细作带来了明显高于广种薄收的效应。这种情况在多数黄土沟壑区均如此。当然，相对于小流域生态治理方面的感人成就和经过艰苦治理所获得的高品质耕地条件，在经济发展方面，高西沟应该换取更大的经济价值，从而具有生态、经济双赢的更强有力的说服力（图 B－6）。

在社会发展与人居环境方面，高西沟有近200人外出务工，说明乡村经济状况对年轻人的吸引力非常有限，而城市化的影响同样波及到这样的小山村。由于各类外出人员较多，高西沟大多数适龄儿童均已随父母外出就学，这使得村里的小学已经停办，而其他少量适龄儿童也只能就读于附近的乡村小学。除了学校，其他公共服务设施也受到人口实际数量减少的影响，这是高西沟目前反映出的一个突出问题。此外，由于城市化的影响，全村有约30%的窑洞空置。一些人家全部外迁，一些人家只有妇人留在家里照顾农田。全村已有85%农户用上了电视机，70%通了电话。

出于40余年水土保持的成就，高西沟主沟道淤积了大量坝地，自沟道上游阶梯状向下伸展。坝地最厚处达到近30米。可知长期的治理使得沟道地貌环境逐渐发生变化，主沟道逐渐变浅、变宽，也自然引导人居环境空间形态发生变化。高西沟原有住户100%均在主沟道中，目前，由于主沟道被坝地填充、沟坡陡斜等原因，住户或不断上移，或向支沟中扩展。高西沟主沟道上已经连接了六个由支沟住区构成的尽端式单元，逐渐形成与水土保持相适应的沿枝状沟壑分散的空间结构。目前，全村120余户中，位于主沟道的住户已减至50%，这与支沟自然条件随水土保持工程效益变化有密切关系见图 B－7、图 B－8、图 B－9、图 B－10。

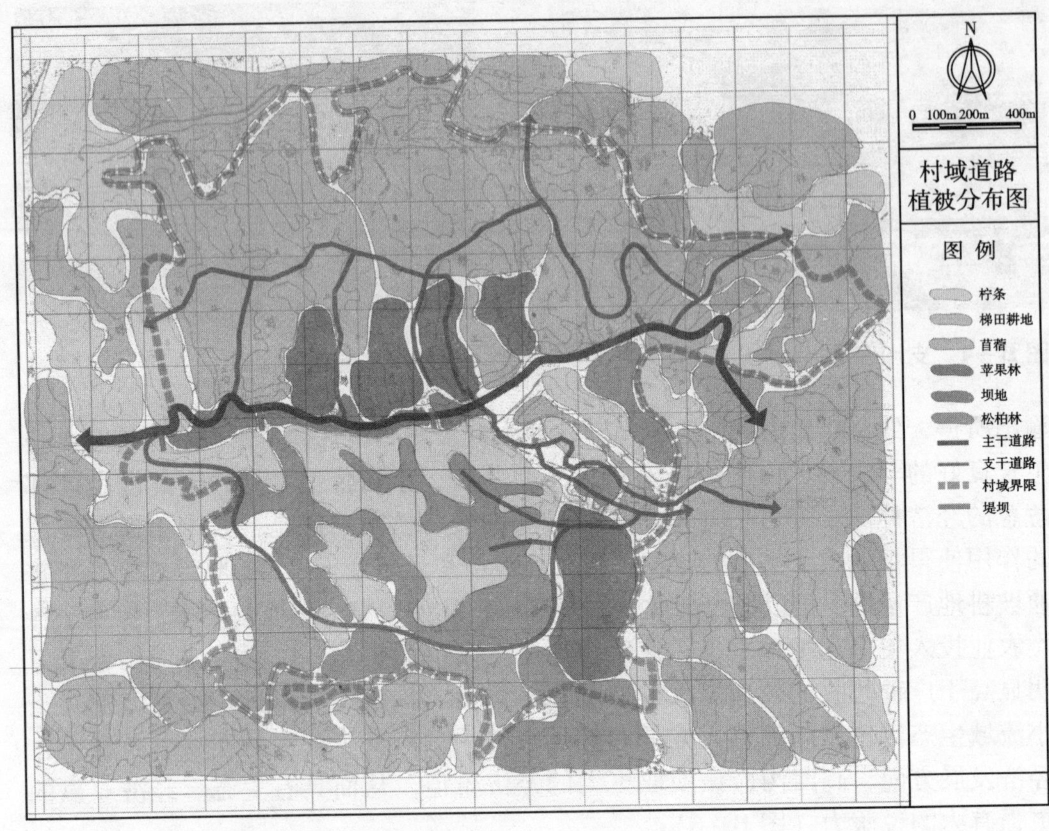

图 B－6　高西沟村域道路植被分布图

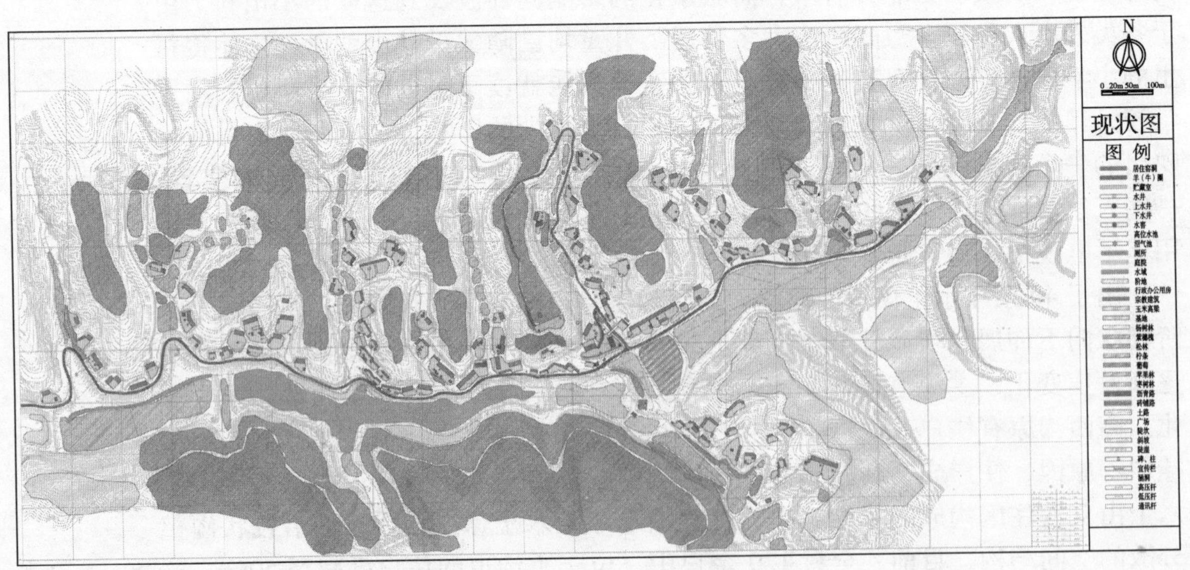

图 B－7　高西沟村住区现状图

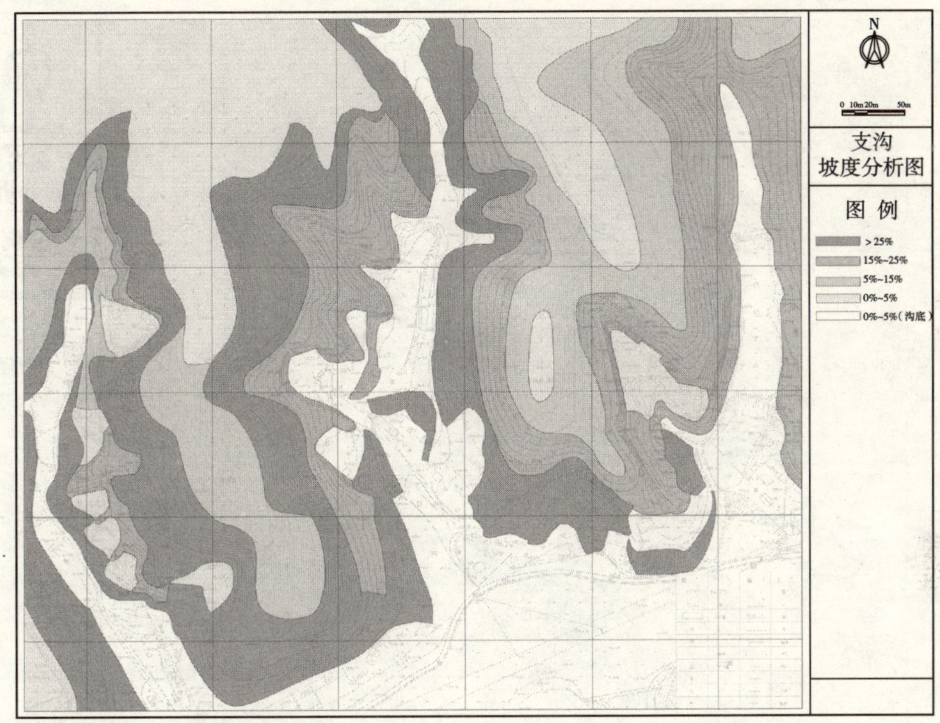

图 B－8　高西沟村支沟坡度分析图

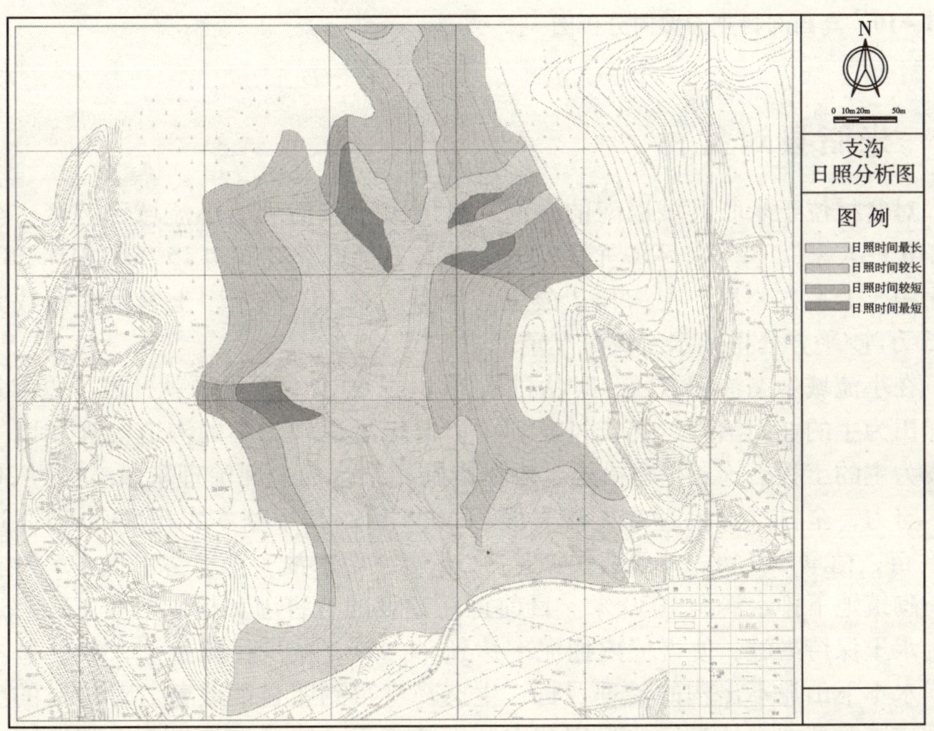

图 B－9　高西沟村支沟日照分析图

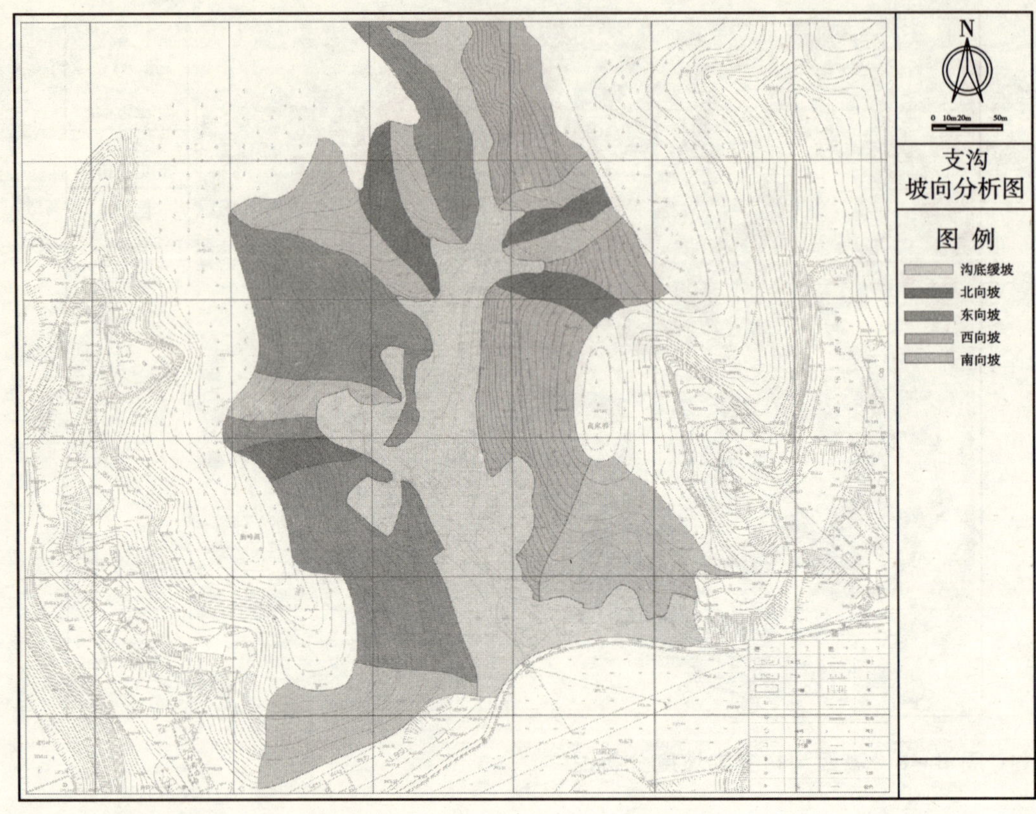

图 B-10　高西沟村支沟坡向分析图

B2　米脂县对岔村

对岔村位于米脂县城以南的东沟，是国家重点治理的小流域示范区。全村有 240 户人家，932 人，450 个劳动力。流域村境内，有支沟 15 条，山峁 38 个，总面积 5.1 平方公里，主沟长 2 公里，年降雨量 451 毫米，土壤侵蚀模数为年 1.76 万吨/平方公里，水土流失严重。

在小流域生态治理方面，对岔村从 20 世纪 60 年代开始，就开展了以修筑坡式梯田为主的坡面治理，逐步过渡到了以修筑淤地坝为主的沟道治理和以三道防线为主的工程措施、生物措施、耕作措施相结合的全面治理阶段。经过 30 多年的努力，全村累计治理水土流失面积 5928 亩，其中基本农田 2300 亩，造林 2788 亩，植草 840 亩，修筑各类淤地坝 15 座，蓄水池 3 个，蓄水量 4.7 万立方米，砌筑地下排水涵洞 1030 米。目前正在建设的有窖灌和提水节灌工程。通过以上水土保持措施，使得境内拦泥率达到 94.4%，减少径流量 72.3%，基本实现了水不下山泥不出沟的治理目标，生态环境得到明显的改善。对岔村的生态治理成绩受到国内外专家的肯定和水利部的表彰，同样被誉为黄土高原综合治理的典范。

在生产经营方面，目前对岔村的主导产业是养猪业，其次是林果业和粮食种植。在人均2270元的纯收入中，养猪业的收入约占40%以上，劳务输出约占30%，其余为林果业和粮食种植。由于林果的主要品种是被逐渐淘汰的秦冠苹果，而品质较好的梨的产量也有限，因而林果业的收入比重在下降。由于水保效益和耕地品质的不断提升，粮食单产量由110公斤提高到255公斤，总产量稳定在60万公斤左右，不仅保证了口粮，而且有余粮外销。生猪产量最近每年都快速增长，各家的生猪养殖由退耕还林之初的尝试之举已发展到目前积极自觉的扩大规模，成为全村的极具增长潜力的支柱产业，这与对岔村的生猪销售和饲料供应都与正大公司建立了稳定的供销渠道也有直接的关系。根据村长的估计，按照目前的发展势头，养猪业会进一步快速扩张，人均纯收入有望在3年内突破5000元。现在，对岔村逐渐显露出的问题是养猪业带来的环境卫生和疾病防治问题，这在生产规模快速扩大的情况下会较为突出。劳务输出也是十分重要的收入增加来源，但对岔村的劳务输出量较其他村少，这是因为对岔村收入较稳定，能够使人们安心于农村的生活，并逐渐由温饱向小康生活迈进。

在社会发展方面，随着经济收入的提高，对岔村90%的农户修建了新窑洞，80%的农户看上了电视，60%的农户通了电话，适龄儿童全部在本村小学入读。这一点与高西沟明显不同，反映出对岔村社会生活较稳定，儿童外出就学的情况相对较少，但学生人数仍然有明显下降。

在住宅建设中，各家各户普遍在庭院中修建或扩大猪圈，成为对岔村农宅的突出特色。许多农家利用地形高差等条件，巧妙的构成了住宅、庭院、圈舍及农田之间的合理关系，形成了值得借鉴的农宅建设方式。目前，由于农户需要扩大猪圈，村委会已准备集中开辟具有一定规模的猪舍，并集中进行疾病防控等。

B3 米脂县孟岔村

孟岔村的情况很具有思考意义。国家对于退耕还林的补贴持续8年，那么8年之后是否出现复耕的反弹，这是越来越迫近的问题，孟岔村的经验在一定层面上探讨了解决这一问题的途径。在陕北地区，由于外出农民担心自家耕地荒芜，往往低价甚至免费把土地租借给他人。孟岔村通过村委会的统一协调，在保证每户基本口粮川地的前提下，一些农业大户从各农业户中二次转包土地，租期为30年，将1500多亩山坡地进行集中经营，种植耐旱易生长的梨枣等品种，村里的劳力则成为大户的农业工人。由于农业大户建有冷库，宜于规模生产和保鲜，加之产销渠道畅通，淡季把产品投放外地市场，销售价格可以达到收获期的3~4倍，取得了很好的经济效益，农业工人的收入达到每年约5000元，明显高于周边农民收入。这一方式目前被称为“分户整体退耕，大户集中承包”的“孟岔模式”,[①] 正受到相关部门的关注,《西安晚报》也于2005年8月刊发了相关报道(图B－11、图B－12)。

农民智慧创立孟岔模式 土地流转解读退耕还林

枣树遍山野 穷山变金山

国家得“被子” 农民得票子

土地新机制 农村新改革

记者 陈颖

图B－11 《西安晚报》刊发相关报道

这一模式有如下特点:(1)由于进城农民的人数逐年增加,土地荒置的现象也逐渐增加,土地资源浪费加大。土地转包形式的出现使得土地资源得以整合,规模生产又使得生产效益大幅提高,农民增收,具有明显的经济效益;(2)按照约定,8年之后国家现有补贴由农业大户继续给予,这样使得农民的长期利益有所保证,也更加有利于退耕还林这一生态战略的长期实施,规模生产使得昔日的黄土山坡披上绿装,水土流失治理有了更加有利的保证,生态效益明显;(3)新的生产方式在适应城市化趋势的同时,整合了农村劳动力等社会资源,使得就业于经济林规模生产的农业工人的收入大幅提高,从而稳定在农村,进城务工与在家务农的人口得到新的平衡,农村社会结构在经历进城人口流动、人口老化等过程后,开始了人口降低后的重新稳定,正逐渐显示出社会效益。总之,这一模式对于农村经济结构调整、农民生活提高、农村适量人口的稳定和生态环境恢复都具有可持续发展的意义。

图B－12 孟岔村枣林

① 陈颖. 农民智慧创立孟岔模式 土地流转解读退耕还林. 西安晚报,2005年8月23日第9版

B4 洛川县苹果村

图 B－13 洛川苹果林

除了米脂县的典型调查，为了获取更大范围的对比资料，作者还对陕北不同地区其他典型乡村作了相关调查，包括延安南部以洛川为核心的苹果生产地区的调查；黄河沿岸土石山区乡村的调查；神木府谷等矿产资源富集地区乡村的调查，以及内蒙古准格尔旗黄土沟壑区相关乡镇的调查（如川掌乡）等。这里以洛川为例，进行简单的比较。洛川黄土塬相对而言广大而平整，光照充足，昼夜温差大，降雨量适中，海拔高度适宜，可以说具有世界级优质苹果生产的自然条件（陕北多数地区都具有这样的自然条件），是陕北苹果生产的典型区域（图 B－13）。由于交通方便，信息灵通，产销渠道顺畅，灌溉系统完善，苹果生产新技术推广等政府服务到位，优质高原苹果生产已成为农民脱贫致富的主导产业，形成了苹果生产的洛川品牌。目前洛川苹果村的果农人均苹果纯收入已达到约5000元，平均每户年收入达20000元，已远远高于陕北其他地区的农民。可见，如果调整好产业结构，充分发挥当地自然生态条件的优势，完全可以遵循生态经济的原则，探讨一条生态与经济、社会发展相统一的途径。

B5 相关调查分析

米脂、绥德等广大黄土高原沟壑区，除了水土保持这一首要职能外，必须在依靠土地资源并具有合理人口密度的前提下，探讨社会经济发展的合理途径。

（1）经济发展

调查表明，在流域治理方面，通过大力推广已相当成熟的水土保持技术，合理建立工程和生物治理体系，通过坝系建设和退耕还林的保证，黄土高原的小流域治理可以达到泥不出沟的水保效果，这将从源头解决水土流失的难题，再加上其他黄土高原生态治理的战略，改变黄土高原的生态面貌，实现山川秀美的目标是完全可以期待的。这将对黄河流域的生态治理、对国家整体生态安全具有重要意义。在这方面，小流域具有极其重要的基础地位。国家近年来对小流域淤地坝建设的投入力度大大加强，可以说是全面实现水土保持战略的关键举措。

调查还表明，如果水土保持不能与经济、社会发展相结合，将很难达到持续发展的目标；如果农民不能增加收入，不断提高生活水平，则退耕还林的持续实施也将受到影响，特别是在国家退耕补助款 8 年支助取消之后，这一问题将更加突出。因此，在大力进行流域生态治理的同时，必须解决农民脱贫奔小康问题。只有经济、社会持续发展，农民收入不断提高，生态治理的措施才会得到保证，广大农民才能真正认识到生态治理的长远战略意义与其切身利益的关系，才会有真正的积极性。

陕北黄土高原地区自古以来是农牧交汇区，其生态环境更适于合理规模的畜牧业发展，从而保护大量的植被，避免土地开垦等造成的水土流失。目前畜牲产品养殖的饲料来源主要是农民利用高产坝地种植的玉米和坡地种植的苜蓿等饲草，在养殖规模扩大时，则依靠市场提供的饲料。在绿色养殖实践中，在以圈养为主的同时，可以适当采取小规模的围栏放养方式，既生产真正绿色的畜牧产品，提高牲畜的繁殖能力和肉质品位，又可以保护山野植被，有利于草场恢复与更新。

林果业也是黄土高原较为适宜的生产方式，经济林的种植不仅对水土流失有抑制作用，而且能够充分发挥自然条件的优势。如果节水灌溉等相应措施能够配套，就可以把自然资源转化为经济价值。同时，由于地形破碎，不利于大规模耕作，特色高效农业是与自然生态条件相适应的产业。陕北特色小杂粮也是具有优势的种植品种，如黄豆、绿豆、荞麦、土豆等产品。该地区生长的品种营养丰富、无病虫害侵蚀、产量高，在国内外市场上具有良好的声誉，也具有很高的市场价值，完全可以同林果一样成为具有市场前景的绿色产品。

以上是陕北黄土高原沟壑区小流域乡村具有推广意义的农业经济生产主体，即养殖业为主，林果业次之，小杂粮和饲草生产为基础。在此基础上，可以根据各自的情况，积极发展劳务输出以及石材加工、农产品加工等各类简单加工业和生态农业旅游观光等产业，有条件地区可以参与符合国家相关规定的矿产资源开发，从而使产业结构调整到生态经济的框架内。同时，应该逐步由无计划、小规模的个体农业经济向有规划的、能抵御各种自然和市场风险的规模经济过渡，从而使经济发展适应当前城市化进程和生态治理战略的实施。

米脂、绥德等陕北黄土高原腹地具有发展旅游业的很大潜力。一方面是深厚的黄土文化沉积使得这里众多的历史遗迹、多彩的民俗风情、独特的自然地貌对外界游客具有越来越强的吸引力；另一方面是随着北部矿产资源城镇带的发展，人们生活水平的不断提高，当地城镇居民休闲旅游需求也将不断提升。随着社会经济的快速发展，人们将有兴趣就近到生态环境较好的区域休闲度假。如果整个黄土高原沟壑区都能象高西沟、榆林沟、韭园沟等乡村一样呈现一派生机盎然的绿色景象，那么这里将是开展生态农业观光旅游的良好区域，同时成为北部矿产城镇带的生态屏障和后花园。北部长城沿线矿产资源城镇带周边地区的乡村除了传统的畜牧业和农业生产外，从事矿产开采及相关服务业已成为农民增收的主要途径。

(2) 社会发展

城市化给小流域乡村带来显著的影响。由于劳务输出或移居城镇等原因，小流域乡村人口不断外流，实际人口密度下降，而人口密度的降低应是实现黄土高原广大的小流域地区生态恢复和经济增长的重要前提。根据有关研究数据，黄土高原地区适宜的人口密度应该低于80人/平方公里，而现状人口密度多数在150人/平方公里左右。因此，解决黄土高原的三农问题，降低人口密度是一个重要方面，除了计划生育等措施，城市化是非常重要的途径。

2004年10月16日，笔者在高西沟与高渠乡党委书记贺强深入讨论了农民进城务工等带给农村的变化，加上之后在米脂县与贺书记多次的共同工作与交谈，在许多方面得到了共识：

首先，城镇化过程对陕北农村的影响尽管是多方面的，但目前农民对进城务工的热情表现得尤为突出。劳务输出是降低人口密度的很好途径，减少了土地实际负担的人口数量，是城市化在陕北黄土高原呈现的一种重要现象，也增加了农民收入。目前，劳务输出是米脂县农民收入的重要来源之一。交通方便、信息较通畅、人均收入较低的乡村劳务输出量相对较大；人均收入较高的乡村，劳务输出相对较少，劳动力稳定在农村自身经济生产上。许多外出农民为了使土地不至于荒芜，将土地出租给他人，使得实际人均土地面积提高，经营土地的收入也相应提高。

其次，在以农业、畜牧业为主的黄土沟壑区的许多小流域乡村，必须使留在土地上的农民能够获得与进城农民同样甚至更高的收入，才会使人口流动相对均衡。当然，随着城市化的加快，人口逐年的下降，理想的人口密度总是可以出现，人均土地面积的增加必然使城乡收入差距缩小。然而，要加快这一进程，应该有更加积极的对策，这就是通过各种途径加大土地的平均价值产出；然而，这些途径必须是以保护生态为前提的。对于米脂县乃至整个陕北而言，总是有不能直接依靠矿产资源发展经济的地方，而且，也必须有这样的地方，才是符合区域发展整体利益的。那么，这些地区的发展有两条路是清楚的，一是降低人口，二是发展特色生态农业，如生态养殖等绿色食品原料生产。政府重要的工作一方面是为技术引进、产销渠道疏通等提供服务；另一方面是提供更有效的政策环境，使得发展绿色产业的市场机制尽快建立起来。

如果小流域乡村社会经济生态能够协调发展，则人居环境综合质量的提高也是一个必然的结果。改革开放之初的1980年代是修盖窑洞的高潮，是数量增长、村庄扩展明显的时期；1990年代是窑洞空置，村庄收缩的时期；而下一个十年到二十年将是收缩之中提高质量的时期。在这样一个过程中，乡村人居环境既要提高生活质量，又要与自然生态更加融合，成为真正的绿色生土乡村。以新型窑洞院落为例，不仅应该满足农民新的需求，而且对城镇居民同样应该具有很高的吸引力。（笔者根据谈话记录整理而成）

总之，真正有效的城镇化过程和乡村产业结构的调整是十分关键的问题。努力实现留在农村经营土地者与外出务工人员的实际收入趋向平衡的目标，促进城镇化生活方式向乡村的不断渗入，是缩小城乡差别的重要内容。因此，应该积极发展陕北黄土高原地区的中小城镇，提供更多的就业机会，吸纳更多农村人口，为他们提供更为完善的城市服务体系，提供与城市居民相平等的国民待遇。当然，吸纳农村人口的城镇体系应该是完整的，除了陕北河谷地区城镇和正在快速崛起的长城沿线资源型城镇，关中城镇群和外省的城镇地区也将发挥相应作用。此外，城市化的进程，特别是紧凑型城镇的发展，相对于以广种薄收为传统农业生产方式的广大农村而言，会为人居环境提供更为集约的空间形态，这对于黄土高原地区来说是有利于生态环境的治理与恢复的。

由于乡村人口密度的实际降低，造成窑洞空置与废弃的数量逐年增加。高西沟的调查表明，约有20%窑洞空废。在这些窑洞的住家中，有些是举家外迁，窑院完全空废；有些则是男主人外出打工，女主人在家务农，或由老人照看家院，从而部分窑洞空置；有些窑院长时间无人使用，有些则出租给村委会或他人使用。随着时间的推移，空废窑洞的数量会逐步增加，如何对待这些空废窑洞也成为必须面对的现实问题。

（3）流域生态治理

在水土保持方面，高西沟数十年来的流域治理实践表明，淤地坝是治理水土流失的有效措施，再配合退耕还林等生物措施，小流域的水土流失问题会得到根本性的解决。在治理初期，由于植被效果尚未完全出现，水土流失依然明显，坝内的淤地每年增厚2～3米，之后便逐渐减少到1米或更小。一方面是随着坝地上升，沟道截面加宽，坝地上升放缓；另一方面，则是由于流域内植被作用越来越大，水土流失量也自然减少，使得坝地上升速度明显减缓。调查表明，高西沟60年代淤地坝坝地平均每年增加2米，而70年代平均每年增加0.6米，80年代后则平均每年基本上不超过0.2米。（图B－14、图B－15）这说明，

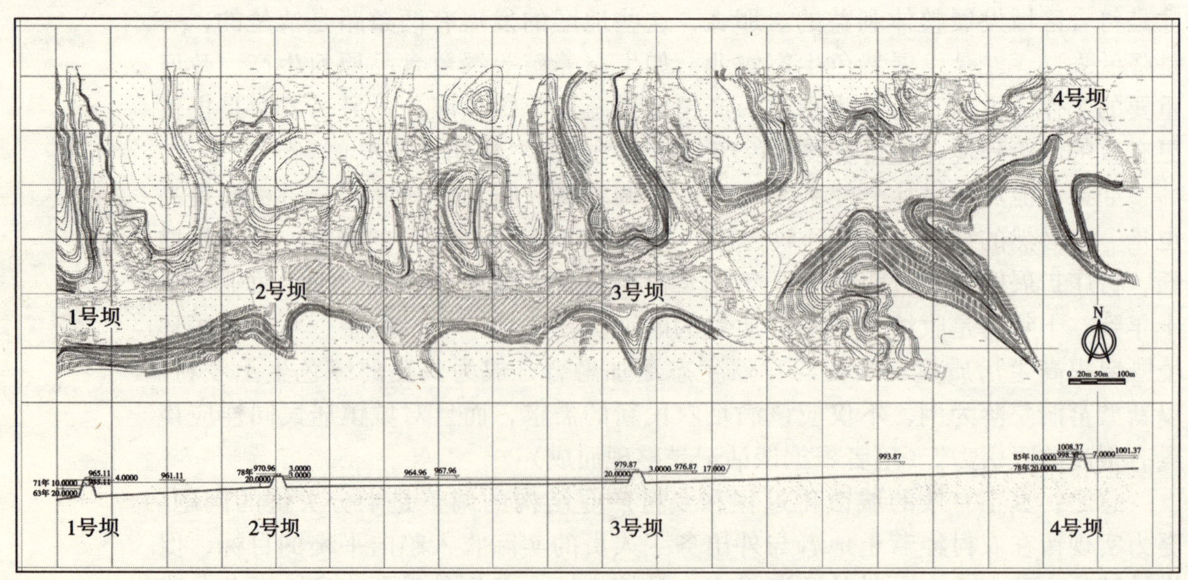

图B－14　高西沟村主沟坝地年增长变化图

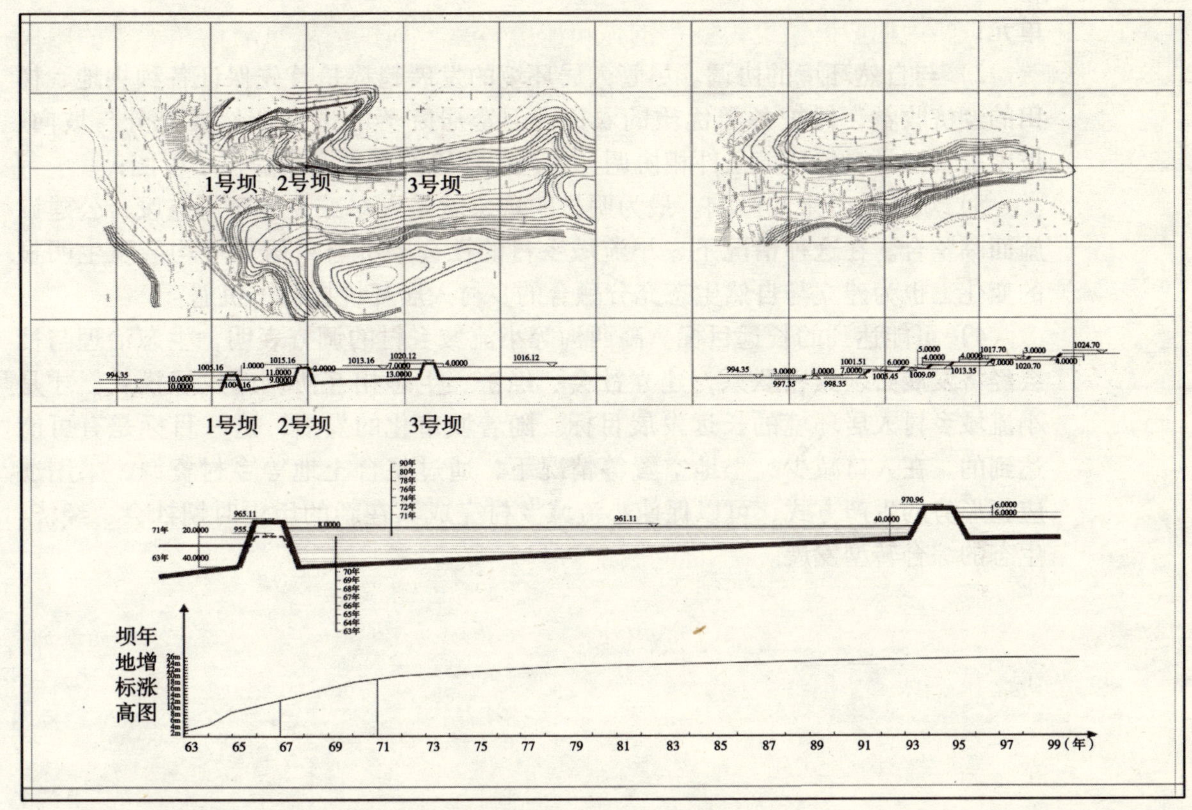

图 B－15　高西沟村支沟坝地年增长变化图

沟道中居民点的布置要考虑沟道地面上升的变化，同时也在适宜的高度上得到稳定的因素。

对高西沟全村空间形态演化的调查也说明，村庄形成到解放前的长时间内，村子完全分布在主沟道中；解放后到 70 年代初，随着淤地坝效应的发挥，全村形态一方面沿沟道伸展，另一方面向坡上发展，以适应坝地快速上升的情况；改革开放之后，由于建设用地的需要，以及庭院经济的发展等社会经济变化，主沟用地已不能满足乡村用地扩展的需求，而支沟坡度、朝向、日照等方面的条件相对而言可以提供较适宜的窑居用地；因此，建设用地开始向支沟扩展，主沟道窑居比例不断下降，直至目前降至约 50%。可见，生态治理、社会经济发展等促使小流域乡村空间形态不断发生演化。

（4）调查结论

高西沟村人居环境的发展反映出下述一些主要特点和存在问题：

1）与水土保持工程的协调。由于淤地坝的作用，小流域主沟道等处沟底不断抬升，分布于主沟道的窑居院落也不断向沟坡上部移动，进而向支沟扩展，并渐渐形成了人居环境空间分布的主体形态。这一形态提供了一种启示，就是充分利用黄土高原沟壑体系最末梢单元的地貌特征，构成人居环境的基本生态单元；

2）与自然环境的协调。尽管人居环境的发展趋势是首先保证各种坝地、梯田的经济收益，保护各类优质的农田，但窑居院落的选址依然要充分与坡向、坡度、日照等自然环境条件相协调，为人居环境的基本要求提供了可能；

3）城镇化带来的影响。最为明显的现象就是人口减少、窑洞空废、公建设施面临整合。在这种情况下，小流域乡村的社会经济与人居环境均会发生明显的变化，也为建立与自然生态充分融合的乡村人居环境提供了机遇；

4）可能达到的长远目标。高西沟等小流域乡村的调查表明，生态治理与社会经济发展必须紧密联系，建立社会、经济、生态相互协调的发展模式，才是小流域乡村人居环境的长远发展目标。随着城市化的发展，这一目标是有可能达到的。在人口减少、土地空置等情况下，通过整合土地等乡村资源，采用适应新形势的生产方式，可以促使小流域乡村完成其在新的历史时期社会、经济、生态的综合转型发展。

参考文献

[1] 安树青. 生态学词典. 哈尔滨：东北林业大学出版社，1994
[2] 柴彦威. 城市空间. 北京：科学出版社，2000
[3] 陈静生等. 人类——环境系统及其可持续性. 北京：商务印书馆，2001
[4] 陈顺清. 城市增长与土地增值. 北京：科学出版社，2000
[5] 崔功豪，魏清泉，陈宗兴. 区域分析与规划. 北京：高等教育出版社，1999
[6] 崔悦君. 创新建筑. 北京：中国建筑工业出版社，2002
[7] [美] 戴维·波普诺（David Popenoe）. 社会学. 李强等译. 北京：中国人民大学出版社，1999
[8] 杜春兰. 地区特色与城市形态研究. 重庆建筑大学学报，1998
[9] 段进等. 城镇空间解析. 北京：中国建筑工业出版社，2002
[10] [美] E. N. 洛伦兹. 混沌的本质. 刘式达等译. 北京：气象出版社，1997
[11] 傅伯杰等. 景观生态学原理及应用. 北京：科学出版社，2002
[12] [美] 菲利普·巴格比. 文化：历史的投影. 夏克等译. 上海：上海人民出版社，1987
[13] [德] 弗里德里希·克拉默. 混沌与秩序——生物系统的复杂结构. 柯志阳等译. 上海：上海科技教育出版社，2000
[14] 高吉喜. 可持续发展理论探索. 北京：中国环境科学出版社，2001
[15] 戈峰. 现代生态学. 北京：科学出版社，2002
[16] 郭晋平. 森林景观生态研究. 北京：北京大学出版社，2001
[17] 郭冰庐. 窑洞风俗文化. 西安：西安地图出版社，2004
[18] 顾朝林等. 中国城市地理. 北京：商务印书馆，1999
[19] [美] 霍尔姆斯·罗尔斯顿. 环境伦理学. 杨通进译. 北京：中国社会科学出版社，2000
[20] [汉] 司马迁. 史记. 西安：西安出版社，2005
[21] 贺业钜. 中国古代城市规划史. 北京：中国建筑工业出版社，1996
[22] 侯继尧，王军. 中国窑洞. 郑州：河南科学技术出版社，1999
[23] 黄光宇，陈勇. 生态城市理论与规划设计方法. 北京：科学出版社，2002
[24] 黄光宇，陈勇. 论城市生态化与生态城市. 城市环境与城市生态，1999（12）
[25] 黄河水利委员会黄河上中游管理局. 黄土高原水土保持实践与研究（二）. 郑州：黄河水利出版社，1998
[26] 黄亚平. 城市空间理论与空间分析. 南京：东南大学出版社，2002
[27] 何顺果. 美国边疆史. 北京：北京大学出版社，1992
[28] [美] 吉迪恩·S·格兰尼. 城市设计的环境伦理学. 张哲译. 沈阳：辽宁人民出版社，1995
[29] 荆其敏. 覆土建筑. 天津：天津科学技术出版社，1988
[30] 荆其敏等. 中外传统民居. 天津：百花文艺出版社，2004
[31] [美] 凯文·林奇. 城市形态. 林庆怡等译. 北京：华夏出版社，2001
[32] [美] 凯文·林奇. 城市意象. 方益萍等译. 北京：华夏出版社，2001
[33] [美] K. A. 沃科特等. 生态系统. 欧阳华等译. 北京：科学出版社，2002
[34] 亢亮等. 风水与城市. 天津：百花文艺出版社，1999
[35] [美] 莱斯特·R·布朗. 生态经济：有利于地球的经济构想. 林自新等译. 北京：东方出版社，2002
[36] 雷毅. 深层生态学思想研究. 北京：清华大学出版社，2001

[37]［美］理查德·瑞杰斯特. 生态城市伯克利：为一个健康的未来建设城市. 沈清基等译. 北京：中国建筑工业出版社，2005

[38] 廖荣华等. 城乡一体化过程中聚落选址和布局的演变. 人文地理学，1997（12）

[39] 李丙寅等. 中国古代环境保护. 郑州：河南大学出版社，2001

[40] 李锦等. 西部生态经济建设. 北京：民族出版社，2001

[41] 李清泉. 中国区域协调发展战略. 福州：福建人民出版社，2000

[42] 李振基等. 生态学. 北京：科学出版社，2000

[43] 刘沛林. 古村落：和谐的人聚空间. 上海：上海三联书店，1997

[44] 刘兴全等. 中国西部开发史话. 北京：民族出版社，2001

[45]［美］刘易斯·芒福德. 城市发展史. 宋俊岭，倪文彦译. 北京：中国建筑工业出版社，2005

[46] 刘燕华等. 脆弱生态环境与可持续发展. 北京：商务印书馆，2001

[47] 刘震. 中国水土保持生态建设模式. 北京：科学出版社，2003

[48] 郑景文. 罗西的建筑类型学及其批判. 四川建筑，2005（10）

[49]［英］迈克·詹克斯等. 紧缩城市. 周玉朋等译. 北京：中国建筑工业出版社，2004

[50] 马世骏，王如松. 社会——经济——自然复合生态系统. 生态学报，1984（4）

[51] 米脂县志编纂委员会. 米脂县志. 西安：陕西人民出版社，1993

[52] 陕西省地图册. 西安地图出版社编制，2003

[53] 陕西省计划委员会. 陕西省测绘局. 陕西省资源地图集. 西安：西安地图出版社，1999

[54] 陕西省国土资源厅. 陕西省国土资源公报，2002

[55] 沈清基. 城市生态与城市环境. 上海：同济大学出版社，1998

[56] 沈清基. 城市人居环境的特点与城市生态规划的要义. 规划师，2001（6）

[57] 史念海. 黄土高原历史地理研究. 郑州：黄河水利出版社，2001

[58] 宋春青，张振春. 地质学基础. 北京：高等教育出版社，1996

[59] 尚玉昌. 普通生态学. 北京：北京大学出版社，2002

[60] 孙逊等. 黄土高原志. 西安：陕西人民出版社，1995

[61] 水力部专题调研组. 黄土高原区淤地坝专题调研报告，2002 12

[62] 谭其骧. 中国历史地图集. 北京：中国地图出版社，1987

[63] 王祥荣. 生态与环境. 南京：东南大学出版社，2000

[64] 王缉慈等. 创新的空间—企业集群与区域发展. 北京：北京大学出版社，2001

[65] 王其亨. 风水理论研究. 天津：天津大学出版社，1992

[66] 王旭. 美国城市史. 北京：中国社会科学出版社，2000

[67] 吴殿廷等. 区域经济学. 北京：科学出版社，2003

[68] 吴良镛. 人居环境科学导论. 北京：中国建筑工业出版社，2001

[69] 吴良镛. 建筑·城市·人居环境. 石家庄：河北教育出版社，2003

[70] 吴良镛. 21世纪建筑学的展望. 城市规划，1998（6）

[71] 吴良镛. 芒福德的学术思想及其对人居环境学建设的启示. 城市规划，1996（1）

[72] 邬建国. 景观生态学. 北京：高等教育出版社，2000

[73] 宛素春等. 城市空间形态解析. 北京：科学出版社，2004

[74] 夏云等. 生态与可持续性建筑. 北京：中国建筑工业出版社，2001

[75] 西安建筑科技大学绿色建筑研究中心. 绿色建筑. 北京：中国计划出版社，1999

[76] 西北大学城市资源系. 陕西省城镇体系规划（2001—2020）讨论稿

[77] 徐恒醇. 生态美学. 西安：陕西人民教育出版社，2000

[78] 薛平栓. 陕西历史人口地理. 北京：人民出版社，2001

[79] 杨达源. 自然地理学. 南京：南京大学出版社，2001

[80] [美] 伊利尔·沙里宁. 城市：它的发展、衰败与未来. 顾启源译. 北京：中国建筑出版社，1986

[81] 余谋昌. 生态哲学. 西安：陕西人民教育出版社，2000

[82] 袁中金等. 小城镇生态规划. 南京：东南大学出版社，2000

[83] 于洪俊等. 城市地理学概论. 合肥：安徽科学技术出版社，1983 165

[84] 俞孔坚等. 城市生态基础设施建设的十大景观战略. 规划师，2001（6）

[85] 张广明等. 西部大开发. 天津：天津社会科学院出版社，2000

[86] 张坤民等. 生态城市评估与指标体系. 北京：化学工业出版社，2003

[87] 张振. 传统聚落的类型学分析. 南方建筑，2005（1）

[88] 张骁鸣. 形态·结构·空间结构. 规划师，2003（5）

[89] 赵万民. 三峡工程与人居环境建设. 北京：中国建筑工业出版社，1999

[90] 赵羿，李月辉. 实用景观生态学. 北京：科学出版社，2001

[91] 郑长德. 世界不发达地区开发史鉴. 北京：民族出版社，2001

[92] 中国科学院. 水利部. 西北水土保持研究所. 黄土高原小流域综合治理与发展. 北京：科学技术文献出版社，1992

[93] 周一星. 城市地理学. 北京：商务印书馆，1999

[94] 朱士光. 黄土高原地区环境变迁及其治理. 郑州：黄河水利出版社，1999

[95] 朱显谟. 中国黄土高原土地资源. 西安：陕西科学技术出版社，1986

[96] 左大康. 现代地理学词典. 北京：商务印书馆，1990

[97] Alados, C. L. , Y. Pueyo, O. Barrantes, J. Escós, L. Giner and A. B. RoblesVariations in landscape patterns and vegetation cover between 1957 and 1994 in a semiarid Mediterranean ecosystem Landscape Ecology 2004 19：543 –559,. © 2004 Kluwer Academic Publishers. Printed in the Netherlands

[98] A. Mackenzie A. S. Ball S. R. Virdee Instant Notes in Ecology BIOS Scientific Publishers Limited, 1999 科学出版社

[99] Brenda and Robert Vale. Green Architecture：Design for a sustainable future. London：Thames and Hudson Ltd，1991

[100] Earth-Sheltered Houses DOE/GO – 10097 373 FS120 February，1997http：//www. eere. energy. gov

[101] Economic and Social Commission for Asia and the Pacific Guidelines for rural centre planning United Nations New York 1979

[102] Gideon S. Golany and Toshio Ojima Geo-Space Urban Design John Wiley and Sons，Inc. 1996

[103] Gideon S. Golany Earth-Sheltered Dwellings in Tunisia Associated University Presses，Inc. 1988

[104] H. P. Bhatt Environmental Dimensions of Rural Settlements in Hill Areas Ashish Publishing House 1993

[105] Jianguo Liu and Willian. Taylor Integrating Landscape Ecology into Natural Resource Mamagement Cambridge University Press 2002

[106] J. A. Wiens Freshwater Biology，Blackwell Science Lrd 2002

[107] Keiko Nagashima，Roger Sands，A. G. D. Whyte，E. M. Bilek and Nobukazu Nakagoshi Forestry

expansion and land-use patterns in the Nelson Region, New Zealand Landscape Ecology 16: 719 - 729, 2001. © 2002 Kluwer Academic Publishers. Printed in the Netherlands.

[108] Laura C. Zeiher The Ecology of Architecture a Complete Guide to Creating the Environmentally Conscious Building. New York: Whiney Library of Design, 1996

[109] Makoto Yokohari Marco Amati Nature in the city, city in the nature: case studies of the restoration of urban nature in Tokyo, Japan and Toronto, Canada Landscape Ecol Eng 2005 1

[110] Manuel C. Molles, Jr. Ecology Concepts and Applications McGraw-Hill Companies, Inc. 2000

[111] M. Piringer and K. Baumann Modifications of a Valley Wind System by an Urban Area-Experimental Results Meteorology and Atmospheric Physics. 71, 117 - 125 Springer-Verlag 1999 Printed in Austria.

[112] Matthias Bürgi, Anna M. Hersperger and Nina Schneeberger Driving forces of landscape change-current and new directions Landscape Ecology 19: 857 - 868, 2004. © 2004 Kluwer Academic Publishers. Printed in the Netherlands.

[113] Richard. T. LeGates and Frederic Stoud Gity Reader Second edition published 2000 by Routledge London and New York

[114] R. H. Giles, Jr. and M. K. Trani, Key Elements of Landscape Pattern Measures, Springer-Verlag New York Inc. 1999.

[115] Vesa Yli-Pelkonen and Jari Niemela Linking ecological and social systems in cities: urban planning in Finland as a case Biodiversity and Conservation (2005) 14: 1947 ~ 1967

[116] Zachary J. Payne, MSCA, The University of Oklahoma Green Building: Current Developments Toward Sustainability, http: //www. cns. ou. edu

图表目录

第 5 章　陕北人居环境空间形态结构演化适宜模式

第 6 章　案例—米脂县小流域乡村空间引导规划研究

附录 A

附录 B

注：*为作者与杨彦龙、雷会霞、谢晖、吴左宾、王磊、李祥平等共同绘制、拍摄；°为耿晋川、李晶、王杨等参与方案深化和施工图设计；其他未标注者均为作者绘制、拍摄。

后 记

本书在作者博士论文基础上改写而成。

首先，感谢导师吴良镛先生的多年指导和多方关怀。在博士论文研究与写作过程中，当论文进展至核心内容时，深刻感受到先生对选题的洞察力；当论文即将收笔时，又切实体会了先生以问题为导向，以整体研究为框架的理论思想和实践精神。在论文改写成书的过程中，先生又进行了细致的指导，并一再鼓励将有关工作继续进行，使学生不断深切感受到先生高屋建瓴的胸怀。

感谢周干峙院士、张锦秋院士、毛其智教授、周若祁教授、吴唯佳教授对论文的评阅和指正；感谢左川教授、武廷海博士、李觉教授、韩骥教授、夏云教授、侯继尧教授对论文的关心和宝贵意见。

感谢西安建大城市规划设计研究院的众多同事；感谢西安建筑科技大学、米脂县等方面的相关领导以及所有帮助我的人们。

感谢为此书出版而付出心血的中国建筑工业出版社的姚荣华、石枫华等编辑。

感谢支持和鼓励我的家人。